“十四五”时期国家重点出版物出版专项规划项目
21 世纪理论物理及其交叉学科前沿丛书

量子蒙特卡罗方法在电子关联体系的应用

马天星　著

科学出版社
北京

内 容 简 介

本书聚焦于电子关联体系这一凝聚态物理前沿难题，系统阐述量子蒙特卡罗方法在其中的应用。开篇介绍强关联电子系统的实验背景与理论现状，引出哈伯德模型等基础模型及量子蒙特卡罗方法的重要性，详细讲解行列式量子蒙特卡罗、约束路径量子蒙特卡罗等方法，分析负符号问题及其低温不稳定性的解决方案，不仅研究了石墨烯相关体系的磁性调控、应变诱导的边界磁性、磁性杂质效应、超导配对对称性，以及铁基超导体系的磁关联与超导电性，还探讨了电子关联体系的金属–绝缘体转变，从而揭示温度、化学势、无序、电子关联强度等参量对体系量子物态的影响。

本书将理论方法与实例分析紧密结合，既深入剖析量子蒙特卡罗算法的技术细节，又借助石墨烯、铁基超导等具有代表性体系的应用案例展示电子关联体系中的新颖物性，为凝聚态物理中电子关联体系的量子磁性、超导电性及相变研究提供坚实的数值技术基础，是凝聚态物理领域研究电子关联效应的重要参考。

图书在版编目 (CIP) 数据

量子蒙特卡罗方法在电子关联体系的应用 / 马天星著. -- 北京: 科学出版社, 2025.6. -- ISBN 978-7-03-082642-8

I. O413

中国国家版本馆 CIP 数据核字第 2025UJ2682 号

责任编辑: 陈艳峰 崔慧娴 / 责任校对: 杨聪敏
责任印制: 张 伟 / 封面设计: 无极书装

科 学 出 版 社 出版
北京东黄城根北街 16 号
邮政编码:100717
http://www.sciencep.com

北京九州迅驰传媒文化有限公司印刷
科学出版社发行 各地新华书店经销
*
2025 年 6 月第 一 版 开本: 720×1000 1/16
2025 年 6 月第一次印刷 印张: 15 1/4
字数: 300 000

定价: 128.00 元

(如有印装质量问题，我社负责调换)

前　言

凝聚态物理是研究由大量粒子聚集而成的体系的结构、物性、相变及其机制的一门学科。凝聚态物理的研究对象非常广泛，与人类科技文明的发展息息相关，是当代物理学中最重要、最活跃的分支学科之一。在凝聚态物理学领域，一方面新的研究成果层出不穷；另一方面，存在很多悬而未决的问题，其中最突出的是电子关联效应。电子关联效应广泛存在于铜基及铁基高温超导材料、重费米子体系、莫特绝缘体等中，是当前科学研究的前沿。随着实验技术的不断发展，新奇的物理现象和丰富的量子相变不断被探测出来，对电子关联现象的理论描述提出新的挑战。

在理论研究上，电子关联体系的主要困难在于系统的希尔伯特空间维度随着系统尺寸呈指数增长，难以准确求解。目前对二维体系的非微扰研究，量子蒙特卡罗模拟是其中一种重要的方法，其他如精确对角化，只能处理很小的格点模型，密度矩阵重整化群在一维或准一维的系统中可以得到系统尺寸很大且很准确的计算结果，但是在二维的量子多体系统中却很难达到所需要的精确度。因此，电子关联体系的量子蒙特卡罗研究非常活跃，并取得了很多富有意义的成果，量子蒙特卡罗方法也越来越受到人们的重视。

本书结合电子关联体系的研究难点和重点，首先简要回顾了电子关联体系相关的实验和理论基础，然后介绍了二维哈伯德模型及其平均场解法；接下来，从量子蒙特卡罗方法的建立和发展出发，介绍了它的基本思想，对诸如行列式量子蒙特卡罗方法、约束路径量子蒙特卡罗方法等具体方法作了详细的介绍，并分析了它们的特点。书中还介绍了使用量子蒙特卡罗方法对电子关联体系新颖量子磁性、超导电性、金属–绝缘体转变等方面开展的研究工作，这些电子关联体系包括石墨烯、铁基超导、铜基超导等。

本书在撰写中参考了相关领域专家学者的大量文献，主要包括美国加州大学戴维斯分校 Scalettar 教授的讲义（行列式量子蒙特卡罗方法部分）、巴西里约热内卢联邦大学 Santos 教授的综述性文章（行列式量子蒙特卡罗方法部分）、美国威廉玛丽学院物理系张世伟教授（约束路径量子蒙特卡罗方法部分）、香港中文大学孙金华的博士论文（最大熵原理部分）、北京师范大学刘光坤的博士论文（约束路径量子蒙特卡罗方法部分）等。另外，在此感谢杨光、张陆峰、黄通昀、王婧瑶、孟敬尧、田琳钰等。

本书的前半部分适合对凝聚态物理尤其是电子关联体系和量子蒙特卡罗方法感兴趣的高年级本科生和研究生；后半部分适合对量子蒙特卡罗方法和电子关联体系的磁性、超导电性及金属–绝缘体转变研究感兴趣的研究生。

本书的出版得到了国家自然科学基金项目“新颖平带电子关联体系的量子临界行为和超导电性”（项目号：11974049）的资助。

感谢陶瑞宝院士对本书编撰工作的鼎力支持；感谢笔者长期的合作者林海青院士与黄忠兵教授，正是他们引领笔者踏入量子蒙特卡罗的研究领域，开启了在电子关联体系中关于磁性、超导电性及金属–绝缘体转变等方面的研究。

由于作者水平有限，书中不妥之处在所难免，恳请读者批评指正。

马天星

2025 年 1 月 27 日

目　　录

第 1 章 绪　论

凝聚态物理学研究的对象是由大量粒子（原子、分子、离子、电子）组成的凝聚态的结构，这是一个非常复杂的多体问题。最初的理论发展是建立在单电子近似的基础上，此时假设电子处于一个由正离子和其他电子形成的周期性势场中，通过求解周期势场中的单电子薛定谔方程得到电子的本征态，这就是著名的能带论。简单来说，如果晶格中电子填充的满带和空带之间存在能隙，那么这个体系就是绝缘的；反之，如果没有能隙，这个体系就是金属的。通过能带论，我们可以从物理机制上去理解固体中导体和绝缘体的区别，这是凝聚态物理发展过程中一个突破性的工作。

然而，单电子近似的能带论完全忽略了电子–电子之间的关联效应，而实际的晶体材料中，电子之间普遍存在着库仑相互作用[1]。在 20 世纪 60 年代，Hohenberg 和 Kohn 指出了单电子近似理论中的不足之处，发展出了非均匀电子多体系统的密度泛函理论（density function theory, DFT）。根据 Hohenberg-Kohn 定理，在考虑相互作用的多体系统中，其基态性质与该系统的粒子数密度 $\rho(r)$ 有关。这时，能量泛函 $E(\rho, V)$ 对基态的电子数密度 ρ 的变分极小值就是系统的基态能[2]。目前 DFT 已得到了广泛的应用，尤其在凝聚态物理和计算化学的研究工作中，常用于辅助计算分子和固体的电子结构和系统能量[3]。

虽然这种用平均周期性势场来简化电子关联效应的做法有点粗糙，但不能否认能带论和密度泛函理论的成功，尤其是对于一些能带比较宽的体系，可以很好地表征体系的电子特性。然而，对于一些能带较窄的体系，比如 1934 年 de Boer 和 Verwey 发现[4] 的很多过渡金属氧化物，通过单电子近似计算得到的能带结构无法解释其电子特性，说明此时能带论不适用。根据能带论的计算，这些材料本该是导体，然而其 d 能带没有填满，实际上表现出的是绝缘体行为。Mott 和 Peierls 认为，这是因为常规能带论把电子之间的库仑相互作用处理成了平均势场，这一近似方式过于简化了[5]。实际上，在窄带体系中，电子的运动很缓慢，这样电子在每一个原子格点位置停留的时间就会更长，因此很可能产生两个电子同时出现在一个格点位置的情况，从而导致这两个电子之间出现很强的相互作用。当这种相互作用很强时，就需要耗费很大的能量来驱动电子进一步移动，使得电子的运动近乎停滞，对外表现为绝缘体，也就是现在我们所说的莫特（Mott）绝缘体。

由此，我们可以对固体进行进一步的分类。对于那些能带较宽的体系，电子是去局域化的，并且可以在整个晶格中运动，电子之间的相互作用很弱，所以可以用布洛赫波描述电子性质。而对于窄带的体系，电子运动的速度较慢，在格点附近停留的时间较长。典型的材料就是过渡金属氧化物，电子在过渡金属的阳离子未填满的 d 轨道之间借助氧离子进行跃迁，这样跃迁能与 d 轨道的库仑排斥或者金属氧电荷转移的能隙是相当的。另外，还有一些材料，如分子导体，相邻分子之间的巨大间距使得分子间的电子跃迁能非常小，导致电子之间的相互作用大小和能带的量级一致。这类体系中局域化的电子不再适用于能带论布洛赫表象的描述，这类系统称为强关联系统。当电子的关联强度很强时，会形成稳定的莫特绝缘体，此时用局域化的万尼尔（Wannier）轨道来描述是最合适的；而当关联强度稍微弱一些时，关联体系仍旧可能表现为金属性，此时电子跃迁能和能隙的竞争会出现极为有趣的物理现象。

在过去的几十年里，许多具有新颖物性的新材料不断被合成，这些新的物性不能仅仅通过传统理论来解释。在此基础上，一些新的理论方法也不断被发展出来。比如，为了描述金属中的磁掺杂行为，发展出的近藤模型和安德森杂质模型。尤其是在掺杂的铜基莫特绝缘体中发现了高温超导电性[6]，这引发了人们对强关联材料的极大兴趣。在强关联电子材料的研究中，主要探究电荷–电荷、电荷–磁矩、磁矩–磁矩之间在不同的物理参数环境下的性质。目前已经在关联材料中发现了非常规超导特性、莫特绝缘态、金属–绝缘体转变、庞磁电阻、多铁等，这类材料具有非常诱人的应用前景，但理解和描述这些复杂的相互作用机制给物理学家带来了极大挑战。

1.1　强关联电子系统

近年来，历经凝聚态理论的长足发展，我们已经搞清楚了许多材料的物性问题，但是还有一些疑难问题悬而未决，其中最突出的莫过于强关联电子体系的问题。在强关联电子体系中，单电子近似不足以描述体系中电子的运动特征，电子之间存在显著的相互作用，并且对体系的物理性质产生重要影响。传统的能带理论在处理固体中的电子系统时，首先是忽略了电子之间相互作用，将电子系统视为相互独立的理想气体，考虑单电子与晶体的周期结构之间的相互作用，从而得到了固体的能带结构，然后再引入电子间的相互作用加以修正。

电子关联材料具有非常丰富的磁性和输运特性，对凝聚态物理基础理论和应用研究意义重大。其中，不同磁序和超导电性的竞争是科学家们最关心的问题。这一竞争广泛存在于高温超导材料（如铜氧化物超导体[6–8]，铁基超导体[9]，重费米子材料[10]，以及有机超导材料[11] 等）中。

非常规超导一直是凝聚态物理学的重要研究领域。传统超导是由电子与晶格振动相互作用导致的，其超导序为球对称的 s 波。非常规超导指超导序参量在费米面上不均匀分布的超导状态[10]。1986 年以来发现的超导体系，如铜氧化物[6–8]、重费米子[9]、有机盐类[11]，以及最近发现的铁基超导[12,13]，它们的一个共性在于，其超导电性通常源于电子的相互作用或磁性，而且在这些体系中不存在小的相互作用参数可供做微扰展开，所以理论上一直存在着困难[14]。

1.1.1 实验背景

20 世纪 20 年代，量子力学在原子物理领域已获得巨大的成功，而量子论也能初步解释一些固体的物性。在这样的背景下，Bloch 在 1928 年提出能带理论，用量子力学解释了金属在正常态下的导电性，也为导体、绝缘体、半导体之间的划分提供了理论依据。能带理论的根基是单电子近似，这种将电子之间的相互作用大幅简化的“粗暴”做法一度遭到质疑。1937 年，一些过渡金属简单氧化物，如 CoO、NiO、MnO，被指出其导电性与能带理论所预言的结果不符：能带理论预言它们是导体，实际上却是绝缘体。另外，还有一些氧化物的相图同样无法用单电子近似的理论解释，它们在一定温度下会发生金属–绝缘体相变。Mott 和 Peierls 当时预言，问题的关键在于电子之间不可忽略的关联效应。后来这些奇特的氧化物被命名为 Mott 绝缘体。

在长达数十年的时间内，对莫特绝缘体的研究非常冷门，科学家们对电子关联体系似乎并不重视。转机出现在 1986 年，Bednorz 和 Muller 发现金属氧化物 $LaBaCuO_4$ 在约 36K 的温度下发生了超导相变。超导现象第一次为人们所知，可以追溯到 1911 年，当时荷兰物理学家 Onnes 发现在 4.2K 的超低温下汞的电阻突然消失。此后在长达 75 年的时间内，科学家们发现的最高临界温度不超过 23K。而 1986 年后的短短几年，超导现象的临界温度 T_c 就被提升超过了 100K。这一发现在当时的超导界掀起了惊涛骇浪，科学家们纷纷开始在铜氧化物中挖掘新的超导材料。这次全球性的超导浪潮硕果累累，能达到的最高临界温度可谓是日新月异。由于这类超导体的 T_c 高于液氮的沸点（77K），而液氮冷却技术经济易行，因此这类超导体被科学家们冠以高温超导体的美称。

使研究热潮蔓延至电子关联体系的契机在于，科学家们发现这些铜氧化物高温超导体的原型相均为莫特绝缘体。具有反铁磁长程序的绝缘体，在适当的掺杂后能发生金属–绝缘体相变，甚至超导相变，这其中的物理现象让科学家们非常好奇。1987 年安德森提出，莫特绝缘体中电子之间的库仑排斥作用可能是导致高温超导的关键因素。如今，不少研究者认同掺杂莫特绝缘体中的物理与高温超导体物理的统一性，而这也意味着对强关联电子体系的研究将极大地推进凝聚态物理学的发展。

铜氧化物高温超导体中的物理是新奇而又复杂的。正常态时，它的性质不能用常规的费米液体理论解释，并且，在欠掺杂区，实验观测到一类奇异的能隙，称为赝能隙。超导相的配对机制也无法用 BCS 理论解释，因此高温超导也称为非常规超导或第二类超导。目前存在的共识认为高温超导是 d 波配对的，而不是常规超导中的 s 波配对。另外，科学家还发现铜氧化物高温超导体的超导相可能与反铁磁相共存，这也是常规超导所不允许的。此外，在空穴型掺杂的过掺杂区域，又会出现正常金属态的费米液体行为。

经过三十年的研究，铜氧化物高温超导体的临界温度不断提升。其中，Bi 系化合物超导材料的 T_c 可达 110K，而 Tl 系化合物和 Hg 系化合物则分别可达到 125K 和 135K。此外，高压下的 Hg 系化合物超导材料的临界温度甚至能达到不可思议的 164K。但是，直到目前，学界对高温超导的机制仍不是很清楚，而解决这个难题的钥匙很有可能就是电子关联效应。

另一种典型的强关联电子材料是锰氧化物，它的电阻可随外磁场的加入发生巨大的变化。1951 年，Zener 发展出双交换（double exchange）作用，以解释掺杂的锰氧化物中的铁磁性和金属导电性。与超交换（super exchange）作用类似，双交换作用也是以氧离子为桥梁的远程交换作用。它们的区别在于，超交换作用发生于两个相同的离子之间，而双交换作用发生在价态不同的两个同种离子之间。

除高温超导电性外，电子关联体系还出现了许多新奇的物理现象。例如，锰氧化物中的庞磁电阻效应、与磁性杂质有关的近藤效应、重费米子体系的反常行为，以及在二维电子气中观察到的整数和分数量子霍尔效应。目前，对这些问题的研究已取得一些进展，但还有很多问题亟待解决。

1.1.2 理论现状

1. 能带论与紧束缚模型

在固体物理中，紧束缚模型（tight-binding model）是一个描述电子的简化模型，在帮助理解金属绝缘物理性质中有着举足轻重的地位。紧束缚模型的前提是，假设固体中电子处于一个周期性的势场中，忽略了附近电子之间的影响作用。正如前文介绍，对于强关联材料，电子之间的关联效应不可忽略，这就导致了完全不同的物理机制，于是在紧束缚模型的基础上逐渐发展出哈伯德模型及安德森模型，引入了同一格点上电子的相互作用。

我们在这里讨论的紧束缚模型，是基于离散的格点以及轨道的二次量子化形式的模型。该模型描述的电子可以占据轨道，也可以在格点之间发生跃迁，如下式所示：

$$\hat{H} = -t\sum_{\langle \boldsymbol{ij}\rangle\sigma}\left(\hat{c}^{\dagger}_{\boldsymbol{i}\sigma}\hat{c}_{\boldsymbol{j}\sigma} + \hat{c}^{\dagger}_{\boldsymbol{j}\sigma}\hat{c}_{\boldsymbol{i}\sigma}\right) - \mu\sum_{\boldsymbol{i}\sigma}\hat{n}_{\boldsymbol{i}\sigma} \tag{1.1}$$

哈密顿量 $\hat{H}$ 中通过 $\boldsymbol{i}$ 格点的湮灭算符 $\hat{c}_{\boldsymbol{i}\sigma}$ 以及通过 $\boldsymbol{j}$ 格点的产生算符 $\hat{c}^{\dagger}_{\boldsymbol{j}\sigma}$，描述了电子在 $\boldsymbol{i}$ 和 $\boldsymbol{j}$ 格点之间的跃迁过程，这就是电子的动能项。在费米子体系中，这一对产生、湮灭算符满足反对易关系 $\{\hat{c}_{\boldsymbol{i}\sigma}, \hat{c}_{\boldsymbol{j}\sigma'}\} = \{\hat{c}^{\dagger}_{\boldsymbol{i}\sigma}, \hat{c}^{\dagger}_{\boldsymbol{j}\sigma'}\} = 0$ 和 $\{\hat{c}_{\boldsymbol{i}\sigma}, \hat{c}^{\dagger}_{\boldsymbol{j}\sigma'}\} = \delta_{\boldsymbol{ij}}\delta_{\sigma\sigma'}$。另外，$\hat{n}_{\boldsymbol{i}\sigma} = \hat{c}^{\dagger}_{\boldsymbol{i}\sigma}\hat{c}_{\boldsymbol{i}\sigma}$ 是粒子数算符，其本征值为 0 和 1。

在哈密顿量 (1.1) 中，通过 $\langle \boldsymbol{ij}\rangle$ 可以定义体系中各个格点之间的跃迁关系。一般来说，对于一些周期性的结构，我们只考虑最近邻的格点跃迁关系，比如一维原子链、二维正方晶格、三角晶格、六角晶格等。由于在紧束缚模型中没有考虑电子间的相互作用，自旋 σ 的两个分量 $\sigma = \uparrow, \downarrow$ 是相对独立的。电子填充 ρ 可以定义为每个晶格格点上的费米子平均占据数。在考虑周期性边界条件时，我们可以通过傅里叶变换把实空间的哈密顿量 (1.1) 变换到动量空间，这也是把哈密顿量对角化得到系统本征态。粒子的产生、湮灭算符的傅里叶变换形式为

$$\begin{aligned}\hat{c}^{\dagger}_{\boldsymbol{k}\sigma} &= \frac{1}{\sqrt{N}}\sum_{\boldsymbol{j}}\mathrm{e}^{+\mathrm{i}\boldsymbol{k}\cdot\boldsymbol{j}}\hat{c}^{\dagger}_{\boldsymbol{j}\sigma}\\ \hat{c}^{\dagger}_{\boldsymbol{j}\sigma} &= \frac{1}{\sqrt{N}}\sum_{\boldsymbol{k}}\mathrm{e}^{-\mathrm{i}\boldsymbol{k}\cdot\boldsymbol{j}}\hat{c}^{\dagger}_{\boldsymbol{k}\sigma}\end{aligned} \tag{1.2}$$

动量空间的哈密顿量形式，把实空间不同格点之间电子产生和湮灭过程转变成了同一个动量的产生和湮灭，可以更加直观地帮助我们理解其中的物理机制。经过傅里叶变换后，动量空间的产生和湮灭算符同样遵循费米子的反对易关系，所以每一个动量 $\boldsymbol{k}$ 对应的本征态也至多只有一个费米子占据。

以简单的一维模型为例，先忽略化学势这一项，实空间到动量空间的推导过程如下：

$$\begin{aligned}\hat{H} =& -t\sum_{j,\sigma}\left(\hat{c}^{\dagger}_{j\sigma}\hat{c}_{j+1\sigma} + \hat{c}^{\dagger}_{j+1\sigma}\hat{c}_{j\sigma}\right)\\ =& -\frac{t}{N}\sum_{\boldsymbol{j},\sigma}\sum_{\boldsymbol{k}}\sum_{\boldsymbol{k}'}\left[\mathrm{e}^{-\mathrm{i}\boldsymbol{k}\cdot\boldsymbol{j}}\hat{c}^{\dagger}_{\boldsymbol{k}\sigma}\mathrm{e}^{+\mathrm{i}\boldsymbol{k}'\cdot(\boldsymbol{j}+1)}\hat{c}_{\boldsymbol{k}'\sigma} + \mathrm{e}^{-\mathrm{i}\boldsymbol{k}\cdot(\boldsymbol{j}+1)}\hat{c}^{\dagger}_{\boldsymbol{k}\sigma}\mathrm{e}^{+\mathrm{i}\boldsymbol{k}'\cdot\boldsymbol{j}}\hat{c}_{\boldsymbol{k}'\sigma}\right]\end{aligned}$$

$$= -\frac{t}{N}\sum_{\boldsymbol{k}}\sum_{\boldsymbol{k}'}\sum_{j\sigma} \mathrm{e}^{+\mathrm{i}(\boldsymbol{k}'-\boldsymbol{k})\cdot j}(\mathrm{e}^{+\mathrm{i}\boldsymbol{k}'} + \mathrm{e}^{-\mathrm{i}\boldsymbol{k}})\hat{c}^{\dagger}_{\boldsymbol{k}\sigma}\hat{c}_{\boldsymbol{k}'\sigma} \tag{1.3}$$

引入正交关系 $\sum_j \mathrm{e}^{+i(\boldsymbol{k}'-\boldsymbol{k})j} = N\delta_{\boldsymbol{k}\boldsymbol{k}'}$，代入式 (1.3)，即得到一维模型哈密顿量的动量空间形式为

$$\hat{H} = \sum_{\boldsymbol{k},\sigma} -2t\cos\boldsymbol{k}\hat{c}^{\dagger}_{\boldsymbol{k}\sigma}\hat{c}_{\boldsymbol{k}\sigma} \tag{1.4}$$

这一推导结果式 (1.3) 是普适的，对于更高维的体系以及不同的晶格结构也都是适用的。即对于任意的紧束缚模型哈密顿量为

$$\begin{gathered} \hat{H} = \sum_{\boldsymbol{k}\sigma} \varepsilon_{\boldsymbol{k}}\hat{n}_{\boldsymbol{k}\sigma} \\ \hat{n}_{\boldsymbol{k}\sigma} = \hat{c}^{\dagger}_{\boldsymbol{k}\sigma}\hat{c}_{\boldsymbol{k}\sigma} \end{gathered} \tag{1.5}$$

上文中也提到，在动量空间中 $\hat{H}$ 是对角化的，所以对于所有给定的位形的 $\boldsymbol{k}$ 动量对应的 $\varepsilon_{\boldsymbol{k}}$ 进行求和，就可以得到该体系的本征态能量。当然，对于不同的晶格体系，其能量色散关系 $\varepsilon_{\boldsymbol{k}}$ 是不同的。这样来看，在动量空间中，若能带是单一的、连续的，则该模型的基态始终呈现金属性。而只有当 μ 低于最低能带（此时晶格上没有费米子占据 $\rho = 0$）或者 μ 高于最大能级（此时晶格上被费米子占满 $\rho = 2$）时，体系的基态 $T = 0$ 才可能不是金属。这样，根据紧束缚模型分析得到的能带性质，我们就可以探寻具有发展前景的新颖材料，比如石墨烯[15]、硅烯[16]、锗烯 (germanene) 和磷烯 (phosphorene)[17] 等这类二维的六角晶格狄拉克费米子体系，也正是因为其独特的能带结构，引发了大家广泛的研究兴趣。

在 20 世纪 30 年代，一些理论和实验的研究结果都对能带理论发起了一定的挑战。1934 年，Wigner 从理论上指出，当自由电子的浓度小于某个临界值时，由于电子的动能与距离的平方成反比，而库仑能与距离的一次方成反比，库仑能将占主导地位。这将导致电子局域地分布在一个个格点上，从而形成 Wigner 晶体。1937 年，CoO、NiO、MnO 等莫特绝缘体的发现也说明能带理论无法对某些固体的基态做出正确的解释。

我们不能因此就否定能带理论，它是正确的，只是局限在一定的适用范围。问题的根源正是它的根基——单电子近似。在单电子近似中，价电子是可以在整个晶体内自由运动的共有化电子；单占据、双占据以及空的原子轨道对于电子态的影响也没有被区分开来，而是被视作平均势场。然而，存在这样一种系统，其中的价电子不能视作整个晶体中共有化的自由电子，而原子势场也不能用平均势场替代。这是因为在晶格常数很大的情形下，原子对电子的束缚作用很强；并且，原子轨道是否已经被占据，对于跃迁的电子来说意味着是否需要消耗由于电子双

占据所引起的库仑排斥能。也就是说，对于离域性较弱的窄带系统，电子之间的运动存在强烈的关联效应，导致单电子体系向关联电子体系过渡。1964 年，沈吕九、Hohenberg 和 Kohn 发展出密度泛函理论，对电子间相互作用的处理更加严谨。

1957 年，Bardeen、Cooper 和 Schrieffer 三位科学家共同提出，可以用电–声耦合诱发的机制来解释超导电性，被称为 BCS 理论。该理论认为，两个自旋与动量都相反的电子之间可以将声子（即晶格振动）作为媒介，产生微弱的吸引力，进而发生配对，称为库珀对。大致的机制如下：在晶格中移动的电子会吸引邻近格点上的正电荷，则在该电子周围形成一个局域的正电荷密度较高的区域，而另一个自旋与动量均相反的电子被这个局域的高正电荷区吸引。通过这种搭桥的方式，两个电子发生配对。配对需要一定的结合能，与材料性质有关。在低温下，材料中有许多这样的电子对，它们相互重叠，形成“牵一发而动全身”的关系，使得整体的能量势垒增加。而晶格振动的能量也随温度降低而减小，很难对这些电子对产生影响，因而这些电子对可作为一个整体无阻力地流动。

在 BCS 理论中，我们已经能看见电子关联效应的影子。这一理论成功地解释了困扰物理学家将近半个世纪的超导电性问题，当时颇让学界振奋。但遗憾的是，科学家在 20 世纪 80 年代后找到的高温超导体，却无法用 BCS 理论来解释其机制。实际上，用推广后的 BCS 理论预言的超导临界温度的最大值只有不到 40K。探寻高温超导的内在机制，并逐步提高其临界温度，成为了现代物理学家们最关心的课题之一。

2. 电子关联模型及其困难

莫特绝缘体具有反铁磁性。在强关联电子体系中，自旋序、轨道序以及电荷序等各类有序化经常相互耦合、互相影响，从而催生许多新奇的物理现象。因此对这些材料的磁性进行研究，对理解电子关联体系中的物理有很大的帮助。Kramers 注意到，像氧化锰这样的晶体，尽管锰离子间夹杂着非磁性的氧离子，但交换作用依然存在。1934 年，他提出超交换作用以说明这类绝缘体反铁磁性的起源。两个相同的磁性阳离子中的电子以非磁性阴离子为媒介而发生的远程性的虚跃迁过程，就是超交换作用。

海森伯模型（Heisenberg model）是一个自旋系统的统计力学的模型，常被用来研究磁性系统和强关联电子系统中的相变与量子临界现象。海森伯模型指出，当 p 电子与 d 电子的直接交换积分 $A > 0$ 时，电子按自旋平行方式排列更有利于降低系统的能量，而 $A > 0$ 要求在邻近原子之间电子云有较大的交叠机会。在一定的条件下，当来自相邻原子的未配对的外层价电子的轨道发生重叠时，具有平行自旋的电子在空间中的电荷分布相较于它们具有相反自旋时将更为分散。这有利于降低静电能，因此，平行自旋状态更稳定。简而言之，相互排斥的电子可以通过对齐它们的自旋而“进一步分开”。因此，当直接交换积分 $A > 0$ 时，系统将呈现出铁磁性。但由于假设电子只能局域在原子附近，海森伯模型的不足之处也显而易见。对于大多数反铁磁性的绝缘物质而言（如 MnO、NiO 等莫特绝缘体），其磁性阳离子的最近邻是非磁性的阴离子。由于间距远，磁性阳离子的波函数几乎不能重叠，因而近程性的交换作用很难发生。

1963 年，哈伯德为了解释过渡金属中 d 电子的行为，首次提出了描述窄能带系统中在电子–电子相互作用的模型，即哈伯德模型[18]。哈伯德模型是关联电子系统最简单的一个模型，但它却是凝聚态物理领域描述关联电子系统最重要的模型。哈伯德模型可以描述丰富的物理现象，例如金属–绝缘体转变、铁磁、反铁磁、拉廷格（Luttinger）液体和超导等。

长期以来，处理电子关联效应的困难极大地限制了理论上对诸如非常规超导电性等的深入理解，大多数理论工作还是基于平均场近似的方法，导致难以有确定性的结论[19]。目前仅有的几种数值严格技术，均存在各自的局限性。例如，精确对角化[20]，由于希尔伯特空间的限制只能计算非常有限的系统；变分蒙特卡罗方法，计算的精度完全由探试波函数精度决定；行列式量子蒙特卡罗方法，在掺杂的大部分系统中，低温时存在负符号问题[21–23]。还有一些超越平均场近似的方法，如动力密度矩阵重整化群[24]，以及最近发展出的张量网络（tensor-network）[25,26]，这些方法虽已成功地应用于二维系统，然而大多是没有动力学电荷载流子的情况[27]。

对大多数非常规超导体系，量子蒙特卡罗方法存在着不可避免的负符号问题。解决量子蒙特卡罗方法中的负符号问题，将有力促进对强电子关联体系问题的研究，因而处理好量子蒙特卡罗方法中的负概率问题是凝聚态物理领域非常重要和迫切的问题。最近，加利福尼亚大学伯克利分校的李东海教授和清华大学高等研究院的姚宏教授研究小组[28] 以及哈佛大学的 Sachdev 教授研究小组[29,30]，在一个唯象模型上，使用无负符号问题的行列式量子蒙特卡罗方法分别研究了反铁磁长程序的存在和向列涨落对超导电性的影响；中国科学院物理研究所孟子扬等在该方面也有很多进展。但从微观模型的角度或针对整个掺杂区域，特别是其中最重要的反铁磁长程序和超导电性之间的竞争关系，受限于量子蒙特卡罗方法的负符号问题，目前还鲜有这方面的研究。

本书将主要介绍适用于哈伯德模型的有限温行列式量子蒙特卡罗方法、基态约束路径量子蒙特卡罗方法等，并介绍量子蒙特卡罗方法在石墨烯相关体系的磁性和超导电性、狄拉克费米子体系的金属–绝缘体转变等方面的应用。

第 2 章　哈伯德模型及其扩展

在 20 世纪 70 年代，为了理解过渡金属氧化物（如 FeO、NiO、CoO 等）的反常行为，如根据紧束缚模型预测其应该表现出金属性，而实际上呈现出的是反铁磁绝缘体，提出了哈伯德模型[18]。经过这些年的发展，哈伯德模型被推广应用到诸多研究领域中，从 1980 年左右的重费米子体系[31] 到 1990 年左右的高温超导体[20]、铁基超导体以及石墨烯等。尽管哈伯德模型的形式非常简单，电子关联体系中很多微妙的性质都能被哈伯德模型所描述。

在紧束缚模型基础之上，固体中的每个原子被视为只有单个能级的格点，电子可以在其中自由运动，并允许电子之间可以通过库仑力产生相互作用，这构成了哈伯德模型的基本概念。根据泡利不相容原理，对于费米子，每个格点上至多可以被两个电子占据，一个自旋向上，另一个自旋向下。当两个电子同时出现在一个格点上时，电子之间的相互作用达到最大值。所以，在最基本的哈伯德模型的描述中，只有当格点上同时有两个电子占据时，电子间相互作用强度为 U，且不同的格点上的电子之间无库仑相互作用。本章简单介绍哈伯德模型的基本形式和哈特里–福克（Hartree-Fock）近似解法，以对本书中主要的研究对象–哈伯德模型有清楚的认识和详细的了解。

2.1　基本的哈伯德模型

我们从最基本的二维正方晶格上的哈伯德模型出发[18]

$$\mathcal{H} = \mathcal{H}_K + \mathcal{H}_\mu + \mathcal{H}_V \tag{2.1}$$

式中，$\mathcal{H}_K, \mathcal{H}_\mu, \mathcal{H}_V$ 分别代表系统的动能项、化学势项和势能项，各自定义为

$$\begin{aligned}
\mathcal{H}_K &= -t \sum_{\langle i,j\rangle,\sigma} (c_{i\sigma}^\dagger c_{j\sigma} + c_{j\sigma}^\dagger c_{i\sigma}) \\
\mathcal{H}_\mu &= -\mu \sum_i (n_{i\uparrow} + n_{i\downarrow}) \\
\mathcal{H}_V &= U \sum_i \left(n_{i\uparrow} - \frac{1}{2}\right)\left(n_{i\downarrow} - \frac{1}{2}\right)
\end{aligned} \tag{2.2}$$

式中，$\boldsymbol{i},\boldsymbol{j}$ 代表不同的格点，而 $\langle \boldsymbol{ij} \rangle$ 表示这两个格点互为最近邻；$\mathcal{H}_K$ 是只考虑了电子在最近邻格点间跃迁的动能；t 是表征跃迁能的参数，正比于最近邻原子波函数的叠加；算符 $c^{\dagger}_{\boldsymbol{i}\sigma}$ 和 $c_{\boldsymbol{i}\sigma}$ 分别表示在 $\boldsymbol{i}$ 格点处产生和湮灭一个自旋为 σ 的电子；而粒子数算符 $n_{\boldsymbol{i}\sigma} = c^{\dagger}_{\boldsymbol{i}\sigma}c_{\boldsymbol{i}\sigma}$，代表在 $\boldsymbol{i}$ 格点上自旋为 σ 的粒子数，其中，$\sigma =\uparrow$ 和 $\sigma =\downarrow$ 分别表示自旋向上和自旋向下；μ 是化学势，这一项用于控制系统的电子浓度。哈伯德模型是基于单电子近似中的紧束缚模型，引入了电子之间的库仑势 $\mathcal{H}_V$；U 表征在同一格点上两个自旋方向相反的电子之间的库仑排斥作用，而 $Un_{\boldsymbol{i}\uparrow}n_{\boldsymbol{i}\downarrow}$ 则表示在同一个格点上电子双占据所需要消耗的能量。

通过解哈伯德模型，我们可以得到诸多物理量，如密度关联函数、自旋关联函数及磁化率等，这些物理量可用来刻画系统具体的物理性质，如电子关联导致的金属–绝缘体转变、超导电性、铁磁、反铁磁涨落等。首先考虑半满时的哈伯德模型，即平均每个格点上有一个电子占据。在这种情况下，对于正方晶格而言，系统具有电子和空穴的对称性。我们所研究的系统具有确定的体积 V、温度 T 和化学势 μ，满足巨正则分布。因此，对于我们感兴趣的物理量 $\mathcal{O}$，有

$$\langle \mathcal{O} \rangle = \mathrm{Tr}(\mathcal{O}\mathcal{P}) \tag{2.3}$$

其中，算符 $\mathcal{P}$ 定义为

$$\mathcal{P} = \frac{1}{\mathcal{Z}}\mathrm{e}^{-\beta\mathcal{H}} \tag{2.4}$$

$\mathcal{Z}$ 是巨正则配分函数

$$\mathcal{Z} = \mathrm{Tr}(\mathrm{e}^{-\beta\mathcal{H}}) \tag{2.5}$$

β 是玻尔兹曼常量 k_{B} 与温度 T 乘积的倒数，也用于表征温度

$$\beta = \frac{1}{k_{\mathrm{B}}T} \tag{2.6}$$

Tr 表示在希尔伯特空间中求迹，用来描述晶格中所有可能的占据态

$$\mathrm{Tr}(\mathrm{e}^{-\beta\mathcal{H}}) = \sum_{\boldsymbol{i}} \langle \psi_{\boldsymbol{i}} | \mathrm{e}^{-\beta\mathcal{H}} | \psi_{\boldsymbol{i}} \rangle \tag{2.7}$$

其中，$\{|\psi_{\boldsymbol{i}}\rangle\}$ 是希尔伯特空间的基函数，而这个迹不依赖于基函数的选取。一般情况下，选取占有数表象是便利的。

在理解哈伯德模型时，我们需要用到一些基础的量子力学知识，下面将对此进行简要的回顾。首先，考虑电子的自旋，依据泡利不相容原理，每个格点上有 4 种可能的占据态，分别为：空态 $(|\cdot\rangle)$、一个自旋向上的粒子 $(|\uparrow\rangle)$、一个自旋向下的粒子 $(|\downarrow\rangle)$，以及自旋向上和自旋向下的两个粒子 $(|\uparrow\downarrow\rangle)$。那么，对于具有

N 个格点的系统，其希尔伯特空间的维度是 4^N。将最基本的四个产生、湮灭算符 $(c_\uparrow^\dagger, c_\downarrow^\dagger, c_\uparrow, c_\downarrow)$ 作用于这四个态，可以得到

$$\begin{aligned}
c_\uparrow^\dagger &: |\cdot\rangle = |\uparrow\rangle,\ |\uparrow\rangle = 0,\ |\downarrow\rangle = |\uparrow\downarrow\rangle,\ |\uparrow\downarrow\rangle = 0 \\
c_\downarrow^\dagger &: |\cdot\rangle = |\downarrow\rangle,\ |\uparrow\rangle = |\uparrow\downarrow\rangle,\ |\downarrow\rangle = 0,\ |\uparrow\downarrow\rangle = 0 \\
c_\uparrow &: |\cdot\rangle = 0,\ |\uparrow\rangle = |\cdot\rangle,\ |\downarrow\rangle = 0,\ |\uparrow\downarrow\rangle = |\downarrow\rangle \\
c_\downarrow &: |\cdot\rangle = 0,\ |\uparrow\rangle = 0,\ |\downarrow\rangle = |\cdot\rangle,\ |\uparrow\downarrow\rangle = |\uparrow\rangle
\end{aligned} \tag{2.8}$$

由此,我们可以进一步得到粒子数算符的本征态。例如,对于粒子数算符 $n_\uparrow = c_\uparrow^\dagger c_\uparrow$，空态 $|\cdot\rangle$ 和自旋向上的单占据态 $|\uparrow\rangle$ 是它的本征态：

$$n_\uparrow|\cdot\rangle = 0|\cdot\rangle = 0, \quad n_\uparrow|\uparrow\rangle = |\uparrow\rangle \tag{2.9}$$

此外，将算符 $n_\uparrow$ 作用于 $|\downarrow\rangle$ 和 $|\uparrow\downarrow\rangle$，则有

$$n_\uparrow|\downarrow\rangle = 0, \quad n_\uparrow|\uparrow\downarrow\rangle = |\uparrow\downarrow\rangle \tag{2.10}$$

类似地，空态 $|\cdot\rangle$ 和粒子自旋向下的态 $|\downarrow\rangle$ 是粒子数算符 $n_\downarrow = c_\downarrow^\dagger c_\downarrow$ 的本征态：

$$n_\downarrow|\cdot\rangle = 0, \quad n_\downarrow|\downarrow\rangle = |\downarrow\rangle \tag{2.11}$$

而算符 $n_\downarrow$ 对 $|\uparrow\rangle$ 和 $|\uparrow\downarrow\rangle$ 作用时则有

$$n_\downarrow|\uparrow\rangle = 0, \quad n_\downarrow|\uparrow\downarrow\rangle = |\uparrow\downarrow\rangle \tag{2.12}$$

这些计算可以帮助我们理解哈伯德模型中的势能项。算符 $U\left(n_\uparrow-\frac{1}{2}\right)\left(n_\downarrow-\frac{1}{2}\right)$ 表示同一格点上不同自旋方向的两个电子由于库仑排斥作用而具有的势能。将此算符作用于不同的电子态，可得到以下结果：

$$\begin{aligned}
U\left(n_\uparrow - \frac{1}{2}\right)\left(n_\downarrow - \frac{1}{2}\right)|\cdot\rangle &= \frac{U}{4}|\cdot\rangle \\
U\left(n_\uparrow - \frac{1}{2}\right)\left(n_\downarrow - \frac{1}{2}\right)|\uparrow\rangle &= -\frac{U}{4}|\uparrow\rangle \\
U\left(n_\uparrow - \frac{1}{2}\right)\left(n_\downarrow - \frac{1}{2}\right)|\downarrow\rangle &= -\frac{U}{4}|\downarrow\rangle \\
U\left(n_\uparrow - \frac{1}{2}\right)\left(n_\downarrow - \frac{1}{2}\right)|\uparrow\downarrow\rangle &= \frac{U}{4}|\uparrow\downarrow\rangle
\end{aligned} \tag{2.13}$$

这些本征能量说明，若系统中存在两个自旋方向相反的电子，当它们分别处于单占据态 $|\uparrow\rangle$ 和 $|\downarrow\rangle$ 时，系统的能量将比空态和双占据态组合时低 $U/2$。这是因为系统需要为电子的双占据付出库仑排斥能的代价。因此，考虑库仑排斥作用时，

电子更倾向于单占据态，而这将导致体系存在非零的磁矩 $m^2=(n_\uparrow-n_\downarrow)^2$，从而产生某种磁序。我们需要关注的下一个问题便是，当 t 不为零时，这些磁矩是否会形成某种特殊的空间模式。

此外，费米子的产生算符 $c_{i\sigma}^\dagger$ 和湮灭算符 $c_{i\sigma}$ 满足反对易关系：

$$\begin{aligned}\{c_{i\sigma},c_{j\sigma'}^\dagger\}&=\delta_{i,j}\delta_{\sigma\sigma'}\\\{c_{i\sigma}^\dagger,c_{j\sigma'}^\dagger\}&=0\\\{c_{i\sigma},c_{j\sigma'}\}&=0\end{aligned}\tag{2.14}$$

其中 $\{A,B\}=AB+BA$, 而

$$\begin{aligned}\delta_{ij}&=1,\quad \boldsymbol{i}=\boldsymbol{j}\\\delta_{ij}&=0,\quad \boldsymbol{i}\neq\boldsymbol{j}\end{aligned}\tag{2.15}$$

首先考虑 $\{c_{i\sigma}^\dagger,c_{j\sigma'}^\dagger\}=0$，如果我们令 $\boldsymbol{i}=\boldsymbol{j}$, $\sigma=\sigma'$，则可得到 $(c_{j\sigma}^\dagger)^2=0$。这意味着在同一个格点上不能产生自旋相同的两个电子，因此，反对易关系中包含了泡利不相容原理。

如果格点或者自旋取向不同，则式 (2.14) 的结果均为零，这说明交换产生（或湮灭）两个电子的次序，结果将会引入一个负号。由此，反对易关系要求粒子的波函数是反对称的，这也是电子（费米子）的另一特征。而玻色子是用满足对易关系的产生和湮灭算符来描述的，其具有对称的波函数。哈伯德模型的研究对象是电子，因此其中的算符均是反对易的费米算符。此外，科学家们还推广得到了玻色–哈伯德模型，用于研究玻色子系统，相较于费米子模型，该模型更易于在数学上进行处理。

如果忽略自旋取向和格点位矢，电子态的量子化表述将简化为

$$\begin{aligned}&|0\rangle:\text{无粒子}\\&|1\rangle:1\text{ 个粒子}\end{aligned}\tag{2.16}$$

产生和湮灭算符的作用表现为

$$\begin{aligned}c&:|0\rangle\to 0,|1\rangle\to|0\rangle\\c^\dagger&:|0\rangle\to|1\rangle,|1\rangle\to 0\end{aligned}\tag{2.17}$$

粒子数算符 $n=c^\dagger c$,

$$n:|0\rangle\to 0,|1\rangle\to|1\rangle\tag{2.18}$$

哈伯德模型的第一项描述了电子在最近邻间跃迁的动能，将其中的算符 $c_i^\dagger c_{i+1}$ 作用于各电子态，可得

$$\begin{aligned} c_i^\dagger c_{i+1} &: |00\rangle \to 0, |01\rangle \to |10\rangle \\ c_i^\dagger c_{i+1} &: |10\rangle \to 0, |11\rangle \to 0 \end{aligned} \tag{2.19}$$

以上结果说明，如果第 $i+1$ 格点上有 1 个粒子，而第 i 个格点上没有粒子，算符 $c_i^\dagger c_{i+1}$ 将会在第 $i+1$ 格点处湮灭一个粒子，并在第 i 个格点处产生一个粒子。这相当于电子从格点 $i+1$ 处跃迁到了格点 i。

2.1.1 哈伯德模型的势能项

考虑哈伯德模型的一种极限情况，即只有一个格点，因此 $t=0$，没有跃迁项。哈密顿量可写成

$$\mathcal{H} = U\left(n_\uparrow - \frac{1}{2}\right)\left(n_\downarrow - \frac{1}{2}\right) - \mu(n_\uparrow + n_\downarrow) \tag{2.20}$$

可以证明，粒子数算符 n_σ 正交的本征态 ψ_i 也是哈密顿量 $\mathcal{H}$ 的本征态：

$$\begin{aligned} \mathcal{H}|\cdot\rangle &= \frac{U}{4}|\cdot\rangle \\ \mathcal{H}|\uparrow\rangle &= \left[\frac{U}{4} - \left(\mu + \frac{U}{2}\right)\right]|\uparrow\rangle \\ \mathcal{H}|\downarrow\rangle &= \left[\frac{U}{4} - \left(\mu + \frac{U}{2}\right)\right]|\downarrow\rangle \\ \mathcal{H}|\uparrow\downarrow\rangle &= \left(\frac{U}{4} - 2\mu\right)|\uparrow\downarrow\rangle \end{aligned} \tag{2.21}$$

以 ψ_i 为基，哈密顿量可以对角化为

$$\mathcal{H} \to (\langle\psi_i|\mathcal{H}|\psi_i\rangle) = \begin{bmatrix} \frac{U}{4} & 0 & 0 & 0 \\ 0 & \frac{U}{4} - (\mu + \frac{U}{2}) & 0 & 0 \\ 0 & 0 & \frac{U}{4} - (\mu + \frac{U}{2}) & 0 \\ 0 & 0 & 0 & \frac{U}{4} - 2\mu \end{bmatrix} \tag{2.22}$$

相应地，算符 $e^{-\beta\mathcal{H}}$ 也是对角化的

$$e^{-\beta\mathcal{H}} \to e^{-\frac{\beta U}{4}} \mathrm{diag}[1, e^{\beta(\frac{U}{2}+\mu)}, e^{\beta(\frac{U}{2}+\mu)}, e^{2\mu\beta}] \tag{2.23}$$

进一步地，将配分函数 $\mathcal{Z}$ 表示为

$$\mathcal{Z} = \mathrm{Tr}(e^{-\beta\mathcal{H}}) = \sum_i \langle\psi_i|e^{-\beta\mathcal{H}}|\psi_i\rangle \to \mathcal{Z} = e^{-\frac{\beta U}{4}}[1 + 2e^{\beta(\frac{U}{2}+\mu)} + e^{2\mu\beta}] \tag{2.24}$$

以及计算物理量时常用到的算符

$$
\begin{aligned}
&\mathcal{H}\mathrm{e}^{-\beta\mathcal{H}} \to \mathrm{e}^{-\frac{\beta U}{4}}\,\mathrm{diag}\left[\frac{U}{4}, \left(-\mu-\frac{U}{4}\right)\mathrm{e}^{\beta(\frac{U}{2}+\mu)}, \left(-\mu-\frac{U}{4}\right)\mathrm{e}^{\beta(\frac{U}{2}+\mu)},\right.\\
&\qquad\qquad \left.\left(\frac{U}{4}-2\mu\right)\mathrm{e}^{2\mu\beta}\right]\\
&n_\uparrow\mathrm{e}^{-\beta\mathcal{H}} \to \mathrm{e}^{-\frac{\beta U}{4}}\,\mathrm{diag}[0, \mathrm{e}^{\beta(\frac{U}{2}+\mu)}, 0, \mathrm{e}^{2\mu\beta}]\\
&n_\downarrow\mathrm{e}^{-\beta\mathcal{H}} \to \mathrm{e}^{-\frac{\beta U}{4}}\,\mathrm{diag}[0, 0, \mathrm{e}^{\beta(\frac{U}{2}+\mu)}, \mathrm{e}^{2\mu\beta}]\\
&n_\uparrow n_\downarrow\mathrm{e}^{-\beta\mathcal{H}} \to \mathrm{e}^{-\frac{\beta U}{4}}\,\mathrm{diag}[0, 0, 0, \mathrm{e}^{2\mu\beta}]
\end{aligned} \tag{2.25}
$$

对这些算符取迹，可得

$$
\begin{aligned}
&\mathrm{Tr}(\mathcal{H}\mathrm{e}^{-\beta\mathcal{H}}) = \mathrm{e}^{-\frac{\beta U}{4}}\left[\frac{U}{4}+2\left(-\mu-\frac{U}{4}\right)\mathrm{e}^{\beta(\frac{U}{2}+\mu)}+\left(\frac{U}{4}-2\mu\right)\mathrm{e}^{2\mu\beta}\right]\\
&\mathrm{Tr}[(n_\uparrow+n_\downarrow)\mathrm{e}^{-\beta\mathcal{H}}] = \mathrm{e}^{-\frac{\beta U}{4}}[2\mathrm{e}^{\beta(\frac{U}{2}+\mu)}+2\mathrm{e}^{2\mu\beta}]\\
&\mathrm{Tr}(n_\uparrow n_\downarrow\mathrm{e}^{-\beta\mathcal{H}}) = \mathrm{e}^{-\frac{\beta U}{4}}\mathrm{e}^{2\mu\beta}
\end{aligned} \tag{2.26}
$$

通过以上的计算，一些物理量可以直接计算得到，如每个格点上的平均粒子数

$$
\begin{aligned}
\rho &= \langle n_\uparrow\rangle + \langle n_\downarrow\rangle\\
&= \frac{\mathrm{Tr}[(n_\uparrow+n_\downarrow)\mathrm{e}^{-\beta\mathcal{H}}]}{\mathcal{Z}}\\
&= \frac{2\mathrm{e}^{\beta(\frac{U}{2}+\mu)}+2\mathrm{e}^{2\mu\beta}}{1+2\mathrm{e}^{\beta(\frac{U}{2}+\mu)}+\mathrm{e}^{2\mu\beta}}
\end{aligned} \tag{2.27}
$$

当 $\mu=0$ 时，$\rho=1$，即系统是半满的。

对于系统能量，

$$
\begin{aligned}
E = \langle\mathcal{H}\rangle &= \frac{\mathrm{Tr}(\mathcal{H}\mathrm{e}^{-\beta\mathcal{H}})}{\mathcal{Z}}\\
&= \frac{U}{4} - \frac{(2\mu+U)\mathrm{e}^{\beta(\frac{U}{2}+\mu)}+2\mu\mathrm{e}^{2\mu\beta}}{1+2\mathrm{e}^{\beta(\frac{U}{2}+\mu)}+\mathrm{e}^{2\mu\beta}}
\end{aligned} \tag{2.28}
$$

当化学势 $\mu=0$，即半满时，

$$
E = \frac{U}{4} - \frac{U}{2(1+\mathrm{e}^{-\frac{U\beta}{2}})} \tag{2.29}
$$

双占据

$$
\langle n_\uparrow n_\downarrow\rangle = \frac{\mathrm{Tr}(n_\uparrow n_\downarrow\mathrm{e}^{-\beta\mathcal{H}})}{\mathcal{Z}}
$$

$$= \frac{e^{2\mu\beta}}{1 + 2e^{\beta(\frac{U}{2}+\mu)} + e^{2\mu\beta}} \tag{2.30}$$

半满时，

$$\langle n_\uparrow n_\downarrow \rangle = \frac{1}{2(1 + e^{\beta\frac{U}{2}})} \tag{2.31}$$

由此结果可见，当 U 或者 β 增大时，双占据减小；当 U 很大时，双占据趋于 0，电子将局域在各个格点上，该结果印证了库仑排斥将支持某种磁序产生的说法。

2.1.2 无库仑相互作用项的哈伯德模型

当 $U = 0$，即忽略库仑相互作用项时，自旋向上与自旋向下的空间是相互独立的，这意味着哈密顿量 $\mathcal{H}$ 可以分为自旋向上和自旋向下两个互不影响的部分，哈伯德模型只包含动能项。我们不妨忽略自旋算符 σ，将哈密顿量改写为

$$\mathcal{H} = -t \sum_{\langle \boldsymbol{i},\boldsymbol{j} \rangle} (c_{\boldsymbol{i}}^\dagger c_{\boldsymbol{j}} + c_{\boldsymbol{j}}^\dagger c_{\boldsymbol{i}}) - \mu \sum_{\boldsymbol{i}} n_{\boldsymbol{i}} \tag{2.32}$$

此时哈密顿量可以写成双线性的形式

$$\mathcal{H} = \tilde{c}^\dagger(-tK - \mu I)\tilde{c} \tag{2.33}$$

其中，$\tilde{c} = [c_1, c_2, c_3, \cdots, c_N]'$，$\tilde{c}^\dagger = [c_1^\dagger, c_2^\dagger, c_3^\dagger, \cdots, c_N^\dagger]$；$I$ 是 N 阶单位矩阵，N 为粒子数；矩阵 $K = (k_{\boldsymbol{ij}})$ 用来描述跃迁项 $\langle \boldsymbol{i}, \boldsymbol{j} \rangle$：

$$k_{\boldsymbol{ij}} = \begin{cases} 1 & \boldsymbol{i}, \boldsymbol{j}\text{为最近邻} \\ 0 & \text{其他} \end{cases} \tag{2.34}$$

例如，对于含有 N 个格点的一维系统，K 是一个 $N \times N$ 的矩阵：

$$K = \begin{bmatrix} 0 & 1 & & & 1 \\ 1 & 0 & 1 & & \\ & \ddots & \ddots & \ddots & \\ & & 1 & 0 & 1 \\ 1 & & & 1 & 0 \end{bmatrix} \tag{2.35}$$

其中，矩阵元 $(1, N)$ 和 $(N, 1)$ 之所以为 1，是因为采用了周期性边界条件，即首部的位点 1 和尾部的位点 N 也为最近邻关系。使用周期性边界条件可以减小有限尺寸效应。例如，对于具有 N 个格点的一维晶格而言，在 N 趋于 ∞ 的热力学极限下，采取开放性边界条件时误差为 $\dfrac{1}{N}$ 量级，而在周期性边界条件下误差将减小至 $\dfrac{1}{N^2}$ 量级。周期性边界条件还保证了系统的空间平移不变性，这使得系

统的一些参数，如电荷密度等物理量，不会随着格点位置的变化而发生改变，从而避免了物理量随格点分布不均匀的情况。

在二维情况下，对于 $N_x \times N_y$ 的矩形晶格，K 是一个 $N_xN_y \times N_xN_y$ 的矩阵:

$$K = K_{xy} = I_y \otimes K_x + K_y \otimes I_x \tag{2.36}$$

其中，I_x、I_y 分别是 N_x、N_y 维的单位矩阵；N_x、N_y 分别是 x、y 方向上的格点数；$\otimes$ 是克罗内克积。

一维及二维晶格中的 K 矩阵是可对角化的，我们可以用一个幺正矩阵对其进行特征分解

$$K = F^{\mathrm{T}} \varLambda F, \quad F^{\mathrm{T}} F = I \tag{2.37}$$

其中，$\varLambda = \mathrm{diag}(\lambda_k)$ 是对角矩阵，其对角线上的元素为对应的特征值。定义准粒子的湮灭和产生算符分别为

$$\tilde{\hat{c}} = F\hat{c}, \quad \tilde{\hat{c}}^{\dagger} = (F\hat{c})^{\dagger} \tag{2.38}$$

则哈密顿量可被严格对角化:

$$\mathscr{H} = \tilde{\hat{c}}^{\dagger}(-t\varLambda - \mu I)\tilde{\hat{c}} = \sum_{\boldsymbol{k}} \varepsilon_{\boldsymbol{k}} \hat{n}_{\boldsymbol{k}} \tag{2.39}$$

其中，$\varepsilon_{\boldsymbol{k}} \equiv -t\lambda_{\boldsymbol{k}} - \mu$ 是准粒子能量；$\hat{n}_{\boldsymbol{k}} = \hat{c}_{\boldsymbol{k}}^{\dagger}\hat{c}_{\boldsymbol{k}}$ 是准粒子数算符。

我们可以严格证明，$\hat{c}_{\boldsymbol{k}}^{\dagger}$ 和 $\hat{c}_{\boldsymbol{k}}$ 满足反对易关系，因此也可以用于研究电子行为。不同的是，原始的算符是在特殊的空间格点上产生（或湮灭）粒子，而准粒子算符是在特殊的动量空间中作用。虽然这两套算符均可用于研究电子行为，但是在动量空间中改写哈伯德模型中的相互作用项是相当复杂的工作，因此我们仅在不考虑相互作用时才引入准粒子算符来描述哈伯德模型。

对哈密顿量进行严格对角化后，我们可以证明，巨正则配分函数 $\mathcal{Z}$ 将有以下形式:

$$\begin{aligned}
\mathcal{Z} = \mathrm{Tr}(\mathrm{e}^{-\beta\mathscr{H}}) &= \mathrm{Tr}\left(\mathrm{e}^{-\beta\sum_{\boldsymbol{k}}\varepsilon_{\boldsymbol{k}}\hat{c}_{\boldsymbol{k}}^{\dagger}\hat{c}_{\boldsymbol{k}}}\right) \\
&= \mathrm{Tr}\left(\prod_{\boldsymbol{k}} \mathrm{e}^{-\beta\varepsilon_{\boldsymbol{k}} c_{\boldsymbol{k}}^{\dagger} c_{\boldsymbol{k}}}\right) \\
&= \prod_{\boldsymbol{k}} (1 + \mathrm{e}^{-\beta\varepsilon_{\boldsymbol{k}}})
\end{aligned} \tag{2.40}$$

有了配分函数，我们便可以仿照 2.1.1 节来进行相关物理量的计算。

(1) 电子填充 $\rho = \langle n \rangle = \langle \hat{n} \rangle$.

$$\rho = \frac{\mathrm{Tr}[(\hat{n}_{\uparrow} + \hat{n}_{\downarrow})\mathrm{e}^{-\beta\mathscr{H}}]}{\mathcal{Z}} = \frac{1}{N}\sum_{\boldsymbol{k}=1}^{N} \langle \hat{n}_{\boldsymbol{k}} \rangle = \frac{1}{N}\sum_{\boldsymbol{k}=1} \frac{1}{1 + \mathrm{e}^{\beta\varepsilon_{\boldsymbol{k}}}} \tag{2.41}$$

(2) 单格点平均能量 $E = \langle \mathcal{H} \rangle$.

$$E = \langle \mathcal{H} \rangle = \frac{\mathrm{Tr}(\mathcal{H}\mathrm{e}^{-\beta\mathcal{H}})}{\mathcal{Z}} = \frac{1}{N}\sum_{\boldsymbol{k}=1}\frac{\varepsilon_{\boldsymbol{k}}}{1+\mathrm{e}^{\beta\varepsilon_{\boldsymbol{k}}}} \tag{2.42}$$

在计算物理量时，格林函数 $G(\boldsymbol{i},\boldsymbol{j})$ 起了非常关键的作用，在这里我们给出它的表达式：

$$G(\boldsymbol{i},\boldsymbol{j}) = \langle c_{\boldsymbol{i}} c_{\boldsymbol{j}}^{\dagger} \rangle = \frac{1}{N}\sum_{\boldsymbol{k}} \mathrm{e}^{\mathrm{i}\boldsymbol{k}\cdot(\boldsymbol{i}-\boldsymbol{j})}(1-f_{\boldsymbol{k}}) \tag{2.43}$$

其中，$f_{\boldsymbol{k}} = \dfrac{1}{1+\mathrm{e}^{\beta(\varepsilon_{\boldsymbol{k}}-\mu)}}$。函数 $G(\boldsymbol{i},\boldsymbol{j})$ 只与 $R_{\boldsymbol{i}} - R_{\boldsymbol{j}}$ 有关，不依赖于格点的具体位置，这是由于我们采用了周期性边界条件，所有格点都是等效的。上式是一个等时的格林函数，后面的章节中还会讲到推广的非等时格林函数。

当温度趋于零时，电子会按能量从低到高的次序填充各个电子态。在动量空间中，我们称被占据态和空态之间的分界面为“费米面”。由于费米面决定了电子会占据到哪个位置，因此它附近的电子非常活跃。如果存在一个波矢 $\boldsymbol{k}$，它可以连接这些大范围的活动区域，那么这个波矢将很可能呈现出一定的空间有序特征。因此，我们可以通过研究费米面来理解哈伯德模型中反铁磁序的趋势。

2.2 哈特里–福克近似

标准形式的哈伯德模型只保留了两个电子在同一格点上受到的库仑相互作用，这是因为在只考虑布洛赫最低能带的情况下，电子间的长程相互作用可以忽略不计。但是，对一些真实材料的研究需要考虑粒子间的长程相互作用，因而衍生出了扩展哈伯德模型。例如，对于某些材料，最近邻间的库仑相互作用 V 相较于 U 而言也非常可观，扩展哈伯德模型中就要包含这一项，哈密顿量可写作

$$\mathcal{H} = \sum_{\langle \boldsymbol{i},\boldsymbol{j} \rangle}\sum_{\sigma} t_{\boldsymbol{i},\boldsymbol{j}\sigma}(C_{\boldsymbol{i}\sigma}^{\dagger}C_{\boldsymbol{j}\sigma} + h.c.) + U\sum_{\boldsymbol{i}} n_{\boldsymbol{i}\uparrow}n_{\boldsymbol{i}\downarrow} + V\sum_{\langle \boldsymbol{i},\boldsymbol{j} \rangle} n_{\boldsymbol{i}}n_{\boldsymbol{j}} \tag{2.44}$$

哈伯德曾经估算过这两项库仑排斥的大小，对于过渡金属，当 t 在 0.5 ~ 1.5eV 之间时，U 约等于 10eV，而 V 在 2 ~ 3eV 的范围内。

对于维数大于 1 的哈伯德模型，科学家们总是试图寻找精确的统计力学解法，但每次都折戟而归。这样的失败催生了若干种近似方法，例如哈特里–福克近似。有效的哈特里–福克哈密顿量可以通过对原有哈密顿量中的相互作用项进行线性化处理而获得，这意味着哈特里–福克近似是用有效单粒子的相互作用去替代双粒子的相互作用。在矩阵中，表示相互作用的元素取值，将取决于无相互作

用时基态中相应算符的平均场值。

哈伯德模型中的库仑相互作用项 U 和 V，利用哈特里–福克近似方法，可以写成以下形式：

$$
\begin{aligned}
Un_{i\uparrow}n_{i\downarrow} &\to U(\langle n_{i\uparrow}\rangle n_{i\downarrow} + n_{i\uparrow}\langle n_{i\downarrow}\rangle - \langle n_{i\uparrow}\rangle\langle n_{i\downarrow}\rangle) \\
Vn_i n_j &\to V\langle n_i\rangle n_j + Vn_i\langle n_j\rangle - V\langle n_i\rangle\langle n_j\rangle \\
&= V(\langle n_{i\uparrow}\rangle + \langle n_{i\downarrow}\rangle)(n_{j\uparrow} + n_{j\downarrow}) + V(n_{i\uparrow} + n_{i\downarrow})(\langle n_{j\uparrow}\rangle + \langle n_{j\downarrow}\rangle) \\
&\quad - V(\langle n_{i\uparrow}\rangle + \langle n_{i\downarrow}\rangle)(\langle n_{j\uparrow}\rangle + \langle n_{j\downarrow}\rangle)
\end{aligned}
\tag{2.45}
$$

$\langle\rangle$ 表示基态下的期望值。

因此，哈特里–福克哈密顿量可改写为

$$
\begin{aligned}
\mathcal{H}_{\mathrm{HF}} = &\sum_{\langle i,j\rangle}\sum_{\sigma} t_{ij\sigma}(c_{i\sigma}^{\dagger}c_{j\sigma} + h.c.) + U\sum_{i}(\langle n_{i\uparrow}\rangle n_{i\downarrow} + n_{i\uparrow}\langle n_{i\downarrow}\rangle - \langle n_{i\uparrow}\rangle\langle n_{i\downarrow}\rangle) \\
&+ V\sum_{\langle i,j\rangle}[(\langle n_{i\uparrow}\rangle + \langle n_{i\downarrow}\rangle)(n_{j\uparrow} + n_{j\downarrow}) + (n_{i\uparrow} + n_{i\downarrow})(\langle n_{j\uparrow}\rangle + \langle n_{j\downarrow}\rangle) \\
&- (\langle n_{i\uparrow}\rangle + \langle n_{i\downarrow}\rangle)(\langle n_{j\uparrow}\rangle + \langle n_{j\downarrow}\rangle)]
\end{aligned}
\tag{2.46}
$$

这里只对无限制的哈特里–福克近似（unrestricted Hartree-Fock approximation，UHF）做简要的介绍。在无限制哈特里–福克方法中，假设电荷密度的期望值 $\langle n_{i\sigma}\rangle$ 依赖于晶格格点，并认为所研究的二维晶格是 $N\times N$ 的正方形（矩形）晶格。首先构造布洛赫波

$$
\psi_{\boldsymbol{k}\sigma}^{\dagger} = \sum_{\boldsymbol{R}}\sum_{\boldsymbol{m}=1}^{N}\alpha_{\boldsymbol{m}\sigma}(\boldsymbol{k})C_{\boldsymbol{R}+\boldsymbol{m},\sigma}^{\dagger}
\tag{2.47}
$$

其中

$$
\frac{1}{N}\sum_{\boldsymbol{m}=1}^{N}|\alpha_{\boldsymbol{m}\sigma}(\boldsymbol{k})|^2 = 1
\tag{2.48}
$$

$|\alpha_{\boldsymbol{m}\sigma}(\boldsymbol{k})|^2$ 是可能的电子态 $(\boldsymbol{k},\sigma)$ 在格点 $\boldsymbol{m}$ 上的权重。

接着解特征方程

$$
\mathcal{H}\psi_{\boldsymbol{k}\sigma}^{\dagger}|0\rangle = E_{\boldsymbol{k}\sigma}\psi_{\boldsymbol{k}\sigma}^{\dagger}|0\rangle
\tag{2.49}
$$

将式 (2.47) 代入特征方程，对于每一个电子态 $(\boldsymbol{k},\sigma)$，我们有

$$
\sum_{j}\mathcal{H}_{i,j}^{\sigma}\alpha_{j\sigma}(\boldsymbol{k}) = E_{\boldsymbol{k}\sigma}\alpha_{i\sigma}(\boldsymbol{k})
\tag{2.50}
$$

在此，$\mathcal{H}_{\boldsymbol{i},\boldsymbol{j}}^{\sigma}$ 是 $N \times N$ 的矩阵，具体可写成

$$\mathcal{H}_{\boldsymbol{i},\boldsymbol{j}}^{\sigma} = \sum_{\boldsymbol{R}} t_{\boldsymbol{i},\boldsymbol{j}+\boldsymbol{R},\sigma} + U\langle n_{\boldsymbol{i},-\sigma}\rangle \delta_{\boldsymbol{i},\boldsymbol{j}} + V \sum_{\langle \boldsymbol{m},\boldsymbol{j}\rangle\langle \boldsymbol{j},\boldsymbol{m}\rangle} \langle n_m \rangle \delta_{\boldsymbol{i},\boldsymbol{j}} \tag{2.51}$$

其中，$\langle \boldsymbol{m}, \boldsymbol{j}\rangle$ 表示格点 $\boldsymbol{m}$ 和 $\boldsymbol{j}$ 是最近邻关系，且 $\boldsymbol{m}+1=\boldsymbol{j}$。在此等式中，$V$ 项包含了格点 $\boldsymbol{j}$ 的所有最近邻 $\boldsymbol{m}$ 上的相互作用。另外，

$$\langle n_{\boldsymbol{i},\sigma}\rangle = \sum_{|\boldsymbol{k}|\leqslant \boldsymbol{k}_{\mathrm{F}}} |\alpha_{\boldsymbol{i},\sigma}(\boldsymbol{k})|^2 \tag{2.52}$$

从式 (2.47)、式 (2.49) 和式 (2.52) 中不难看出，方程的解是自洽的。其中，式 (2.52) 中的求和将一直执行到费米面。

由该方法得到的系统基态能量的表达式为

$$\begin{aligned}\langle \mathcal{H}_{\mathrm{HF}}\rangle = &\sum_{\boldsymbol{k}} E_{\boldsymbol{k}\uparrow} f(E_{\boldsymbol{k}\uparrow}) + \sum_{\boldsymbol{k}} E_{\boldsymbol{k}\downarrow} f(E_{\boldsymbol{k}\downarrow}) \\ &- U\sum_{\boldsymbol{i}} \langle n_{\boldsymbol{i}\uparrow}\rangle\langle n_{\boldsymbol{i}\downarrow}\rangle - V\sum_{\langle \boldsymbol{i},\boldsymbol{j}\rangle\sigma} \langle n_{\boldsymbol{i}}\rangle\langle n_{\boldsymbol{j}}\rangle\end{aligned} \tag{2.53}$$

我们可以通过迭代式 (2.50) 和式 (2.52)，使能量最小化。当得到的解稳定收敛时，我们便得到了能量的最小值。然而，我们不可能断定这个能量最小值就是系统的基态能量，只是作为近似的基态能量。

在使用无限制哈特里–福克方法时，我们需要在每次迭代中对 $N \times N$ 的矩阵进行对角化，这大大增加了对大尺寸晶格进行计算的难度。

第 3 章　行列式量子蒙特卡罗方法

蒙特卡罗方法在物理学研究中的应用十分广泛。在物理学的研究中，通常会根据所研究的物理学现象以及问题，建立相应的理论模型，通过理论计算得到相应的结果来解释实验中所发现的现象以及问题，而之后进一步的实验观测结果也反过来用于检测理论的成功与否。在这个反复的研究过程中理论计算的方法显得尤为重要。在众多理论方法中，蒙特卡罗方法能够很好地描述出真实的物理过程，因而在解决有关问题时是一个非常有用的计算工具。

例如，我们知道在相互作用的费米子系统中电子和自旋之间的相互作用会产生许多有趣的现象，而在这些现象中有关磁态、电子分布、掺杂、金属–绝缘体转变、超导电性等相关问题则尤为引人关注。我们可以在了解这些物质结构的基础上建立相应的理论模型来深入探讨这些问题。在这些理论模型中，最常用的则是哈伯德模型。我们知道，简单的一维哈伯德模型是可解的，但是对于高维的哈伯德模型，我们就需要借助一些近似方法或者数值模拟的方法来进行模拟与计算。在强关联电子体系中，利用量子蒙特卡罗方法能够进行有效计算，并且在具体的情境中能够帮助我们得到很多有意义的结果。

为了详细地理解本书中采用的行列式量子蒙特卡罗方法，我们先简要阐述蒙特卡罗方法的基本思想。行列式量子蒙特卡罗方法将在下文进行详细阐述。蒙特卡罗方法又可以称为统计试验方法或者随机抽样方法，这种计算方法与其他计算方法有着明显的不同。在基于概率理论的基础上，使用蒙特卡罗方法能够在理论上有效模拟出物理实验的具体过程，这样能够帮助我们解决在研究中遇到的困难的数值计算问题。这个方法的思路如下：如果在计算中需要求解与概率或者数学期望相关的物理量，就可以先通过试验得到与之相应的频率或者算术平均值，然后通过这个试验的结果近似地得到问题的解。简单地说，蒙特卡罗方法是通过随机试验的办法来计算相应的积分，此积分即是服从分布密度函数的随机变量的期望值，表示如下：①根据试验过程，我们得到 N 个相应的子样，将这些子样表示为 1，2，3，…，N，以及将对应的随机变量的值表示为 a_1，a_2，a_3，…，a_n，那么相应的算术平均值可表示为：a/n；②通过这样的过程就能够近似地得到积分的值。蒙特卡罗方法就是通过这种思想近似地求解问题，但是如果我们想要在实际操作中得到精度较高的解，就需要进行大量的试验，对于这一过程，我们需要借助计算机进行模拟才能够实现。在借助计算机进行模拟的过程中，我们首先建立一个相应的模型，根据这个模型所描述的过程进行抽样，进而得到近似结果。蒙特卡罗方法具有很多优点，诸如：能够较为真实地模拟物理实验过程，该方法的收敛速度与维数没有关系，这种方法在借助计算机的情况下十分容易实现等；但也存在一些不足之处，如该方法的收敛速度较为缓慢，而且计算结果的误差具有概率性，并且在解决粒子输运问题时该方法的计算结果与系统大小有关等。针对这些不足，我们在解决实际物理问题时逐渐发展出更为优化的办法，如本书所使用的行列式量子蒙特卡罗方法。

本章以哈伯德模型为例，介绍费米子系统中的行列式量子蒙特卡罗方法[32]。首先，根据经典系统的蒙特卡罗模拟的基本内容，详细说明重要性取样过程、计算结果误差的来源以及有限尺寸分析，然后建立起模拟的基本步骤以实现实际模拟计算。我们采用取样的离散辅助场使得模拟过程得以顺利实现。因此，在模拟的过程中，将格林函数作为一个基础工具来更新进程。不仅如此，在计算与物质的磁性、金属–绝缘体转变、超导电性等性质相应的物理量时，格林函数发挥了很大的作用。最后，简要讨论在这种模拟方法中尚未得到有效解决的“负符号问题”，并简略地介绍在低温下使得计算更为稳定的方法。

3.1 引　言

对于具有多种相互作用的费米子体系，人们主要关心它们所表现出来的集体性质。我们可以用统计力学的知识体系来描述物质的这些性质，并且能够得到很好的效果。在绝缘的磁掺杂物质中，自旋自由度可以被独立出来进行处理。与绝缘的磁掺杂物质不同的是，多相互作用费米子体系中很多有趣的现象还与电子相互作用、自旋相互作用有关；有时候也需要考虑轨道自由度，但是这会使得我们研究的问题变得十分复杂，因此这里忽略轨道自由度的影响。对于给定的一种特定物质来说，人们主要关心的是一些典型的问题，诸如它的磁态（是否具有磁性？如果有，它的排列是怎样的?）、电子分布情况，以及这种物质是否绝缘、是否具有金属性、是否具有超导电性等。通过建立相应的模型，我们可以对物质中存在的自旋和电子的相互作用进行深入的研究。我们所建立的这个模型不仅要足够简单，使得我们能够计算出一些可与实验做比较的物理量，还要能够帮助我们解释与实验测量物理性质相应的基本物理机制。

在众多理论模型中，单带哈伯德模型是描述相互作用费米子体系最简单的晶格模型[18]，该模型可由巨正则哈密顿量定义如下：

$$
\begin{aligned}
H = & -t \sum_{\langle i,j\rangle,\sigma} \left(c_{i\sigma}^{\dagger} c_{j\sigma} + h.c.\right) + U \sum_{i} n_{i\uparrow} n_{i\downarrow} \\
& - \mu \sum_{i} \left(n_{i\uparrow} + n_{i\downarrow}\right)
\end{aligned} \tag{3.1}
$$

式中，t 是跃迁积分（这里将它作为能量标度，t 取 1）；U 是格点上的库仑相互作用；μ 是调控费米子密度的化学势；$\boldsymbol{i}$ 是晶格的位点标度。首先，只考虑最近邻跃迁的情况，用 $\langle\cdots\rangle$ 来表示近邻跃迁相互作用。算符 $c_{i\sigma}^{\dagger}$ 和 $c_{i\sigma}$ 分别表示在格点 $\boldsymbol{i}$ 处产生或者湮灭一个自旋为 σ 的费米子，其中 $n_{i\sigma} \equiv c_{i\sigma}^{\dagger} c_{i\sigma}$。在上述哈伯德哈密顿量中，我们描述了巡游性（由跃迁项来描述）和局域性（由格点上的相互作用项来描述）之间的竞争。对于半满情况（一个格点上只有一个费米子的情况），在强相互作用的极限下[33]，哈伯德哈密顿量则变为一个交换积分为 $J = 4t^2/U$ 的各向异性反铁磁海森伯模型。

如果我们假定 U 为负值，这种情况即我们通常称为吸引势的哈伯德模型。在理论上，这个局域的吸引势主要源于扩展的费米子之间的耦合或者是局域声子的耦合[34]。根据弱耦合限制的一般理论，我们知道实空间的配对模式对数值计算的贡献很大，从而发现这个吸引势的哈伯德模型能很好地用于解释传统超导体和高温超导体的一些特性[34]。我们可以利用贝特拟设（Bethe ansatz）方法来进行计算，但是运用这种方法时只有形式最简单的一维哈伯德模型是可解的，并且在该过程中不能直接得到关联函数。于是在高维情况下，我们不得不利用一些近似机制来解决困难的数值计算问题。在众多数值计算方法中，我们发现量子蒙特卡罗模拟的方法能够有效提取强关联费米子系统的有效信息并得到可信的计算结果。

自从 19 世纪 50 年代经典系统的蒙特卡罗方法被发明以来[35,36]，理论科学家们又相继提出一些量子蒙特卡罗算法[37–42]。这些方法有多种分类方式，分类依据由解决实际问题时有意突出的方面决定。例如，可以根据在连续统一体中或者一个晶格中是否有自由度，系统是否是基态或是否是有确定温度，在计算中是否采用变分的手段或投影技巧，还可以根据实现模拟的具体办法，诸如是否引入辅助场，格林函数是否由幂法建立等[43]。我们将详细讨论：在模拟过程中引入辅助场后，如何由巨正则配分函数推导出费米子行列式[41]。

我们将在以下章节详细介绍行列式量子蒙特卡罗方法的基本内容。首先，在关注全面数据分析的情况下对经典系统和量子系统进行更多精细的量子形式的处理，详细讨论模拟的基本操作、过程中涉及的近似处理，以及在计算中自然而然出现的格林函数；然后介绍如何更新进程以及如何计算用于探测系统不同物理特性的平均值的方法；最后，讨论了算法中至今存在的两大困难：一个是至今仍尚未得到有效解决的“负符号问题”，另一个是低温下计算的不稳定性。而对于后者，本章中介绍了两种成功的方法来保证在低温下的稳定计算。

3.2 经典伊辛模型介绍

在经典自旋系统中，进行蒙特卡罗模拟的主要任务是计算配分函数（或者是巨配分函数）以及与关联函数相关的各种物理量相应的平均值。我们可以对系统可能的组态进行求和来得到这些物理量。具体地，以伊辛模型为例，

$$H = -J\sum_{<i,j>}\sigma_i^Z\sigma_j^Z \tag{3.2}$$

式中，J 是交换积分，$\sigma_i^Z = \pm 1$。

对有 N 个格点的晶格，在相空间有 2^N 种可能的组态。显然并不是所有组态都具有重要的作用：对于给定的组态 C，能量可表示为 $E(C)$，这个组态出现的概率正比于 $\exp[-E(c)/k_{\mathrm{B}}T]$。从数值计算的高效性的角度出发，不提倡花费时间去生成所有的组态，因此基本的蒙特卡罗策略主要由一些重要的组态抽样[36]构成，可在 Metropolis 算法[35] 的辅助下实现抽样。这个算法可以连续地产生一系列最有可能的组态及其涨落。

我们从一个随机的自旋组态 $C = \left|\sigma_1, \sigma_2, \cdots, \sigma_{N_S}\right\rangle$ 开始，想象有一个“游走机子”，它可以访问每一个格点，并且能够改变该格点的自旋。假设现在这个“游走机子”在格点 $\boldsymbol{i}$ 处，对原来的 C 组态，改变该组态的自旋为 $\sigma_{\boldsymbol{i}}$ 后，我们把新的组态描述为 C'。这两个组态的能量差可以表示为 $\Delta E = E(C') - E(C) = 2J\sigma_{\boldsymbol{i}}\sum_{\boldsymbol{j}}'\sigma_{\boldsymbol{j}}$，其中求和主要是限定在格点 $\boldsymbol{i}$ 的最近邻格点 $\boldsymbol{j}$。玻尔兹曼因子的比值为

$$r' = \frac{p(C')}{p(C)} = \exp(-\Delta E/k_{\mathrm{B}}T) \tag{3.3}$$

这样，当满足 $\Delta E < 0$ 时，C' 为一个新组态；当 $\Delta E > 0$ 时，C' 不太可能是一个新组态，但是对于可能的 r' 值，这个新组态仍然是可能的。这种可能性就会激发产生涨落效应。或者我们可以采用 Heatbath 算法[44]，在这个算法中，组态 C' 的可能概率为

$$r = \frac{r'}{1 + r'} \tag{3.4}$$

在上述这些情况中，我们应当关注新组态的局域性，即一个格点上自旋的改变并不会影响其他自旋的状态，但我们知道这种局域性对量子系统来说并不适用。

这个“游走机子”继续移动，与以上的描述过程相同，尝试去改变下一个格

点的自旋。当扫描完整个晶格后，它又回到第一个格点，再次开始尝试改变全部格点上的自旋。我们要知道由于“游走机子”多次扫描整个晶格，这个预热阶段一般需要几百次或者上千次的扫描，但在一些特定情形下该预热过程会变得十分缓慢。

一旦系统预热完毕，我们就可以计算相应物理量的平均值了。假定在第 ς 次扫描结束后，对 A 这个物理量我们已经储存了一个 A_ς，自然而然地，在第 N_a 次扫描后，A 的热力学平均值可以表示为

$$\bar{A} = \frac{1}{N_a}\sum_{\varsigma=1}^{N_a} A_\varsigma \tag{3.5}$$

A_ς 的值并不是独立的随机变量，因为我们构造的新组态有时并不是正确的。我们可以通过建立 G 个平均值的群来降低测量值之间的关联性，如 $\bar{A}_1, \bar{A}_2, \cdots, \bar{A}_G$，这样最终的平均值为

$$\langle A\rangle = \frac{1}{G}\sum_{g=1}^{G} \bar{A}_g \tag{3.6}$$

在理想情况下，我们可以用已经有测量值的 N_a 次的扫描结果来得到尚未有测量值的 N_n 次扫描的结果。一旦 A_g 值可以被视为独立的随机变量，我们就可以应用中心极限定理估计得到 A 的平均值的统计误差[45]：

$$\delta A = \left[\frac{\langle A^2\rangle - \langle A\rangle^2}{G}\right]^{1/2} \tag{3.7}$$

另外，我们必须考虑系统误差，而其中有显著影响的是有限尺寸效应。在计算中，我们必须明确两个重要的长度标度：线性尺度 L，无限大系统的关联长度 $\varepsilon \sim |T - T_C|^{-\nu}$。通用的热力学量 $X_L(T)$ 可表示为[46]

$$X_L(T) = L^{\frac{x}{\nu}} f(L/\varepsilon) \tag{3.8}$$

式中，x 是临界指数，$f(z)$ 是在 $z \ll 1$ 或 $z \gg 1$ 下特定行为的标度函数。对 $z \ll 1$ 的情况，关联范围被有限的系统尺寸所限制，这样通用的热力学量 $X_L(T)$ 为

$$X_L(T) \simeq 常数 \cdot L^{\frac{x}{\nu}} \tag{3.9}$$

其中 $L \ll \varepsilon$，此即一个关于 L 的函数。然而当 $z \gg 1$ 时，关联性与系统的有限性没有直接联系，系统又恢复为通常的尺寸依赖的函数形式：

$$X_L(T) \simeq |T - T_C|^{-x} \tag{3.10}$$

其中 $L \gg \varepsilon$，这就定义了临界指数 x。我们可以利用有限维标度理论（FSS）进行数据分析，这样就有足够的证据进行热力学极限的推断分析。出于完备性考虑，我们在模拟中可以采用一些技巧使得经典自旋的蒙特卡罗方法更优化。比如，使用与格点有关的参数代表系统状态[47]，使用宽直方图收集数据[48] 等。

3.3 准备活动

在以上基于伊辛模型的讨论中，我们是以单粒子态为基础得到了哈密顿量的本征态，这是一个极大的简化。量子效应表明，哈密顿量的不同项之间并不对易。比如，在哈伯德模型中，相互作用项和跃迁项之间互不对易。另外，在同一格点上的跃迁项也互不对易。实际上，粒子以一种基本的方式相互关联而失去独立性。解决这些非对易问题的一种方法是分解哈密顿量中的费米子算符的双线性项（也就是跃迁项和化学势项）和四算符项（相互作用项）。其中，费米子算符的双线性项可以很简单地被对角化，但是四算符项并不能。因此，当我们计算巨配分函数时，必须把四次项转化为双线性项。其中，巨配分函数可以表示为 $Z = \mathrm{Tr}\left(\mathrm{e}^{-\beta H}\right)$，我们需要将哈密顿量中的四次项退耦成二次项再进行计算。

我们可以利用 Suzuki-Trotter 分解机制，把指数分开写为

$$\mathrm{e}^{\Delta\tau(A+B)} = \mathrm{e}^{\Delta\tau A}\mathrm{e}^{\Delta\tau B} + \mathcal{O}\left[(\Delta\tau)^2\left[A, B\right]\right] \tag{3.11}$$

式中，A 和 B 为通用的非对易算符。我们用 $\mathcal{K}$ 和 $\mathcal{V}$ 分别表示哈密顿量中的双线性项和四次项。由 $\beta = M\Delta\tau$，我们引入了一个小量 $\Delta\tau$ ，应用 Suzuki-Trotter 公式则有

$$\begin{aligned}\mathrm{e}^{-\beta(\mathcal{K}+\mathcal{V})} &= \left(\mathrm{e}^{\Delta\tau K+\Delta\tau\mathcal{V}}\right)^M \\ &= \left(\mathrm{e}^{\Delta\tau\mathcal{K}}\mathrm{e}^{\Delta\tau\mathcal{V}}\right)^M + \mathcal{O}\left[(\Delta\tau)^2 U\right]\end{aligned} \tag{3.12}$$

与量子力学的路径积分公式类比可知，以上的步骤相当于虚时间隔 $(0, \beta)$ 被离散分为间隔 $\Delta\tau$ 的 M 个切片。在实际计算中，对一定的温度倒数 β，通常我们设置 $\Delta\tau = \sqrt{0.125/U}$，选择 $M = \beta/\Delta\tau$。从式 (3.12) 可以看出，$\Delta\tau$ 的有限性是系统误差的来源。我们可以取更小的 $\Delta\tau$ 值（提高时间切片的数值来实现）或者计算 $\Delta\tau \to 0$ 时的结果，通过这些方式都可以减小误差。由此可以看出，整个计算过程是时间对易的。当 $\Delta\tau$ 足够小时，通过对 $\Delta\tau$ 的两个可能值的计算以及结果分析，我们可以发现计算结果对 $\Delta\tau$ 并不是特别敏感。比较不同 $\Delta\tau$ 的计算结果并确定结果收敛时 $\Delta\tau$ 的具体取值，也是数值模拟准备工作中的一步。

完成了指数分解，我们就可以计算 $\mathcal{V}$ 中的四次项了。首先，我们利用

Hubbard-Stratonovich（HS）变换，把平方算符的指数变为算符本身的指数，这通过引入一个与原始算符 A 线性耦合的辅助自由度（场）来实现，其形式如下：

$$e^{\frac{1}{2}A^2} \equiv \sqrt{2\pi}\int_{-\infty}^{\infty} dx\ e^{-\frac{1}{2}x^2-xA} \tag{3.13}$$

然而，要对哈伯德哈密顿量的四次项实现这种变换，则四次项必须是在指数函数的参数中。对于费米子来说，$n_\sigma^2 \equiv n_\sigma = 0,1$，这里为简化符号，我们忽略了晶格指数。考虑局域磁化 $m \equiv n_\uparrow - n_\downarrow$ 和局域电荷 $n \equiv n_\uparrow + n_\downarrow$，可以得到如下等式：

$$n_\uparrow n_\downarrow = -\frac{1}{2}m^2 + \frac{1}{2}n \tag{3.14a}$$

$$n_\uparrow n_\downarrow = \frac{1}{2}n^2 - \frac{1}{2}n \tag{3.14b}$$

$$n_\uparrow n_\downarrow = \frac{1}{4}n^2 - \frac{1}{4}m^2 \tag{3.14c}$$

在该过程中我们要关注以下三个要点，这对构成以上与 HS 变换有关的三个式子很有意义：①对以上三式中出现的平方算符都引入一个辅助场；②辅助场分别与局域磁性、局域电荷耦合，如式 (3.14a)、式 (3.14b) 所示；③式 (3.14a)、式 (3.14b) 分别用于排斥势哈伯德模型和吸引势哈伯德模型。

取代式 (3.13) 中连续的辅助场，在模拟中用离散的伊辛变量更为便利，$s=\pm1$[37]。根据式 (3.13)、式 (3.14a)，并且考虑 $s^2\equiv1$，我们可以计算得到

$$\begin{aligned} e^{-U\Delta\tau n_\uparrow n_\downarrow} &= \frac{1}{2}e^{-\frac{U\Delta\tau}{2}n}\sum_{s=\pm1} e^{-s\lambda m} \\ &= \frac{1}{2}\sum_{s=\pm1}\prod_{\sigma=\uparrow,\downarrow} e^{-\left(\sigma s\lambda+\frac{U\Delta\tau}{2}\right)n_\sigma}, \quad U>0 \end{aligned} \tag{3.15}$$

上式中最后一项的贡献主要来自费米子的自旋轨道 $\sigma=+,-$（分别用 $\sigma=\uparrow,\downarrow$ 来表示），其中，

$$\cosh\lambda = e^{|U|\Delta\tau/2} \tag{3.16}$$

在吸引势的情况中，为避免复杂的 HS 变换，利用式 (3.14b)，我们得到

$$e^{|U|\Delta\tau n_\uparrow n_\downarrow} = \frac{1}{2}\sum_{s=\pm1}\prod_{\sigma=\uparrow,\downarrow} e^{\left(s\lambda+\frac{|U|\Delta\tau}{2}\right)\left(n_\sigma-\frac{1}{2}\right)}, \quad U<0 \tag{3.17}$$

其中 λ 的值式 (3.16) 已给出。

在排斥势的情况下，HS 变换用一个与磁矩耦合的 s 涨落场代替了库仑相互作用，而在吸引势的情况下，HS 变换用一个与电荷耦合的涨落场 s 代替了库仑

相互作用。因而，在排斥势的情况中指数部分只取决于 σ，但在吸引势中则不同。从下面的讨论可知，这样的差异主要是由于在吸引势的情况中没有“负符号问题”。我们用式 (3.15) 或者式 (3.17) 来代替时空间中每一个格点上的库仑相互作用，这样，在指数部分就只有双线性项。对排斥势的结果，我们有

$$\mathcal{Z}=\left(\frac{1}{2}\right)^{L^dM}\operatorname*{Tr}_{\{s\}}\mathcal{T}r\prod_{\ell=M}^{1}\prod_{\sigma=\uparrow,\downarrow}\mathrm{e}^{-\Delta\tau\sum_{i,j}c_{i\sigma}^{\dagger}K_{ij}c_{j\sigma}}\mathrm{e}^{-\Delta\tau\sum_{i}c_{i\sigma}^{\dagger}V_i^{\sigma}(\ell)c_{i\sigma}} \tag{3.18}$$

上式中的求迹是在伊辛场中并且考虑每一个格点都被费米子占据的情况下进行，从 1 到 $\ell=M$ 的结果反映出较早的时间出现在右侧。通过 HS 场，$s_{\boldsymbol{i}}(\ell)$ 对角矩阵可由时间因子 ℓ 表示为

$$V_{\boldsymbol{i}}^{\sigma}(\ell)=\frac{1}{\Delta\tau}\lambda\sigma s_{\boldsymbol{i}}(\ell)+\left(\mu-\frac{U}{2}\right) \tag{3.19}$$

这是 $N\times N$ 对角矩阵 $\boldsymbol{V}^{\sigma}(\ell)$ 的矩阵元。我们也需要 $N\times N$ 的跃迁矩阵 $\boldsymbol{K}$：

$$K_{\boldsymbol{ij}}=\begin{cases}-t, & \text{如果 } \boldsymbol{i} \text{ 与 } \boldsymbol{j} \text{ 是最近邻}\\ 0. & \text{其他}\end{cases} \tag{3.20}$$

例如，在周期性边界条件下，对一维情况有 $L\times L$ 的矩阵：

$$\boldsymbol{K}=\begin{pmatrix}0 & -t & 0 & \cdots & 0 & -t\\ -t & 0 & -t & \cdots & 0 & 0\\ 0 & -t & 0 & \cdots & 0 & 0\\ \vdots & \vdots & \vdots & & \vdots & \vdots\\ -t & 0 & 0 & \cdots & -t & 0\end{pmatrix} \tag{3.21}$$

在指数是双线性的情况下，对费米子而言，式 (3.18) 可以求迹。引入自旋因子，由恒等式 $\mathrm{e}^{-\Delta\tau\mathsf{H}^{\sigma}(\ell)}\equiv\mathrm{e}^{-\Delta\tau\boldsymbol{K}}\mathrm{e}^{-\Delta\tau\boldsymbol{V}^{\sigma}(\ell)}$，我们得到

$$\mathcal{Z}=\left(\frac{1}{2}\right)^{L^dM}\operatorname*{Tr}_{\{s\}}\prod_{\sigma}\det\left(\mathbf{1}+\boldsymbol{B}_M^{\sigma}\boldsymbol{B}_{M-1}^{\sigma}\cdots\boldsymbol{B}_1^{\sigma}\right) \tag{3.22}$$

其中定义

$$\boldsymbol{B}_{\ell}^{\sigma}\equiv\mathrm{e}^{-\Delta\tau\boldsymbol{K}}\mathrm{e}^{-\Delta\tau\boldsymbol{V}^{\sigma}(\ell)} \tag{3.23}$$

上式中没有明确写出通过矩阵 $\boldsymbol{V}^{\sigma}(\ell)$ 已被引入的辅助伊辛自旋自由度。我们引入

$$\boldsymbol{O}^{\sigma}(\{s\})\equiv\mathbf{1}+\boldsymbol{B}_M^{\sigma}\boldsymbol{B}_{M-1}^{\sigma}\dots\boldsymbol{B}_1^{\sigma} \tag{3.24}$$

得到

$$\mathcal{Z}=\left(\frac{1}{2}\right)^{L^dM}\operatorname*{Tr}_{\{s\}}\det O^{\uparrow}(\{s\})\cdot\det O^{\downarrow}(\{s\})$$

$$= \operatorname*{Tr}_{\{s\}} \rho(\{s\}) \tag{3.25}$$

上式中最后一项定义了一个有效密度矩阵。

如上所述，我们用行列式的伊辛自旋表示出了巨配分函数。如果在 Tr 下的量是正值，则在对伊辛组态取样时，它作为玻尔兹曼因子可发挥很大的作用。然而对某些组态来讲，行列式的结果是负值，这就造成“负符号问题”。

为了实现以上的构建，我们需要对式 (3.23) 做近似计算，即估算出跃迁矩阵的指数部分。对这个问题，一般来讲既不能用简单的解析方法，也不能进行有效的数值计算。再次考虑一维系统，我们看到对式 (3.21) 表示的 $\boldsymbol{K}$，由不同的矩阵得到不同的 $\boldsymbol{K}$ 的能量值。我们引入一个“棋盘晶格分解”，写作

$$\boldsymbol{K} = \boldsymbol{K}_x^{(a)} + \boldsymbol{K}_x^{(b)} \tag{3.26}$$

这里的 $\boldsymbol{K}^{(a)}$ 涉及格点 1 和 2 之间、3 和 4 之间……的相互作用，而 $\boldsymbol{K}^{(b)}$ 涉及格点 2 和 3 之间、4 和 5 之间……的相互作用。我们应用 Suzuki-Trotter 分解机制：

$$\mathrm{e}^{-\Delta\tau\boldsymbol{K}} = \mathrm{e}^{-\Delta\tau\boldsymbol{K}_x^{(a)}}\mathrm{e}^{-\Delta\tau\boldsymbol{K}_x^{(b)}} + \mathcal{O}\left[(\Delta\tau)^2\right] \tag{3.27}$$

这会产生与之前相同量级的系统误差。应用这样的分解，$\boldsymbol{K}_x^{(\alpha)}$，$\alpha = a, b$ 的幂的指数将成为多个单位矩阵的乘积，我们用一个简单的表达式将其表示为

$$\mathrm{e}^{-\Delta\tau\boldsymbol{K}_x^{(\alpha)}} = \boldsymbol{K}_x^{(\alpha)}\sinh(\Delta\tau t) + 1\cosh(\Delta\tau t) \tag{3.28}$$

这十分便于数值计算。式 (3.27) 的分解可以推广至三维情况：

$$\mathrm{e}^{-\Delta\tau\boldsymbol{K}} = \mathrm{e}^{-\Delta\tau\boldsymbol{K}_z^{(a)}}\mathrm{e}^{-\Delta\tau\boldsymbol{K}_y^{(a)}}\mathrm{e}^{-\Delta\tau\boldsymbol{K}_x^{(a)}}\mathrm{e}^{-\Delta\tau\boldsymbol{K}_z^{(b)}}\mathrm{e}^{-\Delta\tau\boldsymbol{K}_y^{(b)}}\mathrm{e}^{-\Delta\tau\boldsymbol{K}_x^{(b)}} + \mathcal{O}\left[(\Delta\tau)^2\right] \tag{3.29}$$

其中沿笛卡儿路径的分解与一维的情况相同。

现在我们来详细讨论平均值的计算问题。对两个算符 A 和 B，它们的等时关联函数为

$$\langle AB\rangle = \frac{1}{\mathcal{Z}}\operatorname*{Tr}_{\{s\}}\mathcal{T}r\left[AB\prod_{\ell\sigma}\mathrm{e}^{-\Delta\tau\boldsymbol{K}}\mathrm{e}^{-\Delta\tau\boldsymbol{V}^{\sigma}(\ell)}\right] \tag{3.30}$$

对一个给定的 HS 场的分布，我们定义费米子均值或者格林函数为

$$\langle AB\rangle_{\{s\}} \equiv \frac{1}{\rho(\{s\})}\mathcal{T}r\left[AB\prod_{\ell\sigma}\mathrm{e}^{-\Delta\tau\boldsymbol{K}}\mathrm{e}^{-\Delta\tau\boldsymbol{V}^{\sigma}(\ell)}\right] \tag{3.31}$$

则关联函数可写为

$$\langle AB\rangle = \frac{1}{\mathcal{Z}}\operatorname*{Tr}_{\{s\}}\langle AB\rangle_{\{s\}}\rho(\{s\}) \tag{3.32}$$

在模拟中格林函数具有十分重要的作用。首先，根据式 (3.32)，一个算符的平均值可以通过对密度函数为 $\rho(\{s\})$ 的 HS 组态的关联格林函数取样得到。其次，单粒子格林函数 $\langle c_{i\sigma}c_{j\sigma}^{\dagger}\rangle_{\{s\}}$ 在更新自身进程中具有很关键的作用，这个量关于 $\boldsymbol{ij}$ 的 $N_{\rm s}\times N_{\rm s}$ 矩阵表示如下[38]：

$$\langle c_{i\sigma}c_{j\sigma}^{\dagger}\rangle_{\{s\}}=\left[\left(1+\boldsymbol{B}_M^{\sigma}\boldsymbol{B}_{M-1}^{\sigma}\cdots\boldsymbol{B}_1^{\sigma}\right)^{-1}\right]_{\boldsymbol{ij}} \tag{3.33}$$

这样的形式有利于进行数值计算。最后，在这个方法中费米子仅仅与辅助场相互作用，这样 Wick 定理[49] 适用于一个固定的 HS 组态[43]；双粒子格林函数可以很容易地用单粒子格林函数的形式写为

$$\langle c_{i_1}^{\dagger}c_{i_2}c_{i_3}^{\dagger}c_{i_4}\rangle_{\{s\}}=\langle c_{i_1}^{\dagger}c_{i_2}\rangle_{\{s\}}\langle c_{i_3}^{\dagger}c_{i_4}\rangle_{\{s\}}+\langle c_{i_1}^{\dagger}c_{i_4}\rangle_{\{s\}}\langle c_{i_2}c_{i_3}^{\dagger}\rangle_{\{s\}} \tag{3.34}$$

这里我们用数字 1，2，3，4 来表示自旋，如果这些自旋不相同，则费米平均值为 0。我们用单粒子格林函数的形式来计算我们所关心的平均值。

非等时关联函数同样也很重要。在海森伯图景中，我们定义算符 a 为

$$a(\ell)\equiv a(\tau)=\mathrm{e}^{\tau\mathcal{H}}\,a\,\mathrm{e}^{-\tau\mathcal{H}},\quad \tau\equiv\ell\Delta\tau \tag{3.35}$$

因此起始时间被设置为 $\tau=\Delta\tau$，对这样离散的时间，$a^{\dagger}(\ell)\neq[a(\ell)]^{\dagger}$。对 $\ell_1>\ell_2$，不等时格林函数可写为

$$\begin{aligned}G_{\boldsymbol{ij}}^{\sigma}(\ell_1;\ell_2)&\equiv\langle c_{i\sigma}(\ell_1)c_{j\sigma}^{\dagger}(\ell_2)\rangle_{\{s\}}\\&=\left[\boldsymbol{B}_{\ell_1}^{\sigma}\boldsymbol{B}_{\ell_1-1}^{\sigma}\ldots\boldsymbol{B}_{\ell_2+1}^{\sigma}\,g^{\sigma}(\ell_2+1)\right]_{\boldsymbol{ij}}\end{aligned} \tag{3.36}$$

其中对第 ℓ 个时间分片，格林函数矩阵定义为

$$g^{\sigma}(\ell)\equiv[1+A^{\sigma}(\ell)]^{-1} \tag{3.37}$$

和

$$A^{\sigma}(\ell)\equiv\boldsymbol{B}_{\ell-1}^{\sigma}\boldsymbol{B}_{\ell-2}^{\sigma}\cdots\boldsymbol{B}_1^{\sigma}\boldsymbol{B}_M^{\sigma}\cdots\boldsymbol{B}_{\ell}^{\sigma} \tag{3.38}$$

我们注意到上式中 $\boldsymbol{B}$ 的结果的顺序与式 (3.33) 和式 (3.36) 中不同。在式 (3.36) 中，$\boldsymbol{B}$ 是从 ℓ_2+1 到 ℓ_1，而不像在式 (3.38) 中循环取值。对于给定的 HS 自旋组态 $\{s\}$，等时格林函数确实呈现出时间依赖性，如式 (3.38) 所示，而且这些等时格林函数当且仅当对大量组态取平均后才会近似相等。

为方便后文表述，我们定义两个量：

$$\tilde{g}_{\boldsymbol{ij}}^{\sigma}\equiv[1-g]_{\boldsymbol{ij}},\quad \tilde{G}_{\boldsymbol{ij}}^{\sigma}\equiv[1-\boldsymbol{G}]_{\boldsymbol{ij}} \tag{3.39}$$

3.4 关联函数的计算

除去反常玻尔兹曼因子和对时空间的扫描，我们可以按以下具体的步骤对系统进行模拟。在系统中先设置好哈密顿量参数库仑势 U、化学势 μ 以及温度，对 HS 场，我们从一个随机组态 $\{s\}$ 开始分析。从起始时间开始，我们用定义式 (3.33) 来计算 $\ell=1$ 时的格林函数。当“游走机子”扫描空间晶格时，试图在每一个格点处翻动 HS 自旋。

这样我们很容易对“游走机子”翻动时间分片中 ℓ 的 $\boldsymbol{i}$ 位点处的 HS 自旋进行描述。若是改变自旋，$\boldsymbol{V}^{\uparrow}(\ell)$ 和 $\boldsymbol{V}^{\downarrow}(\ell)$ 受到影响，矩阵 $\boldsymbol{B}_{\ell}^{\uparrow}$ 和 $\boldsymbol{B}_{\ell}^{\downarrow}$ 也会被改变，如式 (3.19) 和式 (3.23)。矩阵元素的改变如 $s_{\boldsymbol{i}}(\ell)\to -s_{\boldsymbol{i}}(\ell)$，其表达式可写为

$$\delta V_{\boldsymbol{ij}}^{\sigma}(\ell)\equiv V_{\boldsymbol{ij}}^{\sigma}(\ell,-s)-V_{\boldsymbol{ij}}^{\sigma}(\ell,s)=-2\lambda\sigma s_{\boldsymbol{i}}(\ell)\ \delta_{\boldsymbol{ij}} \tag{3.40}$$

其中，我们可以将矩阵 $\boldsymbol{B}_{\ell}^{\sigma}$ 的变化用一个矩阵因子表示为

$$\boldsymbol{B}_{\ell}^{\sigma}\to\left[\boldsymbol{B}_{\ell}^{\sigma}\right]'=\boldsymbol{B}_{\ell}^{\sigma}\varDelta_{\ell}^{\sigma}(\boldsymbol{i}) \tag{3.41}$$

$$\left[\varDelta_{\ell}^{\sigma}(\boldsymbol{i})\right]_{\boldsymbol{jk}}=\begin{cases}0, & \boldsymbol{j}\neq\boldsymbol{k}\\ 1, & \boldsymbol{j}=\boldsymbol{k}\neq\boldsymbol{i}\\ \mathrm{e}^{-2\lambda\sigma s_{\boldsymbol{i}}(\ell)}, & \boldsymbol{j}=\boldsymbol{k}=\boldsymbol{i}\end{cases} \tag{3.42}$$

现在我们用 $\{s\}'$ 和 $\{s\}$ 来表示矩阵，除去自旋相反的位点 $(\boldsymbol{i},\ell)$，HS 组态的伊辛自旋是相同的。我们可以把玻尔兹曼因子写作

$$r'=\frac{\rho\left(\{s\}'\right)}{\rho\left(\{s\}\right)}=\frac{\det O^{\uparrow}\left(\{s\}'\right)\cdot\det O^{\downarrow}\left(\{s\}'\right)}{\det O^{\uparrow}\left(\{s\}\right)\cdot\det O^{\downarrow}\left(\{s\}\right)}=R_{\uparrow}R_{\downarrow} \tag{3.43}$$

其中我们定义费米行列式如下：

$$R_{\sigma}\equiv\frac{\det O^{\sigma}\left(\{s\}'\right)}{\det O^{\sigma}\left(\{s\}\right)} \tag{3.44}$$

我们注意到，其实并不需要计算出行列式的值，R_{σ} 的值以格林函数的形式给出：

$$\begin{aligned}R_{\sigma}&=\frac{\det\left[1+A^{\sigma}(\ell)\varDelta_{\ell}^{\sigma}(\boldsymbol{i})\right]}{\det\left[1+A^{\sigma}(\ell)\right]}\\&=\det\left\{\left[1+A^{\sigma}(\ell)\varDelta_{\ell}^{\sigma}(\boldsymbol{i})\right]g^{\sigma}(\ell)\right\}\\&=\det\left\{1+\left[1-g^{\sigma}(\ell)\right]\left[\varDelta_{\ell}^{\sigma}(\boldsymbol{i})-1\right]\right\}\end{aligned}$$

$$= 1 + \left[1 - g_{ii}^{\sigma}(\ell)\right]\left[\mathrm{e}^{-2\lambda\sigma s_i(\ell)} - 1\right] \tag{3.45}$$

以及

$$\Gamma_{\ell}^{\sigma}(\boldsymbol{i}) \equiv \Delta_{\ell}^{\sigma}(\boldsymbol{i}) - 1 \tag{3.46}$$

这个矩阵除去对角线上第 $\boldsymbol{i}$ 个位置的值为 $\gamma_{\ell}^{\sigma}(\boldsymbol{i}) \equiv \mathrm{e}^{-2\lambda\sigma s_i(\ell)} - 1$，其余均为 0，其形式简洁。式 (3.4)、式 (3.43) 和式 (3.45) 给出新组态的可接受概率，这种情况下可采用 Heatbath 算法。

如果新组态是被允许的，当前时间分片对应的格林函数则需要更新，并不仅仅指对角元素 $\boldsymbol{ii}$ ，这是我们之前讨论过的量子蒙特卡罗模拟的非局域方面。我们主要用两种方法来更新格林函数。第一种方法是重新计算一个新的值，或者利用式 (3.45) 代入先前的格林函数，通过式 (3.37) 得到

$$\bar{\boldsymbol{g}}^{\sigma}(\ell) = \left\{1 + \left[1 - \boldsymbol{g}^{\sigma}(\ell)\right]\Gamma_{\ell}^{\sigma}(\boldsymbol{i})\right\}^{-1}\boldsymbol{g}^{\sigma}(\ell) \tag{3.47}$$

我们可以得到一个明确的 $\bar{\boldsymbol{g}}^{\sigma}(\ell)$ 的表达式。首先计算出上式方括号中矩阵的倒置矩阵：

$$\left\{1 + \left[1 - \boldsymbol{g}^{\sigma}(\ell)\right]\Gamma_{\ell}^{\sigma}(\boldsymbol{i})\right\}^{-1} = 1 + x\left[1 - \boldsymbol{g}^{\sigma}(\ell)\right]\Gamma_{\ell}^{\sigma}(\boldsymbol{i}) \tag{3.48}$$

由条件式 (3.48) 的值为 1 可得到 x 确定的值。$\Gamma_{\ell}^{\sigma}(\boldsymbol{i})$ 是系数矩阵，我们可以得到

$$x = -\frac{1}{R_{\sigma}} \tag{3.49}$$

其中，R_{σ} 可以由式 (3.45) 得到。格林函数中的 $\boldsymbol{jk}$ 项可根据下式更新：

$$\bar{g}_{\boldsymbol{jk}}^{\sigma}(\ell) = g_{\boldsymbol{jk}}^{\sigma}(\ell) - \frac{\left[\delta_{\boldsymbol{ji}} - g_{\boldsymbol{ji}}^{\sigma}(\ell)\right]\gamma_{\ell}^{\sigma}(\boldsymbol{i})\,g_{\boldsymbol{ik}}^{\sigma}(\ell)}{1 + \left[1 - g_{\boldsymbol{ii}}^{\sigma}(\ell)\right]\gamma_{\ell}^{\sigma}(\boldsymbol{i})} \tag{3.50}$$

或者我们可以通过解关于 $\bar{g}_{\boldsymbol{jk}}^{\sigma}(\ell)$ 的戴森（Dyson）方程得到相同的结果[43]。

在第 ℓ 个时间分片中，当“游走机子”尝试翻动最后一个位点的自旋后，在第 $\ell+1$ 个时间分片中“游走机子”将会移动到第一个位点处。这样我们就需要第 $\ell+1$ 个时间分片的格林函数，像之前一样，可以通过从头计算得到，也可由第 ℓ 个时间分片的格林函数演化得到。由式 (3.37) 的结果，比较 $\left[\boldsymbol{g}^{\sigma}(\ell+1)\right]^{-1}$ 和 $\left[\boldsymbol{g}^{\sigma}(\ell)\right]^{-1}$ 两式的结果，我们很容易得到

$$\boldsymbol{g}^{\sigma}(\ell+1) = \boldsymbol{B}_{\ell}^{\sigma} g^{\sigma}(\ell)\left[\boldsymbol{B}_{\ell}^{\sigma}\right]^{-1} \tag{3.51}$$

上式可用于计算后续时间分片的格林函数。

新的格林函数从 0 开始，计算的操作要进行大约 N^3 次，而迭代操作 [式 (3.50) 和式 (3.51)] 只需进行约 N^2 次，因此，就要用到更新的后一种形式。但是，

多次迭代后误差将会被放大，这样格林函数就会变得不准确。有一个折中的方法是，随着“游走机子”扫描 $\tilde{\ell}\,(\sim 10)$ 个时间分片的全部空间位点对格林函数进行迭代，然后在 $(\tilde{\ell}+1)$ 个时间分片从头开始计算出一个新的格林函数值。这个更新后的格林函数将会用于新一轮的迭代。必须清楚的是，我们需要将第 $(\tilde{\ell}+1)$ 个时间分片中的 $\boldsymbol{g}$ 值与更新的 $\boldsymbol{g}$ 值作比较，以检查 $\boldsymbol{g}$ 值的准确性。如果 $\boldsymbol{g}$ 值的准确性很低，我们就需要降低 $\tilde{\ell}$ 的值。

为了完整性，我们回到该部分描述的最开始时的情景：“游走机子”在 $\ell=1$ 分片里尝试去翻动每一个空间位点的 HS 自旋。无论何时翻动都是允许的，我们根据式 (3.50) 对格林函数进行更新。在扫描完全部的空间位点后，且“游走机子”尚未移动到 $\ell=2$ 时间分片的第一个位点上时，我们使用式 (3.51) 来计算 $g^{\sigma}(2)$ 的值。“游走机子”之后将会扫描这个时间分片内的空间位点，尝试去翻动每一个自旋，如果翻动是可允许的，格林函数根据式 (3.50) 进行更新。正如以上所提及的步骤，对下一序列 $\tilde{\ell}$ 个时间分片，这个程序将重复运行。在扫描完最后一个位点后，一个新的格林函数将会根据式 (3.37) 的定义计算得到。g 的迭代值将会被用于下一序列的 $\tilde{\ell}$ 个时间分片中，等等。

类似于经典的情况，我们对时空晶格进行多次扫描后计算它的平均值。我们把这个扫描过程叫做预热阶段。在预热之后，就开始进行测量，之前已说过在这个过程中现在的方法有一个很明显的优势，即全部的平均值均以格林函数的形式表示。这就使得我们将注意力聚焦于讨论用于探测系统物理性质的主要物理量，以及如何将这些物理量与格林函数联系起来。

我们从占据数 $\langle n\rangle$ 开始讨论，将其定义为

$$\begin{aligned}\langle n\rangle &= \frac{1}{MN_{\mathrm{s}}}\sum_{i,\ell}\sum_{\sigma}\langle c_{i\sigma}^{\dagger}(\ell)c_{i\sigma}(\ell)\rangle\\ &= \frac{1}{MN_{\mathrm{s}}}\sum_{i,\ell}\sum_{\sigma}\langle\langle 1-g_{ii}^{\sigma}(\ell)\rangle\rangle\end{aligned}\tag{3.52}$$

其中，第一个等式表示对时空晶格的 $\langle n_{i\uparrow}(\ell)+n_{i\downarrow}(\ell)\rangle$ 个格点上的平均值取全体的平均（如费米场和 HS 场）；第二个等式中已经对费米自由度进行了积分（往后则用格林函数表示），由双括号表示的对 HS 场的平均值可以通过对 N 个 HS 组态（参见式 (3.32)）的重要取样来实现。因此，我们有

$$\langle\langle g_{ij}^{\sigma}(\ell)\rangle\rangle \simeq \frac{1}{N_{\mathrm{a}}}\sum_{\zeta=1}^{N_{\mathrm{a}}} g_{ij}^{\sigma}(\ell)\tag{3.53}$$

应该提醒的是，由于这是巨正则模拟，化学势需要预先确定以得到预期的占据数。哈伯德模型（只包含最近邻跃迁的正方晶格）中半满状态的化学势的值可

通过粒子–空穴对称性[33] 得到。对全部的 T 和 N，当 $\mu=U/2$ 时得到 $\langle n\rangle=1$。远离半满状态时，由于（对于给定的 N 和 U）$\langle n\rangle$ 与 μ 的对应关系随温度的变化而变化，故确定 μ 的值则需要反复试验。总的来说，$\langle n\rangle$ 与 μ 的对应关系说明半满状态的正方晶格哈伯德模型是一个绝缘态，其压缩系数为

$$\kappa\equiv-\frac{1}{V}\left(\frac{\partial V}{\partial P}\right)_{T,\mu}=\frac{1}{n^2}\left(\frac{\partial n}{\partial\mu}\right)_T \tag{3.54}$$

式中，V 和 T 分别是体积和压强，当 $\mu=U/2$ 时 κ 降为 0，此时没有粒子可加入系统中。例如，二维情况下的 $n(\mu)$[50]。

探测磁性有多种方法。磁化算符的分量可表示为

$$m_i^x\equiv c_{i\uparrow}^{\dagger}c_{i\downarrow}+c_{i\downarrow}^{\dagger}c_{i\uparrow} \tag{3.55a}$$

$$m_i^y\equiv-i\left(c_{i\uparrow}^{\dagger}c_{i\downarrow}-c_{i\downarrow}^{\dagger}c_{i\uparrow}\right) \tag{3.55b}$$

$$m_i^z\equiv n_{i\uparrow}-n_{i\downarrow} \tag{3.55c}$$

根据 Wick 定理 [式 (3.34)]，可得到等时自旋密度的关联函数为

$$\begin{aligned}\langle m_i^z m_j^z\rangle=\langle\langle\,&\tilde{g}_{ii}^{\uparrow}\,\tilde{g}_{jj}^{\uparrow}+\tilde{g}_{ij}^{\uparrow}\,g_{ij}^{\uparrow}-\tilde{g}_{ii}^{\uparrow}\,\tilde{g}_{jj}^{\downarrow}\\&-\tilde{g}_{ii}^{\downarrow}\,\tilde{g}_{jj}^{\uparrow}+\tilde{g}_{ii}^{\downarrow}\,\tilde{g}_{jj}^{\downarrow}+\tilde{g}_{ij}^{\downarrow}\,g_{ij}^{\downarrow}\,\rangle\rangle\end{aligned} \tag{3.56a}$$

$$\langle m_i^x m_j^x\rangle=\langle\langle\,\tilde{g}_{ij}^{\uparrow}\,g_{ij}^{\downarrow}+\tilde{g}_{ij}^{\downarrow}\,g_{ij}^{\uparrow}\rangle\rangle \tag{3.56b}$$

其中，yy 分量有一个与上式 xx 分量相同的表达式。这里 g 值通过在同一个时间间隔中估算得到。

如果保留自旋对称性，对单带基态的情况，取平均值，由式 (3.56a) 和式 (3.56b) 会得到相同的结果。但实际上，横向的关联函数（如 xx 和 yy 分量）比纵向关联函数的噪声小[51]。这可以追溯到离散的 HS 变换，在这个变换中通过将辅助场耦合到 m^z，而将 z 分量挑选出来。在这个过程中，应该指出的是一个可能的铁磁态（饱和的或非线性的铁磁态）将会打破这种对称性。

如果令式 (3.56) 中 $\boldsymbol{i}=\boldsymbol{j}$ 就得到了局域磁矩：

$$\langle m_i^2\rangle=\left\langle\,(m_i^x)^2+(m_i^y)^2+(m_i^z)^2\,\right\rangle \tag{3.57}$$

上式量度的是费米子的巡游度。例如，半满状态下正方晶格上的哈伯德模型，$\langle(m_i^{\nu})^2\rangle$，$\nu=x,y,z$，将从 1，即电荷冻结态（$U\to\infty$），降低到 1/2，即金属态（$U=0$）。

我们可以从不同格点得到的自旋–自旋关联函数的分布，计算等时磁结构因

子，其定义如下：

$$S(q) = \frac{1}{N_{\mathrm{s}}} \sum_{\boldsymbol{ij}} \mathrm{e}^{\mathrm{i}q\cdot(\boldsymbol{i}-\boldsymbol{j})} \langle \boldsymbol{S}_{\boldsymbol{i}} \cdot \boldsymbol{S}_{\boldsymbol{j}} \rangle \tag{3.58}$$

$S(\boldsymbol{q})$ 的峰值对应 $\boldsymbol{q}$ 主导磁结构分布。对一维哈伯德模型，$S(q)$ 将在 $\boldsymbol{q} = 2k_{\mathrm{F}} = \pi n$ 处取得峰值，这对应于在基态的准长程序（即关联函数的代数空间衰减），是自旋密度波[52] 的一种态。在半满的二维正方晶格哈伯德模型中，峰值出现在 $\boldsymbol{q} = (\pi, \pi)$[53]，表示在基态时的 Neel 序。远离半满状态时，系统是一个顺磁，伴随着非共度 $\boldsymbol{q}$ 值[50] 处的强反铁磁（AFM）关联[38,53]。

系统的磁化率可表示如下[49]：

$$\chi(\boldsymbol{q}) = \frac{1}{N_{\mathrm{s}}} \sum_{\boldsymbol{ij}} \mathrm{e}^{\mathrm{i}q\cdot(\boldsymbol{i}-\boldsymbol{j})} \int_0^\beta \mathrm{d}\tau \ \langle \boldsymbol{S}_{\boldsymbol{i}}(\tau) \cdot \boldsymbol{S}_{\boldsymbol{j}} \rangle \tag{3.59}$$

对于时间是离散的情况，积分即是对不同的时间片段进行求和，这由非等时格林函数来实现。关注上式中的分量 z，我们有

$$\begin{aligned} \langle m_{\boldsymbol{i}}(\ell_1) m_{\boldsymbol{j}}(\ell_2) \rangle = & \sum_{\sigma,\sigma'} \Big[(2\delta_{\sigma\sigma'} - 1) \langle\langle \tilde{g}^{\sigma}_{\boldsymbol{ii}}(\ell_1) \tilde{g}^{\sigma'}_{\boldsymbol{jj}}(\ell_2) \rangle\rangle \\ & + \delta_{\sigma\sigma'} \langle\langle \tilde{G}^{\sigma}_{\boldsymbol{ij}}(\ell_1;\ell_2) G^{\sigma}_{\boldsymbol{ij}}(\ell_1;\ell_2) \rangle\rangle \Big] \end{aligned} \tag{3.60}$$

与探究磁性类似，我们可以进一步研究是否有电荷密度波[54,55]。因为 $n_{\boldsymbol{i}} = n_{\boldsymbol{i}\uparrow} + n_{\boldsymbol{i}\downarrow}$，等时格林函数可写成如下形式：

$$\langle n_{\boldsymbol{i}} n_{\boldsymbol{j}} \rangle = \sum_{\sigma,\sigma'} \Big[\langle\langle \tilde{g}^{\sigma}_{\boldsymbol{ii}} \, \tilde{g}^{\sigma'}_{\boldsymbol{jj}} \rangle\rangle + \delta_{\sigma\sigma'} \langle\langle \tilde{g}^{\sigma}_{\boldsymbol{ji}} \, g^{\sigma}_{\boldsymbol{ij}} \rangle\rangle \Big] \tag{3.61}$$

则电荷结构因子可表示为

$$\mathcal{C}(\boldsymbol{q}) = \frac{1}{N_{\mathrm{s}}} \sum_{\boldsymbol{ij}} \mathrm{e}^{\mathrm{i}q\cdot(\boldsymbol{i}-\boldsymbol{j})} \langle n_{\boldsymbol{i}} n_{\boldsymbol{j}} \rangle \tag{3.62}$$

定义一个电荷磁化率也是十分有用的

$$\mathcal{N}(\boldsymbol{q}) = \frac{1}{N_{\mathrm{s}}} \sum_{\boldsymbol{ij}} \mathrm{e}^{\mathrm{i}q\cdot(\boldsymbol{i}-\boldsymbol{j})} \int_0^\beta \mathrm{d}\tau \ \langle n_{\boldsymbol{i}}(\tau) n_{\boldsymbol{j}} \rangle \tag{3.63}$$

其中，在时间是离散的情况下，上式中的平均值由非等时格林函数给出：

$$\begin{aligned} \langle n_{\boldsymbol{i}}(\ell_1) n_{\boldsymbol{j}}(\ell_2) \rangle = & \sum_{\sigma,\sigma'} \Big[\langle\langle \tilde{g}^{\sigma}_{\boldsymbol{ii}}(\ell_1) \tilde{g}^{\sigma'}_{\boldsymbol{jj}}(\ell_2) \rangle\rangle \\ & + \delta_{\sigma\sigma'} \langle\langle \tilde{G}^{\sigma}_{\boldsymbol{ji}}(\ell_1;\ell_2) G^{\sigma}_{\boldsymbol{ij}}(\ell_1;\ell_2) \rangle\rangle \Big] \end{aligned} \tag{3.64}$$

我们应该注意的是，电荷磁化率正比于由式 (3.54) 定义的压缩系数。

对一维哈伯德模型来说，$\mathcal{C}(\boldsymbol{q})$ 的峰值和 $\mathcal{N}(\boldsymbol{q})$（当 $T\to 0$ 时）的发散都标志着电荷密度波（CDW）的存在。在半满状态下的绝缘特性不利于电荷密度波的形成，但在远离半满的情况下，我们需要讨论峰值是否会出现在如 Luttinger 液体理论[56] 理论所预言的 $q=2k_{\mathrm{F}}$ 处，或者出现在 $\boldsymbol{q}=4k_{\mathrm{F}}$ 处，该 $\boldsymbol{q}$ 值已被 QMC 和 Lanczos 对角化[57] 数据所证实。在远离半满状态的二维情况下，问题就更为复杂，目前还有很多不清楚的问题。

我们现在来讨论超导关联。虚时单重态配对场算符是一个 BCS 能隙函数的推广形式[58]：

$$\Delta_\zeta(\tau)\equiv\frac{1}{\sqrt{N_{\mathrm{s}}}}\sum_{\boldsymbol{k}}f_\zeta(\boldsymbol{k})c_{\boldsymbol{k}\uparrow}(\tau)c_{-\boldsymbol{k}\downarrow}(\tau) \tag{3.65}$$

上式中形式因子 ζ 的下角标 $f_\zeta(\boldsymbol{k})$ 表示配对状态的对称性，紧邻的是类氢轨道的表示符号。例如，在二维情况下我们有

$$s\text{ 波: } f_s(\boldsymbol{k})=1 \tag{3.66a}$$

$$\text{extended } s\text{ 波: } f_{s^*}(\boldsymbol{k})=\cos k_x+\cos k_y \tag{3.66b}$$

$$d_{x^2-y^2}\text{ 波: } f_{d_{x^2-y^2}}(\boldsymbol{k})=\cos k_x-\cos k_y \tag{3.66c}$$

$$d_{xy}\text{ 波: } f_{d_{xy}}(\boldsymbol{k})=\sin k_x\sin k_y \tag{3.66d}$$

以及其他一些可能的对称性，包括三重态配对以及上述式子的一些线性组合。忽略时间因子 (3.65)，引入湮灭算符的傅里叶变换，式 (3.65) 可以写成

$$\Delta_\zeta=\frac{1}{\sqrt{N_{\mathrm{s}}}}\sum_{\boldsymbol{i}}\Delta_\zeta(\boldsymbol{i}) \tag{3.67}$$

其中，格点依赖的配对场算符由下式给出：

$$\Delta_\zeta(\boldsymbol{i})=\frac{1}{2}\sum_{\boldsymbol{a}}\tilde{f}_\zeta(\boldsymbol{a})c_{\boldsymbol{i}\uparrow}c_{\boldsymbol{i}+\boldsymbol{a}\downarrow} \tag{3.68}$$

上式是对晶格近邻格点 $\boldsymbol{i}$ 求和, 其求和范围和相关的配对对称性由下式决定：

$$\tilde{f}_\zeta(\boldsymbol{a})=\frac{2}{N_{\mathrm{s}}}\sum_{\boldsymbol{k}}f_\zeta(\boldsymbol{k})\mathrm{e}^{-\mathrm{i}\boldsymbol{k}\cdot\boldsymbol{a}} \tag{3.69}$$

例如对 $d_{x^2-y^2}$ 波，我们可以得到

$$\tilde{f}_{d_{x^2-y^2}}(\boldsymbol{a})=\frac{2}{N_{\mathrm{s}}}\left(\delta_{\boldsymbol{a},\boldsymbol{x}}+\delta_{\boldsymbol{a},-\boldsymbol{x}}-\delta_{\boldsymbol{a},\boldsymbol{y}}-\delta_{\boldsymbol{a},-\boldsymbol{y}}\right) \tag{3.70}$$

其中，$\boldsymbol{x}$ 和 $\boldsymbol{y}$ 是沿着笛卡儿坐标的单位矢量。

与磁化类似，简单的配对场算符在有限大小的系统中同样地会衰减为 0，所以我们需要考虑关联函数。我们定义等时配对关联函数为

$$P_\zeta(\boldsymbol{i},\boldsymbol{j}) = \langle \Delta_\zeta^\dagger(\boldsymbol{i})\Delta_\zeta(\boldsymbol{j}) + h.c.\rangle \tag{3.71}$$

上式的空间衰减形式有时被作为超导态的一个特征[57]。它的傅里叶变换（如 $\boldsymbol{q}=0$）

$$\tilde{P}_\zeta = \frac{1}{N_\mathrm{s}}\sum_{\boldsymbol{i},\boldsymbol{j}}\langle \Delta_\zeta^\dagger(\boldsymbol{i})\Delta_\zeta(\boldsymbol{j}) + h.c.\rangle \tag{3.72}$$

也会被用到，将其与有限格点的尺寸分析相结合来研究超导配对的情况[59–61]。正如前面所说，上述平均值可以直接用格林函数的 HS 平均值来表示。

我们再引入时间 τ，另一个有用的探测方法是用零频 ($\omega=0$) 配对磁化率：

$$\Pi_\zeta = \frac{1}{N_\mathrm{s}}\sum_{\boldsymbol{i},\boldsymbol{j}}\int_0^\beta \mathrm{d}\tau\ \langle \Delta_\zeta^\dagger(\boldsymbol{i},\tau)\Delta_\zeta(\boldsymbol{j}) + h.c.\rangle \tag{3.73}$$

与无相互作用时相比，Π_ζ 的值随着电子相互作用的增大而显著增大，这可以作为超导态出现的一个标志[62,63]。坦白地说，对于确切的超导态的数值探测方法在科学界并未形成共识。比如有人认为，P_ζ 还应该与相应的非顶点关联函数相比较[40,64]。

以上对超导电性的探测都是先假定配对态的一个给定的对称性，但是仍有一种不用做此假设的方法[65,66]。矢势 $A_x(\boldsymbol{q},\omega)$ 的线性响应 Kubo 公式，可由流密度的 x 分量给出：

$$\langle j_x(\boldsymbol{q},\omega)\rangle = -\mathrm{e}^2\left[\langle -K_x\rangle - \Lambda_{xx}(\boldsymbol{q},\omega)\right]A_x(\boldsymbol{q},\omega) \tag{3.74}$$

其中，

$$\langle K_x\rangle = \left\langle -t\sum_\sigma\left(c_{\boldsymbol{i}+x\sigma}^\dagger c_{\boldsymbol{i}\sigma} + c_{\boldsymbol{i}\sigma}^\dagger c_{\boldsymbol{i}+x\sigma}\right)\right\rangle \tag{3.75}$$

是 x 方向的动能部分。

$$\Lambda_{xx}(\boldsymbol{q},\mathrm{i}\omega_\mathrm{m}) = \sum_{\boldsymbol{i}}\int_0^\beta \mathrm{d}\,\tau\ \langle j_x(\boldsymbol{i},\tau)j_x(0,0)\rangle \mathrm{e}^{\mathrm{i}\boldsymbol{q}\cdot\boldsymbol{i}}\mathrm{e}^{-\mathrm{i}\omega_\mathrm{m}\tau} \tag{3.76}$$

上式是流密度关联函数的虚时空间傅里叶变换（$\omega_\mathrm{m}=2\pi m\beta$ 是 Matsubara 频率[49]）。流密度关联函数为

$$\Lambda_{xx}(\boldsymbol{i},\tau) \equiv \langle j_x(\boldsymbol{i},\tau)j_x(0,0)\rangle \tag{3.77}$$

其中，

$$j_x(\boldsymbol{i},\tau)=\mathrm{e}^{\tau\mathcal{H}}\left[it\sum_{\sigma}\left(c_{\boldsymbol{i}+x\sigma}^{\dagger}c_{\boldsymbol{i}\sigma}-c_{\boldsymbol{i}\sigma}^{\dagger}c_{\boldsymbol{i}+x\sigma}\right)\right]\mathrm{e}^{-\tau\mathcal{H}} \tag{3.78}$$

我们可以尝试将流密度的关联函数以格林函数的 HS 平均值的形式来表述。

系统的超导电性与长波的静态响应相关 (例如, $\boldsymbol{q}\to 0,\omega=0$)，但是有一个很小的差别：当取以下极限 $q_x\to 0$ (纵向) 和 $q_y\to 0$ (横向) 时，

$$\Lambda^{\mathrm{L}}\equiv\lim_{q_x\to 0}\Lambda_{xx}\quad(q_x,q_y=0,i\omega_m=0) \tag{3.79}$$

和

$$\Lambda^{\mathrm{T}}\equiv\lim_{q_y\to 0}\Lambda_{xx}\quad(q_x=0,q_y,i\omega_m=0) \tag{3.80}$$

作为规范不变的结果，总是有

$$\Lambda^{\mathrm{L}}=\langle -K_x\rangle \tag{3.81}$$

这可以用来检查数值结果。另外，超流体的重量 D_{s} 正比于超流体的密度 ρ_{s}，即

$$\frac{D_{\mathrm{s}}}{\pi\mathrm{e}^2}=\rho_{\mathrm{s}}=\langle -K_x\rangle-\Lambda^{\mathrm{T}} \tag{3.82}$$

所以，迈斯纳态与 $\Lambda^{\mathrm{L}}\neq\Lambda^{\mathrm{T}}$ 相关联。实际上，$\langle -K_x\rangle$ 可独立于 Λ^{T} 计算得到。当 $q_y\to 0$ 时，我们可以检查后一项的值是否趋于前一项的值。由于我们是在有限尺寸的系统上进行的计算，可以检查当格点数目变多时数据的变化趋势[65]。

如果系统不是一个超导体，我们仍可用流密度关联函数来鉴别金属态和绝缘态。当导体处于极限 $\boldsymbol{q}=0$, $\omega\to 0$ 的情况时（注意极限次序与之前计算有关超流体密度时采用的次序相反），决定着基态是否具有零电阻[65]。零温电导的实部可以写成 $\sigma_{xx}=D\delta(\omega)+\sigma_{xx}^{\mathrm{reg}}(\omega)$，其中 $\sigma_{xx}^{\mathrm{reg}}(\omega)$ 是 ω 的正则函数，德鲁德（Drude）权重描述的是直流响应。低温下后一项可以由下式得到近似值：

$$\frac{D}{\pi\mathrm{e}^2}\simeq[\langle -K_x\rangle-\Lambda_{xx}(\boldsymbol{q}=0,\mathrm{i}\omega_{\mathrm{m}}\to 0)] \tag{3.83}$$

上式等同于推断趋于 $\omega_{\mathrm{m}}=0$ 时离散的非零 ω_{m} 值。具体可参见文献 [65] 的描述。

我们将以上所提到的鉴别系统是否为金属态、绝缘态、超导态的标准总结在表 3.1 中。我们可以在相关文献[65] 中找到包括数值说明在内更全面的讨论。根据以上讨论以及理论上取得的结果，我们确信系统的大多数物理性质可以用量子蒙特卡罗方法来描述。

但是正如前文所说，在实际应用中还有两个技术上的问题仍待解决，即费米行列式的负符号问题和低温下呈现的不稳定性，在下文中我们将对其进行详细探讨。

表 3.1　根据电流关联函数判断系统是否是超导体、金属、绝缘体的标志数据

态的属性	D_s [式 (3.82)]	D [式 (3.83)]
超导相	$\neq 0$	$\neq 0$
金属相	0	$\neq 0$
绝缘相	0	0

3.5　负符号问题

正如上文所提到的，在计算中除去一些特殊情况外，费米子行列式的值不是正值。众所周知，没有负符号问题的例子是半满状态下的排斥势二维正方晶格上的哈伯德模型。我们通过研究粒子–空穴转变来一看究竟：

$$c_{i\sigma}^{\dagger} \to d_{i\sigma} = (-1)^{i} c_{i\sigma}^{\dagger}, \quad c_{i\sigma} \to d_{i\sigma}^{\dagger} = (-1)^{i} c_{i\sigma} \tag{3.84}$$

可得到

$$n_{i\sigma} \equiv c_{i\sigma}^{\dagger} c_{i\sigma} = 1 - d_{i\sigma}^{\dagger} d_{i\sigma} \equiv 1 - \tilde{n}_{i\sigma} \tag{3.85}$$

我们考虑在对称点，$\mu = U/2$ 时的费米子行列式，有

$$\begin{aligned}\det \boldsymbol{O}^{\uparrow} &= \underset{\{n\}}{\mathcal{T}r} \prod_{\ell} \mathrm{e}^{-\Delta\tau \boldsymbol{K}_{\uparrow}} \mathrm{e}^{\lambda \sum_i s_i(\ell) n_{i\uparrow}} \\ &= \underset{\{\tilde{n}\}}{\mathcal{T}r} \prod_{\ell} \mathrm{e}^{-\Delta\tau \tilde{\boldsymbol{K}}_{\uparrow}} \mathrm{e}^{-\lambda \sum_i s_i(\ell) \tilde{n}_{i\uparrow}} \mathrm{e}^{-\lambda \sum_i s_i(\ell)} \\ &= \mathrm{e}^{-\lambda \sum_{i\ell} s_i(\ell)} \det \boldsymbol{O}^{\downarrow}\end{aligned} \tag{3.86}$$

其中波浪字符代表空穴变量，因而

$$\det \boldsymbol{O}^{\uparrow} \cdot \det \boldsymbol{O}^{\downarrow} > 0, \quad n = 1, \ U \geqslant 0 \tag{3.87}$$

对于吸引势哈伯德模型，在离散的 HS 变换中没有 σ 的独立性 [参见式 (3.17) 的说明]，这样就会导致 $\boldsymbol{O}^{\uparrow}(\{s\}) \equiv \boldsymbol{O}^{\downarrow}(\{s\})$，因此对所有粒子浓度来说行列式的值都是正的。上述讨论同样适用于在电子–声子相互作用下的 Holstein 模型 [67]。

在其他情况中，一些组态的费米子行列式值为负。为了回避这个问题，联想配分函数可以写成玻尔兹曼权重 $p(c) \equiv \det \boldsymbol{O}^{\uparrow}(\{s\}) \det \boldsymbol{O}^{\downarrow}(\{s\})$ 的和的形式，其中 $c \equiv \{s\}$ 表示组态。如果我们将其写成 $p(c) = s(c)|p(c)|$，其中 $s(c) = \pm 1$ 来记

录 $p(c)$ 的符号，则 A 的平均值可由下式 $|p(c)|$ 代替：

$$\begin{aligned}\langle A\rangle_p &= \frac{\sum\limits_c p(c)A(c)}{\sum\limits_c p(c)} = \frac{\sum\limits_c |p(c)|s(c)A(c)}{\sum\limits_c |p(c)|s(c)} \\ &= \frac{\left[\sum\limits_c |p(c)|s(c)A(c)\right] / \sum\limits_c |p(c)|}{\left[\sum\limits_c |p(c)|s(c)\right] / \sum\limits_c |p(c)|} \\ &= \frac{\sum\limits_c p'(c)\left[s(c)A(c)\right]}{\sum\limits_c p'(c)\left[s(c)\right]} \equiv \frac{\langle sA\rangle_{p'}}{\langle s\rangle_{p'}}\end{aligned} \tag{3.88}$$

其中，$p'(c) \equiv |p(c)|$ 。因此，如果 $p(c)$ 的绝对值被当作玻尔兹曼权重，则必须将平均值除以费米子行列式的平均符号 $\langle \text{sign}\rangle \equiv \langle s\rangle_{p'}$。如果这个量很小，我们需要更长时间的运行（与 $\langle \text{sign}\rangle \simeq 1$ 的情况相比较）来补偿 $\langle A\rangle_p$ 的强涨落。从式 (3.7) 可以预估需要增加 $\langle \text{sign}\rangle^{-2}$ 量级的运算，才能得到与 $\langle \text{sign}\rangle \simeq 1$ 情况下相同的质量数据。

进一步研究发现，即使是模拟 4×4 的正方晶格中的哈伯德模型，在远离半满的情况下，$\langle \text{sign}\rangle$ 也只是在一些确定的浓度下表现良好，这与闭壳层的组态相关联，即自由粒子非简并态[40]。在 4×4 的晶格上，这些填充是 2 个或者 10 个费米子，即浓度分别为 $\langle n\rangle$=0.125 和 $\langle n\rangle$=0.625。而对于其他填充，$\langle \text{sign}\rangle$ 随温度的降低每况愈下，数值模拟几乎不可行。也可以固定晶格尺寸和电子浓度，来看负符号和温度以及电子相互作用强度的关系：

$$\langle \text{sign}\rangle \sim \mathrm{e}^{-\beta N_s \gamma} \tag{3.89}$$

这里 γ 依赖于 $\langle n\rangle$ 与 U。对于给定的 $\langle n\rangle$，γ 是 U 的单调函数，而对于给定的 U，γ 在特殊电子浓度时比较小。

因而，最根本问题是如何减小负符号问题，或者说至少将其最小化。虽然我们尝试把负权重组态归因于所使用的 Hubbard-Stratonovich 变换的特殊选择，但是即使是最普遍的 Hubbard-Stratonovich 变换的一般形式也不能摆脱负符号问题。可以说负符号问题是量子蒙特卡罗方法的基本属性[68]。

3.6 低温不稳定性

目前为止我们讨论的都是如何构建实际模拟的理论框架，在实际操作中，我们还面临另外一个问题，即低温下格林函数的计算会变得不稳定。在大多时间片段内，格林函数可被叠加，叠加之后再从头计算。然而，当温度降低时，比如 $\beta \geqslant 4$，由于格林函数在叠加的时候会出现很大的误差（与从头开始计算相比），就必须减小 $\tilde{l}$ 的值。如果我们在每一个时间片段（如 $\tilde{l}=1$）内都从头计算一次，也能实现模拟。但是必须强调的是，这样精细的计算必须在非更新阶段给定的时间片段内[40]，从一个时间片段到另一个时间片段叠加才能实现。更糟糕的是，当温度进一步降低时，格林函数不能够从头计算，因为 $O^\sigma = 1 + A^\sigma(l)$ 变得不理想，以致不能通过简单的方法进行倒置。例如，对二维情况，$U=0$ 时，O^σ 的特征值的范围在 1 到 $\mathrm{e}^{4\beta}$ 之间；对 U 不等于 0 的情况，我们希望 O^σ 的特征值最大值和最小值的比值随着 M 呈指数增长，这样在低温时就成为一个奇异点。这就是问题所在。目前，有两种解决方法已经被提出，我们接下来逐个对其进行讨论。

1. 空时公式法

目前使用的方法被称为空时公式法，这个方法最基本的要素——格林函数（或等价地为矩阵 A^σ O^σ），是一个 $N_\mathrm{s} \times N_\mathrm{s}$ 的矩阵。在场论的理论框架下，如果在对全部费米子自由度[41] 积分之前，空间被离散化，则矩阵 O^σ 扩大为

$$\hat{O}^\sigma = \begin{pmatrix} 1 & 0 & 0 & \cdots & 0 & B_M^\sigma \\ -B_1^\sigma & 1 & 0 & \cdots & 0 & 0 \\ 0 & -B_2^\sigma & 1 & \cdots & 0 & 0 \\ \vdots & \vdots & & & \vdots & \vdots \\ 0 & 0 & 0 & \cdots & -B_{M-1}^\sigma & 1 \end{pmatrix} \tag{3.90}$$

这是一个 $(NM) \times (NM)$ 的矩阵（因为 $M \times M$ 条目本身均为 $N \times N$ 的矩阵）；上述行列式可写为[41]

$$\det \hat{O}^\sigma = \det[1 + B_M^\sigma \cdots B_1^\sigma] \tag{3.91}$$

且有

$$Z = \left(\frac{1}{2}\right)^{L^d M} \underset{\{s\}}{Tr} \det \hat{O}^\uparrow(\{\mathrm{s}\}) \det \hat{O}^\downarrow(\{\mathrm{s}\}) \tag{3.92}$$

对矩阵 $\hat{O}^\sigma$ 进行倒置运算会立即产生一个空时格林函数矩阵：

$$\hat{g}^\sigma = [\hat{O}^\sigma]^{-1} \tag{3.93}$$

这个空时公式能够缩小 $\hat{g}^\sigma$ 本征值的范围：本征值最大值和最小值的比值随着 M 呈线性增长，这样在数值上就稳定了[39]。虽然在研究磁性杂质问题时，这个方法十分有用[69–71]，但当推广到一般的哈伯德模型时这个方法会使得模拟变慢[62]。确实，处理 $(NM)\times(NM)$ 格林函数矩阵，在每一个更新阶段，需要 $(NM)^2$ 次操作，在每一个时间片段里则需要 N^3M^2 次操作，最后在扫描一个空时晶格时需要 N^3M^2 次操作。用 $\hat{g}^\sigma$ 对整个空时晶格进行扫描比用 g^σ 慢 M^2 倍。Hirsch 提出了一个介于这两个公式之间折中的解决办法[39]。在矩阵 $\hat{O}^\sigma$ 中不再使用一个时间因子，而是使用 $M_0 < M$ 时间因子为一个新条目。即令 $M_0 \equiv M/P$，其中 p 是整数，这样我们处理的矩阵 $(Np)\times(Np)$ 形式如下：

$$\begin{aligned}&\hat{O}^\sigma_{M_0}(1)\\ &= \begin{pmatrix} 1 & 0 & 0 & 0 & B^\sigma_{pM_0}\cdots B^\sigma_{(p-1)M_0+1} \\ -B^\sigma_{M_0}B^\sigma_{M_0-1}\cdots B^\sigma_1 & 1 & 0 & 0 & 0 \\ 0 & -B^\sigma_{2M_0}\cdots B^\sigma_{M_0+1} & 1 & 0 & 0 \\ \vdots & \vdots & \vdots & \vdots & \vdots \\ 0 & 0 & 0\cdots -B^\sigma_{(p-1)M_0}\cdots B^\sigma_{(p-2)M_0+1} & & 1 \end{pmatrix}\end{aligned}$$

其中配分函数如式 (3.92) 所示。$\hat{O}^\sigma_{M_0}$ 的标注 1 是指 B 的乘积从每一个 p 群组的第一个时间片段开始。因此，含时格林函数次矩阵 $G^\sigma(l_1;l_2)$ 联系着每一个群组的第一个时间片段或者后续群组的第一个时间片段，可用下式表示[39]：

$$\begin{aligned}&[\hat{O}^\sigma_{M_0}(1)^{-1}] \equiv \hat{g}^\sigma_{M_0}(1)\\ &= \begin{pmatrix} G(1,1) & G(1,M_0+1) & \cdots & G(1,(p-1)M_0+1) \\ G(M_0+1,1) & G(M_0+1,M_0+1) & \cdots & G(M_0+1,(p-1)M_0+1) \\ \vdots & \vdots & \cdots & \vdots \\ G((p-1)M_0+1,1) & G((p-1)M_0+1,M_0+1) & \cdots & G((p-1)M_0+1,(p-1)M_0+1) \end{pmatrix}\end{aligned}$$

为简便表示，已忽略 G 中的自旋指数。与 p 群组的第 l 个时间片段格林函数相联系的格林函数，类似地可以通过求 $\hat{O}^\sigma_{M_0}(l)$ 的倒置矩阵来获得，而 $\hat{O}^\sigma_{M_0}(l)$ 可通过依次将公式 (3.93) 中 B 的全部时间指数增加 $l-1$ 来得到。

在模拟的过程中，根据从头计算时间拓展的格林函数，并且对每一个 p 群组的第一个时间片段中的全部格点进行扫描。每一次的操作如果都是可允许的，在那个时间片段的格林函数则进行更新。在扫描完这些晶格格点后，叠加格林函数通过下式得到 $\hat{g}^\sigma_{M_0}$ 的元素[39]：

$$G(l_1+1,l_2+1) = B_{l_1}G(l_1,l_2)B^{-1}_{l_2} \tag{3.94}$$

这样之后再扫描每一个 p 群组的第二个时间片段的全部格点，以此类推，直到全部时间片段均被扫描。需要强调的是，因为式 (3.94) 只运用了 M_0 次（与 M 次相对照），由于 M_0 足够小，所以不会引发不稳定性。

每一个格林函数更新需要进行 $(Np)^2$ 次操作；扫描全部格点的每一个 p 群组的时间片段需要 $(Np)^3$ 次操作。因为每一个群组有 M_0 个时间片段，则最终每次扫描共要进行 N^3Mp^2 次操作，据此设置计算机的时间范围。这应该与原始操作的 N^3M 以及杂质算法下的 $(NM)^3$ 相比较。我们的策略是，保持 $M_0 \sim 20$ 并且随温度的降低增大 p 值。使用这个算法，在哈伯德模型的研究中，已经实现了 β 为 $20 \sim 30$ 的模拟计算，可参看参考文献 [53] 等。需要提及的是，因为在每一步都需要计算非等时格林函数，当需要与频率相关的量时，这个空时公式显得非常便利[65]。

2. 矩阵分解稳定法

假定 M_0 个 B 矩阵相乘不会降低精确度，定义[40,42]

$$\tilde{A}_1^\sigma(l) \equiv B_{l+M_0}^\sigma B_{l+M_0-1}^\sigma \cdots B_l^\sigma \tag{3.95}$$

根据格拉姆–施密特（Gram-Schmidt）正交化，可以将上式分解为

$$\tilde{A}_1^\sigma(l) = U_1^\sigma D_1^\sigma R_1^\sigma \tag{3.96}$$

其中，U_1^σ 是一个良态正交矩阵，D_1^σ 是一个对角化矩阵，R_1^σ 是一个良态上三角矩阵[40]。由于 U_1^σ 是一个良态矩阵，我们可以将它与另一组 M_0 个 B 矩阵相乘，对精确度没有影响：

$$Q = B_{l+2M_0}^\sigma B_{l+2M_0-1}^\sigma \cdots B_{l+M_0+1}^\sigma U_1^\sigma \tag{3.97}$$

我们组成一个乘积形式：

$$Q' = QD_1^\sigma \tag{3.98}$$

这相当于这些列的一个简单的重新调整，并且不会打破稳定性，因为下一序列分解形式为

$$Q' = U_2^\sigma D_2^\sigma \tilde{R}_2^\sigma \tag{3.99}$$

其中，U_2^σ，D_2^σ 和 $\tilde{R}_2^\sigma$ 与第一个步骤（式 (3.95)）一样满足相同的条件。由 $R_2^\sigma \equiv \tilde{R}_2^\sigma R_1^\sigma$，我们可以将第二步总结为

$$\tilde{A}_2^\sigma(l) = U_2^\sigma D_2^\sigma R_2^\sigma \tag{3.100}$$

这个过程会重复 $p = M/M_0$ 次，最后重新得到如下公式[40]：

$$A^\sigma(l) = \tilde{A}_p^\sigma = U_p^\sigma D_p^\sigma R_p^\sigma \tag{3.101}$$

与之前一样，在计算等时格林函数时，因为后一项涉及宽频谱矩阵 D_p，当将单位矩阵加到 A 中时需要格外细心，可写成

$$1 = U_p^\sigma [U_p^\sigma]^{-1} R_p^\sigma [R_p^\sigma]^{-1} \tag{3.102}$$

其倒置即为

$$[g^\sigma(l)]^{-1} = U_p^\sigma P^\sigma R_p^\sigma \tag{3.103}$$

其中，

$$P^\sigma = [U_p^\sigma]^{-1} [R_p^\sigma]^{-1} + D_p^\sigma \tag{3.104}$$

我们现在对 P 进行分解，将分解的结果左乘 U_p^σ，右乘 R_p^σ，以用如下的形式表示格林函数[40]：

$$[g^\sigma(l)]^{-1} = U^\sigma P^\sigma R^\sigma \tag{3.105}$$

在模拟过程中，通过迭代更新格林函数，需要 N^3M 次操作。从一个时间片段到另一个时间片段的迭代被限制在大约 $\tilde{l}$ 个时间片段内，并且可证明大部分计算机时间是花费在从头计算格林函数上。确实，一个新的 g 被计算 $M/\tilde{l}$ 次，每一次计算都包括 p 次分解，并且需要 N_s^3 次操作。因此，进行 $\tilde{l}\,p$ 计算时，计算机时间的范围为 N^3p^2，虽然没有非等时格林函数的额外效益，这将会比运用空时算法快 M 倍。这个矩阵的分解方法在一些哈伯德模型中能够有效应用，β 为 $20 \sim 30$ 的低温情况也能够实现。

第 4 章 Hirsch-Fye 量子蒙特卡罗方法

本节我们将仔细介绍基于 Hirsch-Fye(HF) 算法的量子蒙特卡罗方法。自从 20 世纪 80 年代被提出之后，近几十年来 HF 量子蒙特卡罗方法一直被认为是处理量子杂质模型的一个强有力的工具。HF 量子蒙特卡罗方法的基本思想与前面介绍的行列式量子蒙特卡罗方法类似。在哈伯德模型中，体系中每个格点上都会有在位库仑排斥势。而在量子磁性杂质模型中，我们将大体系看作是无相互作用的，只考虑磁性杂质上的库仑排斥势，因而需要考虑的强关联效应要远少于哈伯德模型。行列式量子蒙特卡罗方法虽然是处理哈伯德模型的有效工具，但是其可被使用的参数范围和有效性都受到所谓“负符号问题”的限制。同时在行列式量子蒙特卡罗方法运算的过程中，由于涉及大量的矩阵乘法以及求逆运算，也会存在不稳定性。相比行列式量子蒙特卡罗方法，HF 量子蒙特卡罗方法使用起来更加简单，需要的计算量也大大减少。我们可以运用 HF 量子蒙特卡罗方法去研究磁性杂质在有限温度下的行为，得到的结果在数值计算的角度上是很精确的。

4.1 安德森模型哈密顿量

描述磁性杂质与基底材料之间耦合的最简单的模型是安德森哈密顿量[72]。哈密顿量的形式如下：

$$
\begin{aligned}
H &= H_0 + H_1 \\
H_0 &= \sum_{\boldsymbol{k}\sigma} \epsilon_{\boldsymbol{k}} c_{\boldsymbol{k}\sigma}^{\dagger} c_{\boldsymbol{k}\sigma} + \sum_{\boldsymbol{k}\sigma} \left(V_{\boldsymbol{k}} c_{\boldsymbol{k}\sigma}^{\dagger} d_{\sigma} + H.c. \right) + \epsilon_d \sum_{\sigma} n_{d\sigma} \\
H_1 &= U n_{d\uparrow} n_{d\downarrow}
\end{aligned}
\tag{4.1}
$$

式中，$c_{\boldsymbol{k}\sigma}^{\dagger}\,(c_{\boldsymbol{k}\sigma})$ 是基底材料电子的产生 (湮灭) 算符；$d_{\sigma}^{\dagger}(d_{\sigma})$ 是磁性杂质电子的产生 (湮灭) 算符；$\epsilon_{\boldsymbol{k}}$ 是基底材料电子的能量；$V_{\boldsymbol{k}}$ 是导带电子和杂质态之间的杂化强度；ϵ_d 是磁性杂质单占据态的能级；U 是杂质格点上两个自旋相反的电子占据时的库仑排斥势。为简单起见，我们假定杂质能级没有简并，并且 $\epsilon_d + \dfrac{1}{2}U = 0$。当磁性杂质电子可以占据的两个能级相对于费米面对称时，在低温下能够得到较高的局域磁矩。当然，安德森模型并不是唯一的，比较常见的还有近藤模型[73]，该模型假定杂质格点上一直有局域磁矩形成。当 U 趋于无穷大时，有研究表明安德森模型等价于近藤模型。为简单起见，这里只介绍用来处理安德森模型的量子蒙特卡罗计算方法。

4.2 算法主要步骤

我们进行数值计算的过程是，先求解杂质格点、基底格点和两格点间跃迁的虚时格林函数，再基于维克定理计算各种物理量，如各种电子之间的自旋–自旋及电荷–电荷等关联函数。HF 量子蒙特卡罗方法的很多步骤和前面介绍的行列式量子蒙特卡罗方法有重复。为体现 HF 量子蒙特卡罗方法的完整性，我们保留与行列式量子蒙特卡罗方法重叠的主要部分。下面我们列出 HF 量子蒙特卡罗方法的主要步骤。

1. Suzuki-Trotter 分解

我们考虑巨正则系综的配分函数：

$$\mathcal{Z} = \mathrm{Tr}\ \mathrm{e}^{-\beta H} \tag{4.2}$$

这里，Tr 是对所有可能的费米子态求迹。安德森杂质模型主要由两部分组成，即 H_0 与 H_1。其中，H_0 是无相互作用的哈密顿量，可以在动量空间中将其对角化；H_1 是相互作用项，在二次量子化表象里可以表示为四算符项。一般 H_0 和 H_1 并不对易，因此我们没有办法在动量空间中对整个哈密顿量 H 进行对角化。对于涉及相互作用的哈密顿量，必须采用一些近似，比如哈特里–福克平均场近似，或运用数值方法来研究。为解决四算符相互作用项带来的问题，先要将其分解为双算符项，即运用 Suzuki-Trotter 分解，将配分函数中指数部分的哈密顿量分解成两部分。我们有如下公式：

$$\mathrm{e}^{\Delta\tau(A+B)} = \mathrm{e}^{\Delta\tau A}\mathrm{e}^{\Delta\tau B} + \mathcal{O}\left[(\Delta\tau)^2[A,B]\right] \tag{4.3}$$

这里 A 与 B 为两个不对易的费米子算符，形式上与式 (3.11) 完全一样。我们看到将指数上的 A 与 B 分解之后的直接结果是，引入了正比于 $(\Delta\tau)^2[A,B]$ 的误差。这个误差是 HF 量子蒙特卡罗方法中的唯一系统误差。在实际计算中，我们有 $\beta = M\Delta\tau$。通过选取足够小的 $\Delta\tau$，即选取足够大的 M，可以使得系统误差足够小，以确保数值计算的精确性。经过 Suzuki-Trotter 分解，我们得到如下公式：

$$\mathrm{e}^{-\beta(H_0+H_1)} = \left(\mathrm{e}^{-\Delta\tau H_0-\Delta\tau H_1}\right)^M \tag{4.4}$$

$$= \left(\mathrm{e}^{-\Delta\tau H_0}\mathrm{e}^{-\Delta\tau H_1}\right)^M + \mathcal{O}\left[(\Delta\tau)^2 U\right]. \tag{4.5}$$

接下来，我们可以将巨正则配分函数重新写出来：

$$\mathcal{Z}=\mathcal{T}r\ \mathrm{e}^{-\beta\mathcal{H}}=\mathcal{T}r\ \prod_{l=1}^{M}\mathrm{e}^{-\Delta\tau H}\cong\mathcal{T}r\ \prod_{l=1}^{M}\mathrm{e}^{-\Delta\tau H_0}\mathrm{e}^{-\Delta\tau H_1} \tag{4.6}$$

这里，$\beta=M\Delta\tau$；l 是虚时的指标，从 $l=1$ 到 $l=M$ 的乘积代表早一些"时间"出现在公式的右边。所以在第一步，我们将配分函数指数上的 H 分解为两部分，以便接下来可以单独对相互作用部分进行处理。

2. Hubbard-Stratonovich 变换

接下来，我们将运用 HS 变换将相互作用的四算符项分解为两算符项。通过 HS 变换，我们可以将指数上算符的乘积分解成算符本身。与前面章节中行列式量子蒙特卡罗方法的处理完全类似，经过式 (3.13)、式 (3.14a) 和式 (3.14b)，依照式 (3.15)，可以将相互作用项的贡献重新写出来：

$$\begin{aligned}\mathrm{e}^{-\Delta\tau H_1}&=\exp\left\{-\Delta\tau U\left[n_{d\uparrow}n_{d\downarrow}-\frac{1}{2}\left(n_{d\uparrow}+n_{d\downarrow}\right)\right]\right\}\\&=\frac{1}{2}\mathcal{T}r_s\exp\left[\lambda s\left(n_{d\uparrow}-n_{d\downarrow}\right)\right]\end{aligned} \tag{4.7}$$

总的来说，我们运用了 HS 变换，将配分函数中的四算符项分解成两算符项。作为代价，引入了分立的辅助场 $s(l)$，其中 l 是虚时的指标。起初的哈密顿量中只有费米子的自由度，然而经过 HS 变换之后，我们需要考虑额外的辅助场的自由度。在接下来的步骤，我们需要将费米子自由度求积消除，只保留辅助场的自由度。

3. 对费米子自由度求积

当仅考虑一个杂质时，N 是基底材料中的格点数目，M 是虚时分段的数目，满足 $\beta=M\Delta\tau$，由 Blankenbecler 等运用 Grassmann variable 方法证明[41]，将配分函数表达为如下形式：

$$\mathcal{Z}=\mathcal{T}r_s\prod_{\sigma=\pm 1}\det_{N,M}\mathcal{O}_\sigma(s_l) \tag{4.8}$$

这里，$\mathcal{O}_\sigma$ 是 $(NM)\times(NM)$ 的矩阵。也可以通过如下关系得到

$$\mathcal{T}r\mathrm{e}^{-\hat{A}}=\det(1+\mathrm{e}^{-A}) \tag{4.9}$$

$$\mathcal{T}r\mathrm{e}^{-\hat{A}}\mathrm{e}^{-\hat{B}}\mathrm{e}^{-\hat{C}}=\det(1+\mathrm{e}^{-A}\mathrm{e}^{-B}\mathrm{e}^{-C}\cdots) \tag{4.10}$$

其中，$\hat{A}=\sum_{ij}A_{ij}c_i^\dagger c_j$。

矩阵 $\mathcal{O}_\mu$ 的矩阵元可以写为

$$(\mathcal{O}_\sigma)_{l,l} = 1 \tag{4.11}$$

$$(\mathcal{O}_\sigma)_{l,l-1} = -\mathrm{e}^{-\Delta\tau \boldsymbol{K}}\mathrm{e}^{V_{l-1}^{\sigma}}(1-2\delta_{l,1}) \tag{4.12}$$

$$(\mathcal{O}_\sigma)_{l,m} = 0 \tag{4.13}$$

在式 (4.12) 中，K 是一个 $N\times N$ 的矩阵，对应式 (4.1) 的哈密顿量中的无相互作用项。$V_l^\sigma \lambda\sigma s(l)\,|d\rangle\langle d|$ 是仅作用在杂质轨道上的算符。与处理哈伯德模型的行列式量子蒙特卡罗方法不同，HF 量子蒙特卡罗方法中相互作用 U 只存在于杂质格点上，而辅助场 $s(l)$ 又是由于相互作用项而引入的。我们假定 A,B 为两个算符，其关联函数可以定义为

$$\langle AB\rangle = \frac{1}{\mathcal{Z}}\mathrm{Tr}_s\mathcal{T}r\left[AB\prod_{\ell\sigma}\mathrm{e}^{-\Delta\tau\boldsymbol{K}}\mathrm{e}^{-\Delta\tau\boldsymbol{V}^{\sigma}(\ell)}\right] \tag{4.14}$$

如果给定一组辅助场，我们也可以定义费米子平均值就是格林函数：

$$\langle AB\rangle_s \equiv \frac{1}{\rho(\{s\})}\mathcal{T}r\left[AB\prod_{\ell\sigma}\mathrm{e}^{-\Delta\tau\boldsymbol{K}}\mathrm{e}^{-\Delta\tau\boldsymbol{V}^{\sigma}(\ell)}\right] \tag{4.15}$$

此时，关联函数可以写成

$$\langle AB\rangle = \frac{1}{\mathcal{Z}}\mathrm{Tr}_s\langle AB\rangle_s\,\rho(\{s\}) \tag{4.16}$$

这里，格林函数在 HF 量子蒙特卡罗方法的数值计算中起着重要作用。首先，根据前面的讨论，物理量的平均值可以直接通过计算各种格林函数得到；其次，单粒子的格林函数 $\left\langle c_{i\sigma}c_{j\sigma}^{\dagger}\right\rangle_s$ 本身在随机取样的过程里也起到了至关重要的作用。等时格林函数与矩阵 $\mathcal{O}_\sigma$ 有如下关系：

$$g_\sigma = \mathcal{O}_\sigma^{-1} \tag{4.17}$$

4. 更新辅助场

计算格林函数 g_σ 需满足 Dyson 方程，其中 σ 是费米子自旋指标。

$$g'_\sigma = g_\sigma + (g_\sigma - 1)(\mathrm{e}^{V'-V}-1)\cdot g'_\sigma \tag{4.18}$$

可以看到，通过 Dyson 方程，翻转伊辛（Ising）自旋之前和之后的格林函数被联系到一起。$(V)_{l,l'} = \delta_{l,l'}V_l$ 是在实空间和虚时空间的对角矩阵。一旦知道了初始状态的格林函数，便可通过 Dyson 方程计算辅助场变化之后新的格林函数。至此，我们的格林函数是一个 $(NM)\times(NM)$ 的矩阵，N 和 M 分别代表实空间的

格点总数和虚时的分段数目。格林函数有如下形式：

$$g=\begin{bmatrix} g_{11} & g_{12} & \cdots & g_{1N} & g_{1d} \\ g_{21} & g_{22} & \cdots & g_{2N} & g_{2d} \\ \vdots & \vdots & & \vdots & \vdots \\ g_{N1} & g_{N2} & \cdots & g_{NN} & g_{Nd} \\ g_{d1} & g_{d2} & \cdots & g_{dN} & g_{dd} \end{bmatrix} \tag{4.19}$$

每一个矩阵元 g_{ij} 都是一个 $M\times M$ 的矩阵。由于作用势 $(V)_{l,l'}=\delta_{l,l'}V_l$ 为虚时空间的对角矩阵，同时它仅作用在杂质的 d 轨道上，根据式 (4.18) 可以轻松地将方程简化为 $M\times M$ 维来进行进一步的计算，所以只有杂质的格林函数 g_{dd} 真正参与到量子蒙特卡罗的取样过程中，而所有无相互作用的基底电子将不会直接参与到量子蒙特卡罗模拟的过程中。

$$g'_{dd}(l,l')=g_{dd}(l,l')+[g_{dd}(l,l'')-\delta_{l,l''}][\exp(V'_{l''}-V_{l''})-1]g'_{dd}(l'',l') \tag{4.20}$$

取样过程如下：先确定哈密顿量中的各种参数，如相互作用强度 U、化学势 μ、杂化强度 V 以及温度 T 和 β 等值，然后，生成一组随机数，去初始化辅助场 $s_i(l)$。量子蒙特卡罗模拟计算中唯一的输入函数是无相互作用即 $U=0$ 的单粒子格林函数 G_0。一般情况下，G_0 可以通过求解运动方程得到严格的解析解。

在起初的更新过程中，假设式 (4.18) 中的初始条件 $V=0$，G_0 是在 $U=0$ 时计算得到的格林函数。接下来，我们开始更新在特定虚时片段 l 的辅助场。$\{s\}'$ 与 $\{s\}$ 是两个辅助场的组态，$\{s\}'$ 与 $\{s\}$ 除了在特定虚时片段 l 上的值不同之外，其余虚时上的值都是相同的。“玻尔兹曼权重”的比例定义如下：

$$r'=\frac{\rho(\{s\}')}{\rho(\{s\})}=\frac{\det \boldsymbol{O}^{\uparrow}(\{s\}')\cdot\det \boldsymbol{O}^{\downarrow}(\{s\}')}{\det \boldsymbol{O}^{\uparrow}(\{s\})\cdot\det \boldsymbol{O}^{\downarrow}(\{s\})}=R_{\uparrow}R_{\downarrow} \tag{4.21}$$

$$\frac{\det \boldsymbol{O}^{\sigma}(\{s\}')}{\det \boldsymbol{O}^{\sigma}(\{s\})}=1+[1-g^{\sigma}_{dd}(l)]\left[\mathrm{e}^{-2\lambda\sigma s_i(l)}-1\right] \tag{4.22}$$

得到 r' 之后，我们可以运用 heatbath 算法，接受一个新的辅助场组态的概率 r 为

$$r=\frac{r'}{1+r'} \tag{4.23}$$

接下来，我们生成一个从 0 到 1 的随机数。如果 r 大于随机数，我们接受新的辅助场，更新格林函数。如果 r 小于随机数，我们不接受辅助场的改变，继续移到下一个虚时片段重复以上的取样过程[35]。每当特定虚时片段的辅助场更新被接受时，我们需要更新杂质格林函数的每一个矩阵元，其公式如下：

$$g'_{dd}(l_1,l_2)=g_{dd}(l_1,l_2)+[g_{dd}(l_1,l)-\delta_{l_1,l}] \times[\exp(V_l'-V_l)-1]\{1+[1-g_{dd}(l,l)][\exp(V_l'-V_l)]\}^{-1}\times g_{dd}(l,l_2) \tag{4.24}$$

式 (4.20) ~ 式 (4.24) 是量子蒙特卡罗方法计算更新格林函数的几个主要公式。注意到，基底电子（或导带电子）的贡献仅仅通过杂质的单粒子格林函数参与到量子蒙特卡罗的计算中，而这一点至关重要。首先，我们的数值计算方法可以很方便地处理磁性杂质在具有不同能带的体系中的性质，而 HF 量子蒙特卡罗方法的本身不会有变化。其次，更新辅助场的过程中我们只需要考虑磁性杂质的格林函数，需要考虑的维度要远远小于系统的维数，需要的计算机时间也相应减少很多。

4.3 基本的热力学量

4.2 节中介绍的 HF 量子蒙特卡罗算法可以用来计算杂质电子的虚时格林函数 $g_{dd}(\tau)$。有了杂质的格林函数，我们可以通过维克定理计算各种基本的热力学量。比如，杂质上的电子数为

$$n_d=\langle n_{d\uparrow}+n_{d\downarrow}\rangle \tag{4.25}$$

局域磁矩为

$$m_d^2=\langle(n_{d\uparrow}-n_{d\downarrow})^2\rangle \tag{4.26}$$

电子的双占据数目为

$$n_{d\uparrow}n_{d\downarrow}=\langle n_{d\uparrow}n_{d\downarrow}\rangle \tag{4.27}$$

电子遵从费米统计，即根据泡利不相容原理，特定自旋的杂质上的电子数目只可以为 0 或 1。据此，我们得到如下关系：

$$m_d^2=n_d-2n_{d\uparrow}n_{d\downarrow} \tag{4.28}$$

m_d^2 值非零说明杂质格点上有局域磁矩形成。m_d^2 的值越接近 1，说明杂质上有越强的局域磁矩形成。我们还可以用量子蒙特卡罗方法计算杂质的静态磁化率：

$$\chi=\int_0^\beta \mathrm{d}\tau\,\langle m_d(\tau)m_d(0)\rangle \tag{4.29}$$

这里，$\beta=T^{-1}$，$m_d(\tau)=\mathrm{e}^{\tau H}m_d(0)\mathrm{e}^{-\tau H}$。

4.4　扩展的 Hirsch-Fye 算法

对式 (4.18) 取转置，可以得到另一种类型的 Dyson 方程，

$$g' = g + (g' - 1)(1 - \mathrm{e}^{-V'+V}) \cdot g \tag{4.30}$$

前面已经讨论过，V 是在实空间和虚时空间的对角矩阵，并且它只作用在杂质格点上。通过对 Dyson 公式进行简单推导之后，容易得知，对基底材料电子的格林函数的计算也只涉及 $M \times M$ 维的矩阵。在 Dyson 公式中，设 $V = 0$，而 V' 是由更新的辅助场的组态决定的。根据式 (4.18) 和式 (4.20)，有

$$g_{id} = g_{id}^0 + g_{id}^0(\mathrm{e}^V - 1)g_{dd} \tag{4.31}$$

$$g_{di} = g_{di}^0 + (g_{dd} - 1)(1 - \mathrm{e}^V)g_{di}^0 \tag{4.32}$$

$$g_{ii} = g_i^0 + g_i^0(\mathrm{e}^V - 1)g_{di} \tag{4.33}$$

这里，g_{id}^0、g_{di}^0、g_{ii}^0 是 $U = 0$ 时的格林函数，$\boldsymbol{i}$ 是基底格点的指标。由于 $U = 0$ 时哈密顿量中只包括两算符的项，这些输入格林函数可以通过运动方程直接得到。g_{dd} 对应特定的辅助场 $s_i(l), l = 1 \cdots M$ 下的杂质格林函数，是经过 HF 量子蒙特卡罗方法运算得到的 $U \neq 0$ 的虚时格林函数。一旦得到在特定辅助场下的 g_{dd}，便可以通过式 (4.31) 和式 (4.33) 计算 g_{id}、g_{di}、g_{ii}。在 HF 量子蒙特卡罗算法中计算的都是有限温度的物理量，因此所有的格林函数都是虚时的格林函数。得到 g_{id}、g_{di}、g_{ii} 之后，便可以利用这些格林函数，并根据维克定理计算杂质电子和导带电子之间的关联。比如，可以计算杂质电子和导带电子之间的自旋–自旋关联函数：

$$S(r_i) = \langle\langle \sigma_d^z \sigma_c^z(r_i) \rangle\rangle \tag{4.34}$$

$$= \left\langle\left\langle (d_\uparrow^\dagger d_\uparrow - d_\downarrow^\dagger d_\downarrow) \cdot (c_{i\uparrow}^\dagger c_{i\uparrow} - c_{i\downarrow}^\dagger c_{i\downarrow}) \right\rangle\right\rangle \tag{4.35}$$

$$= \left\langle (g_{dd\uparrow} - g_{dd\downarrow}) \cdot (g_{ii\uparrow} - g_{ii\downarrow}) \right\rangle - \left\langle g_{id\uparrow} g_{di\uparrow} + g_{id\downarrow} g_{di\downarrow} \right\rangle \tag{4.36}$$

以及电荷-电荷关联函数

$$C(r_i) = \langle\langle n_d n_c(r_i) \rangle\rangle \tag{4.37}$$

$$= \left\langle (2 - g_{dd\uparrow} - g_{dd\downarrow}) \cdot (2 - g_{ii\uparrow} - g_{ii\downarrow}) \right\rangle - \left\langle g_{id\uparrow} g_{di\uparrow} + g_{di\downarrow} g_{di\downarrow} \right\rangle \tag{4.38}$$

在这两个公式里，双括号代表对费米子自由度和辅助场自由度求积，而单括号代表仅对辅助场自由度求积。

4.5 两杂质或多杂质情况

当体系中存在两杂质或多个杂质时，HF 量子蒙特卡罗方法的基本思想没有任何改变。忽略杂质格点之间的直接跃迁，两杂质的安德森模型的哈密顿量可以写为

$$H=\sum_{\boldsymbol{k}}\epsilon_{\boldsymbol{k}}c_{\boldsymbol{k}\sigma}^{\dagger}c_{\boldsymbol{k}\sigma}+\sum_{\boldsymbol{k},\sigma}V_{\boldsymbol{k}\boldsymbol{i}}(c_{\boldsymbol{k}\sigma}^{\dagger}d_{\boldsymbol{i}\sigma}+H.c.)+\epsilon_d\sum_{\sigma,\boldsymbol{i}=1,2}n_{d\boldsymbol{i}\sigma}+U\sum_{\boldsymbol{i}=1,2}n_{d\boldsymbol{i}\uparrow}n_{d\boldsymbol{i}\downarrow} \tag{4.39}$$

$c_{\boldsymbol{k}\sigma}$ 与 $d_{\boldsymbol{i}\sigma}$ 分别为导带电子和杂质电子的湮灭算符，而 $\boldsymbol{i}=1,2$ 用来表示体系中的两个磁性杂质。杂质与导电电子之间的杂化强度可以表示为

$$V_{\boldsymbol{k}\boldsymbol{i}}=\frac{V}{\sqrt{N}}\mathrm{e}^{\mathrm{i}\boldsymbol{k}\boldsymbol{r}_{d_i}} \tag{4.40}$$

其中，$\boldsymbol{r}_{d_i}$ 是第 $\boldsymbol{i}$ 个杂质的坐标。

仍然考虑 $\epsilon_d+U/2=0$ 的情况。实际材料中，杂质能级 ϵ_d 与相互作用强度 U 有可能不满足 $\epsilon_d+U/2=0$ 这个关系。但从计算的角度看，杂质能级对应费米面对称的时候，通常可以得到比较好的磁矩。而且在单杂质情况下，如果基底材料本身具有粒子–空穴对称性，$\epsilon_d+U/2=0$ 也可以保证整个体系依然保持粒子–空穴的对称性。当有两个杂质时，考虑式 (4.18)，由于两个杂质上分别都有相互作用，可以知道一个杂质格点上的格林函数的更新与另一个杂质的格林函数有直接联系，同时，与格林函数的非对角元素，即两杂质之间的跃迁格林函数也有直接的联系。所以，在 HF 量子蒙特卡罗模拟中需要用到的输入格林函数为 $G_{11}^0(\tau)$ $G_{22}^0(\tau)$ $G_{12}^0(\tau)$ $G_{21}^0(\tau)$，1 与 2 分别为两个杂质格点的指标。

余下的量子蒙特卡罗计算过程与单杂质情况一致。如果还是用 M 来表示虚时片段的数目，我们有 $\beta=M\Delta\tau$。回忆一下，在单杂质的计算中只需要考虑 $M\times M$ 的矩阵。然而在两杂质或多个杂质的量子蒙特卡罗计算中，需要考虑 $NM\times NM$ 的矩阵，这里 N 为杂质的数目。当有两个杂质时，$N=2$。所以，需要引入 $2M$ 个辅助场，$S_{\boldsymbol{i}}(l),\boldsymbol{i}=1,2$。在量子蒙特卡罗计算中，需要根据特定的顺序去更新这 $2M$ 个辅助场，得到杂质的格林函数。在两杂质或多个杂质的情况下，Dyson 方程依然成立，矩阵 V 依然是一个在实空间和虚时空间中的对角矩阵，并且只作用在杂质轨道上。当有两个杂质时，格林函数为 $2M\times 2M$ 的矩阵，V 可以写为

$$V_{\sigma}(\boldsymbol{i}l;\boldsymbol{j}l')=\delta_{\boldsymbol{i}\boldsymbol{j}}\delta_{ll'}\sigma\lambda S_{\boldsymbol{i}}(l) \tag{4.41}$$

对于有 N 个杂质的系统，每一轮的更新辅助场需要的时间正比于 $(NM)^3$。在多杂质问题中，除了之前在单杂质时介绍的基本热力学量之外，我们还可以计算磁性杂质之间的关联函数。比如，自旋-自旋关联函数：

$$\langle\sigma_1\sigma_2\rangle = \big\langle(n_{d1\uparrow} - n_{d1\downarrow})(n_{d2\uparrow} - n_{d2\downarrow})\big\rangle \tag{4.42}$$

1 和 2 是杂质格点的指标。我们还可以计算杂质之间的均匀磁化率

$$\chi = \int_0^\beta \mathrm{d}\tau \,\langle[\sigma_1^z(\tau) + \sigma_2^z(\tau)][\sigma_1^z(0) + \sigma_2^z(0)]\rangle \tag{4.43}$$

和交错磁化率

$$\chi^{st} = \int_0^\beta \mathrm{d}\tau \,\langle[\sigma_1^z(\tau) - \sigma_2^z(\tau)][\sigma_1^z(0) - \sigma_2^z(0)]\rangle \tag{4.44}$$

第 3 章介绍的行列式量子蒙特卡罗方法针对的是单带哈伯德模型，该模型是用来描述格点系统中电子间相互作用最简单的模型之一。在哈伯德模型中，每个格点上都有相互作用的 U 项，而在安德森模型中，只有在磁性杂质的格点上有相互作用项。在安德森模型的计算中，我们只需要更新在杂质格点上的辅助场，而在哈伯德模型的计算中，我们需要对每个格点上的伊辛辅助场做随机取样。

4.6　贝叶斯最大熵方法

本节介绍贝叶斯最大熵方法（Bayesian maximum entropy method）的主要思想。行列式量子蒙特卡罗或者格林函数量子蒙特卡罗计算的有限温度的格林函数是虚时空间的物理量。通过贝叶斯最大熵方法，可以从这些虚时格林函数中提取动力学的信息，比如谱密度 $A(\omega)$ 等物理量。根据线性响应原理，谱密度可以直接和实验上的可观测量联系起来。这样，量子蒙特卡罗计算可以与真实的实验结果更好地联系起来。虚时格林函数 $G(\tau)$ 与实频率的谱 $A(\omega)$ 之间的关系可由下式描述：

$$G(\tau) = \int \mathrm{d}\,\omega \frac{\mathrm{e}^{-\tau\omega}}{1 \pm \mathrm{e}^{-\beta\omega}} A(\omega) \tag{4.45}$$

式中，正、负号分别对应费米子、玻色子算符。我们要做的是通过已知的 $G(\tau)$ 值去求 $A(\omega)$，并且 $G(\tau)$ 只有分立的取值。这是一个类似反拉普拉斯变换的一个逆运算，是著名的不适定问题（ill-posed problem）[74,75]。当得到一组 $G(\tau)$ 的值之后，原则上可以得到无穷多组 $A(\omega)$ 的值，都能满足式 (4.45)。贝叶斯最大熵方法是处理这类问题最有效的方法之一。在此方法中，谱密度被当作概率分布函

数来处理，目的是找到最有可能的那个谱密度值。此方法的一个特点是，计算之前需要给定一个初始的分布函数，这类似于信息理论中定义的熵。可以将贝叶斯最大熵理论的思想简述为找到使得熵最大化的那组谱密度值。式 (4.45) 的值随着 ω 的绝对值变大会发生指数衰减，当频率 ω 的绝对值比较大时，其性质会因为 $G(\tau)$ 的微小变化受到很大的影响。谱密度有如下几个性质：

$$\begin{gathered}\operatorname{sign}(\omega)A(\omega)\geqslant 0\\ A(\omega)\geqslant 0\\ \int_{-\infty}^{\infty}A(\omega)\,\mathrm{d}\,\omega<\infty\end{gathered}\tag{4.46}$$

4.6.1 贝叶斯定理

如果把 a、b 看作两个事件，贝叶斯定理表明

$$\Pr[a,b]=\Pr[a|b]\Pr[b]=\Pr[b|a]\Pr[a]\tag{4.47}$$

$\Pr[a]$ 是事件 a 发生的概率，$\Pr[a|b]$ 是事件 b 出现的条件下事件 a 发生的概率，而 $\Pr[a,b]$ 是两个事件同时发生的概率。根据概率理论，得到限制条件

$$\Pr[a]=\int\mathrm{d}b\ \Pr[a,b]\tag{4.48}$$

而归一化条件为

$$\begin{gathered}\int\mathrm{d}a\ \Pr[a]=1\\ \int\mathrm{d}a\ \Pr[a|b]=1\end{gathered}\tag{4.49}$$

从以上两个公式可以得到

$$\Pr[a]=\int\mathrm{d}b\ \Pr[a|b]\Pr[b]\tag{4.50}$$

回到计算中，可将谱密度 $A(\omega)$ 与 $\overline{G}(\tau)$ 分别视为两个事件 a、b。这里 $\overline{G}(\tau)$ 是通过 HF 量子蒙特卡罗方法计算得到的虚时格林函数。期望得到的 $A(\omega)$，能在给定 $\overline{G}(\tau)$ 后使得 $\Pr[A|\overline{G}]$ 最大化的。$\Pr[A|\overline{G}]$ 可以分解成三个部分写出来:

$$\Pr[A|\overline{G}]=\Pr[\overline{G}|A]\Pr[A]/\Pr[\overline{G}]\tag{4.51}$$

式中，$\Pr[A|\overline{G}]$ 是后验概率（posterior probability），$\Pr[A]$ 是先验概率（prior probability），$\Pr[\overline{G}|A]$ 是似然函数（likelihood function），而 $\Pr[\overline{G}]$ 是证据

（evidence）。对式 (4.51) 中 A 求积分，得到

$$\Pr[\overline{G}] = \int \mathrm{d}A \Pr[\overline{G}|A]\Pr[A] \tag{4.52}$$

这说明 $\Pr[\overline{G}]$ 是归一化因子，并且它只依赖于似然函数与先验概率。通过以上推导，可以发现，寻找使后验概率最大的那个 $A(\omega)$ 等价于寻找使似然函数和先验概率最大化的那个谱密度值。

1. 似然函数

我们将式 (4.45) 写到分离的空间里，可得

$$G_i = \sum_{i,j} K_{ij} A_j \tag{4.53}$$

这里 $G_i = G(\tau_i)$，$K_{ij} = K(\tau_i, \omega_j)$，$A_j = A(\omega_i)\Delta\omega_i$。在最大化似然函数的过程中，忽略先验概率 $\Pr[A]$ 的贡献。似然函数和后验概率有如下关系: $\Pr[A|\overline{G}] \propto \Pr[\overline{G}|A]$，所以寻找使 $\Pr[A|\overline{G}]$ 最大化的谱密度也等价于寻找能使 $\Pr[A|\overline{G}] \propto \mathrm{e}^{-L}$ 最大化的 $A(\omega)$ 值。根据中心极限定理，当测量的次数足够多时，众数（mode）将趋向于平均值（mean value）。似然函数的渐进行为满足[76]

$$\mathrm{e}^{-L} = \mathrm{e}^{-\chi^2} \tag{4.54}$$

这里

$$\chi^2 = \sum_{i,j}^{L} (\overline{G_i} - G_i)[C^{-1}]_{ij}(\overline{G_j} - G_j) \tag{4.55}$$

并且

$$\overline{G_i} = \frac{1}{M}\sum_{j=1}^{M} \overline{G}_i^{(j)} \tag{4.56}$$

C 是协方差矩阵，有如下形式:

$$C_{ik} = \frac{1}{M(M-1)}\sum_{j=1}^{M} (\overline{G}_i - \overline{G}_i^{(j)})(\overline{G}_k - \overline{G}_k^{(j)}) \tag{4.57}$$

所以，寻找使似然函数最大化的谱密度也等价于寻找使 χ^2 最大化的那组值。

2. 先验概率

关于这里讨论的费米子的问题，谱密度是一个非负的值，而谱密度也可以被归一化。所以，完全可以将谱密度当作一个分布函数。根据最大熵原理的思想，

需要找到一个谱密度使得以下公式中定义的熵最大[77]：

$$S = -\int \mathrm{d}\omega A(\omega) \ln[A(\omega)/m(\omega)] \tag{4.58}$$

其中，$m(\omega)$ 是 $A(\omega)$ 的一组初始值。假设没有关于似然函数的任何信息，可以得到

$$\Pr[A|\overline{G}] \propto \Pr[A] \tag{4.59}$$

所以最大化 $\Pr[A|\overline{G}]$ 等价于根据以下条件最大化熵 S，

$$\Pr[A] \propto \mathrm{e}^{\alpha S} \tag{4.60}$$

熵一般可以取一个分立的值

$$S \equiv \sum_i (A_i - m_i - A_i \ln[A_i/m_i]) \tag{4.61}$$

当 $A(\omega) = m(\omega)$ 时 S 取最大值，否则 $S < 0$。这种对熵的定义不会给计算增加额外的关联。

4.6.2 最大熵方法

本节简要讨论三种不同的最大熵方法，分别为 historic、classic 和 Bryan's 方法。根据 4.6.1 节中对似然函数与先验概率的讨论，可以重新将后验概率表示出来：

$$\Pr[A|\overline{G}] \propto \mathrm{e}^{Q} \tag{4.62}$$

$Q = \alpha S - \dfrac{1}{2}\chi^2$，所以最大化 $\Pr[A|\overline{G}]$ 就等价于最大化 Q，则

$$\frac{\delta Q}{\delta A}\Big|_{A=\hat{A}} = 0 \tag{4.63}$$

结果依赖于 α 的取值。

在 historic 最大熵方法中, α 的取值被调整以满足 $\chi^2 = N$，所以可以将其看成一种正规化。寻找概率最大的结果是 historic 最大熵方法和 classic 最大熵方法的基本思想。在 classic 最大熵方法中，后验概率对 α 的依赖关系被显含在公式中。可以将式 (4.51) 重新写成

$$\begin{aligned}\Pr[A,\alpha|\overline{G}] &= \Pr[\overline{G}|A,\alpha]\Pr[A,\alpha]/\Pr[\overline{G}]\\ &= \Pr[\overline{G}|A,\alpha]\Pr[A|\alpha]\Pr[\alpha]/\Pr[\overline{G}]\\ &= \Pr[\overline{G}|A]\Pr[A|\alpha]\Pr[\alpha]/\Pr[\overline{G}]\end{aligned} \tag{4.64}$$

$\Pr[\overline{G}]$ 与 $Z_L Z_S(\alpha)$ 等价，Z_L 与 Z_S 分别是 $\Pr[\overline{G}|A]$ 与 $\Pr[A|\alpha]$ 的归一化系数。这里我们引入了一个新的函数 $\Pr[\alpha]$，即 Jeffreys 先验概率，并且满足 $\Pr[\alpha] \propto \dfrac{1}{\alpha}$，所以后验概率为

$$\Pr[A,\alpha|\overline{G}] = \Pr[\alpha]\frac{\mathrm{e}^Q}{Z_L Z_S(\alpha)} \tag{4.65}$$

根据式 (4.47) 与式 (4.48), 我们有

$$\begin{aligned}\Pr[A|\overline{G}] &= \int \mathrm{d}\alpha \Pr[A,\alpha|\overline{G}] \\ &= \int \mathrm{d}\alpha \Pr[A|\overline{G},\alpha]\Pr[\alpha|\overline{G}]\end{aligned} \tag{4.66}$$

$\Pr[\alpha|\overline{G}]$ 可以通过将式 (4.64) 对 A 求积分来获得

$$\begin{aligned}\Pr[\alpha|\overline{G}] &= \int \mathrm{d}A \Pr[\overline{G}|A,\alpha]\Pr[A|\alpha]\Pr[\alpha]/\Pr[\overline{G}] \\ &= \Pr[\alpha]\int \mathrm{d}A \frac{\mathrm{e}^Q}{Z_L Z_S}\end{aligned} \tag{4.67}$$

如果我们的测量次数足够多，$\Pr[\alpha|\overline{G}]$ 应该呈现在 α 轴上类似 δ 函数的分布。根据式 (4.66)，有

$$\Pr[A|\overline{G}] \propto \Pr[A|\overline{G},\alpha] \tag{4.68}$$

在 classic 最大熵方法中, α 的值可以通过最大化 $\Pr[\alpha|\overline{G}]$ 来确定。在 Bryan's 最大熵方法中[78]，我们寻找的是对应每个 α 可以使后验概率最大化的那个 $\hat{A}_\alpha$ 值。$\overline{A}(\omega)$ 有如下定义：

$$\overline{A}(\omega) \equiv \int \mathrm{d}\alpha \hat{A}_\alpha(\omega)\Pr[\alpha|\overline{G}] \tag{4.69}$$

Bryan's 方法会给出一系列可能的谱密度值，每个值都是 $\Pr[A|\alpha,\overline{G}]$ 的众数。

由于式 (4.45) 中的被积函数随着 ω 的绝对值呈指数衰减，一般得到的“好的”数据的量要大于“好的”参数的数目，所以会存在“过度采样”的问题。在 Bryan's 方法中，将被积函数 K 做奇异值分解，在约化的更小维度的空间内进行计算。这正是 Bryan's 方法与前面两种方法的最大差别。

$$K = V\Sigma U^{\mathrm{T}} \tag{4.70}$$

其中，U 和 V 是两个正交矩阵，而 Σ 是一个对角矩阵。假设 Σ 矩阵的对角元有一个单调排列，并假设 s 的值是有限的，所以 Bryan's 方法只需要在最大 $s+1$ 维的空间中运行，而 A 矩阵的维数是 N。接下来，利用标准的牛顿法在约化的

空间里求解。当从 QMC 数值模拟中得到格林函数之后，三种不同的最大熵方法给出的结果应该是一样的。然而，一般情况下，由于量子蒙特卡罗方法中得到的格林函数质量的限制，Bryan's 方法会给出更为合理的结果。

第 5 章　约束路径量子蒙特卡罗方法

约束路径量子蒙特卡罗方法[69,70] 是投影量子蒙特卡罗方法的一种，在不断投影初始波函数的同时引进约束路径近似，可以有效地消除费米子算符负符号问题的影响，从而得到体系基态性质。约束路径量子蒙特卡罗方法的主要优点在于能有效避开费米子负符号问题，能处理常规量子蒙特卡罗方法不能处理的体系。该方法曾在二维哈伯德模型上得到广泛的运用，如预测了二维哈伯德模型上的磁性和超导配对对称性等；约束路径量子蒙特卡罗方法的初始态的选取比较灵活，可以是自由电子波函数，也可以是某种平均场计算的结果，因此该方法可以结合运用哈特里–福克方法等平均场方法的计算成果，加快蒙特卡罗收敛速度和精度。约束路径量子蒙特卡罗方法的主要近似来源于约束路径近似，同时其计算结果在一定程度上受到初始态的影响。

5.1　基 本 原 理

约束路径量子蒙特卡罗方法的基本原理如下：

$$|\Psi_g\rangle = \lim_{\beta\to\infty} \mathrm{e}^{-\beta\hat{H}}|\Psi_T\rangle \tag{5.1}$$

其中，$\hat{H}$ 为系统哈密顿量算符；β 为实数且 $\beta > 0$；$|\Psi_g\rangle$ 为体系的基态波函数；$|\Psi_T\rangle$ 为任意满足条件 $\langle\Psi_g|\Psi_T\rangle \neq 0$ 的初始波函数。一般来讲，任意满足 $\langle\Psi_g|\Psi_T\rangle \neq 0$ 的初始波函数 $|\Psi_T\rangle$ 总可以写成基态波函数 $|\Psi_g\rangle$ 和所有激发态波函数 $|\Psi_i\rangle$ $(i = 1, 2, 3, \cdots)$ 线性叠加的形式：

$$|\Psi_T\rangle = c_0|\Psi_g\rangle + c_1|\Psi_1\rangle + c_2|\Psi_2\rangle + \cdots \tag{5.2}$$

因而可以得到

$$\lim_{\beta\to\infty} \mathrm{e}^{-\beta H}|\Psi_T\rangle = \lim_{\beta\to\infty} \left(c_0\mathrm{e}^{-E_0\beta}|\Psi_g\rangle + c_1\mathrm{e}^{-E_1\beta}|\Psi_1\rangle + c_2\mathrm{e}^{-E_2\beta}|\Psi_2\rangle + \cdots\right) \tag{5.3}$$

其中，E_0 为基态能量；$E_i(i = 1, 2, 3, \cdots)$ 为各个激发态能量。式 (5.1) 保证体系能收敛到基态，可以分以下两种情况讨论：如果 $E_0 > 0$，由于 $E_0 < E_i$ 且 $\beta \to \infty$，则 $\mathrm{e}^{-E_i\beta}$ 的衰减速度远大于 $\mathrm{e}^{-E_0\beta}$，基态性质将占据主导地位；如果 $E_0 < 0$，由

于基态能量最低，可以得到 $|E_0| > |E_i|$，而 $\beta \to \infty$，则 $\mathrm{e}^{-E_i\beta}$ 的增长速度远小于 $\mathrm{e}^{-E_0\beta}$，基态波函数的权重将远大于激发态。

约束路径量子蒙特卡罗的基本原理涉及两个重要的物理量：波函数 $|\Psi\rangle$ 和投影算符 $\mathrm{e}^{-\beta\hat{H}}$。在接下来的两小节中将介绍这两个重要物理量在蒙特卡罗数值处理中的相关概念。

5.2 波函数

下面我们将分别讨论式 (5.1) 中波函数的具体形式。在约束路径量子蒙特卡罗方法中，波函数和所有算符都在二次量子化表象中，该表象可以通过电子产生、湮灭算符定义。多费米子体系的波函数 $|\Psi\rangle$ 一般用 Slater 行列式表征，其定义如下：

$$|\Psi\rangle = \begin{vmatrix} \chi_1(\boldsymbol{x}_1) & \chi_2(\boldsymbol{x}_1) & \chi_3(\boldsymbol{x}_1) & \cdots & \chi_{N^e}(\boldsymbol{x}_1) \\ \chi_1(\boldsymbol{x}_2) & \chi_2(\boldsymbol{x}_2) & \chi_3(\boldsymbol{x}_2) & \cdots & \chi_{N^e}(\boldsymbol{x}_2) \\ \vdots & \vdots & \vdots & & \vdots \\ \chi_1(\boldsymbol{x}_N) & \chi_2(\boldsymbol{x}_N) & \chi_3(\boldsymbol{x}_N) & \cdots & \chi_{N^e}(\boldsymbol{x}_N) \end{vmatrix} \tag{5.4}$$

其中，$\chi_i(i = 1, 2, \cdots, N^e)$ 代表不同的单电子波函数。一个单电子波函数态上可以占据两个不同自旋的电子。在零温下，单粒子波函数的数目 N^e 和体系电子填充数相同；$\boldsymbol{x}_i(i = 1, 2, \cdots, N)$ 代表单电子波函数的坐标，N 代表坐标的数量，同时也代表了单电子波函数的希尔伯特空间维度。在约束路径量子蒙特卡罗的数值处理中，为了方便矩阵运算，我们一般采用 Slater 行列式中所有元素构成的矩阵 Φ 来表征波函数 $|\Psi\rangle$，且将式 (5.4) 中坐标符号 $\boldsymbol{x}_i$ 简写为 i 并入到矩阵元下角标中，具体操作如下所示：

$$|\Psi\rangle = \Phi = \begin{pmatrix} \phi_{1,1} & \phi_{1,2} & \phi_{1,3} & \cdots & \phi_{1,N^e} \\ \phi_{2,1} & \phi_{2,2} & \phi_{2,3} & \cdots & \phi_{2,N^e} \\ \vdots & \vdots & \vdots & & \vdots \\ \phi_{N,1} & \phi_{N,2} & \phi_{N,3} & \cdots & \phi_{N,N^e} \end{pmatrix} \tag{5.5}$$

其中，$\phi_{i,j} = \chi_j(x_i)$。Slater 行列式的一个直观例子是哈特里–福克解 $|\Psi_{\mathrm{HF}}\rangle = \prod_\sigma |\Psi_{\mathrm{HF}}^\sigma\rangle$，其中 $|\Psi_{\mathrm{HF}}^\sigma\rangle$ 矩阵的每一列分别由哈特里–福克近似中能量最低的 N^σ 个本征态构成。式 (5.5) 可以写成更为紧凑的形式

$$|\Psi\rangle = \hat{\phi}_1^\dagger \hat{\phi}_2^\dagger \cdots \hat{\phi}_{N^e}^\dagger |0\rangle \tag{5.6}$$

其中，$\hat{\phi}_i^\dagger = \sum_j c_j^\dagger \Phi_{ji}$，$\hat{\phi}_i^\dagger$ 的作用为产生第 i 个单粒子波函数

$$\begin{pmatrix} \phi_{1,i} \\ \phi_{2,i} \\ \vdots \\ \phi_{N,i} \end{pmatrix} \tag{5.7}$$

下面介绍 Slater 行列式的三个重要的物理性质。这三个性质对我们实现量子蒙特卡罗算法有着重要的意义：

$$\langle \Psi | \Psi' \rangle = \det(\Phi^{\mathrm{T}} \Phi') \tag{5.8a}$$

$$G_{ij} = \frac{\langle \Psi | \hat{c}_i \hat{c}_j^\dagger \Psi' \rangle}{\langle \Psi | \Psi' \rangle} = \delta_{ij} - [\Phi' (\Phi^{\mathrm{T}} \Phi')^{-1} \Phi^{\mathrm{T}}]_{ij} \tag{5.8b}$$

$$\mathrm{e}^{\sum_{ij} \hat{c}_i^\dagger M_{ij} \hat{c}_j} |\Psi\rangle = |\Psi'\rangle \tag{5.8c}$$

其中，$\Phi' = \mathrm{e}^M \Phi$ 是波函数 $|\Psi\rangle$（$|\Psi'\rangle$）的矩阵形式；Φ^{T} 为 Φ 的转置矩阵；$(\Phi^{\mathrm{T}}\Phi')^{-1}$ 代表 $\Phi^{\mathrm{T}}\Phi'$ 的逆矩阵；δ_{ij} 为克罗内克函数，其定义为

$$\delta_{ij} = \begin{cases} 1, & i = j \\ 0, & i \neq j \end{cases} \tag{5.9}$$

式 (5.8a) 表明两个波函数的重叠积分可以转换成这两个波函数对应矩阵的 Slater 行列式。式 (5.8b) 给出了体系格林函数与波函数矩阵的关系，且格林函数的计算需要计算逆矩阵 $(\Phi^{\mathrm{T}}\Phi')^{-1}$。约束路径量子蒙特卡罗方法将会运用式 (5.8a) 和式 (5.8b) 计算波函数重叠积分和格林函数。

式 (5.8c) 为数值计算带来了极大的便利，具有两算符形式的 $\mathrm{e}^{\sum_{ij} \hat{c}_i^\dagger M_{ij} \hat{c}_j}$ 算符作用到任一 Slater 行列式 $|\Psi\rangle$ 上总能得到一一对应的另外一个 Slater 行列式 $|\Psi'\rangle$，而不是若干个 Slater 行列式的线性组合。式 (5.8c) 的性质保证了运用算符重复投影波函数的可行性。如果投影算符不具备两算符形式，我们需要运用数学关系将其转化到双算符形式。

5.3　投影算符 $\mathrm{e}^{-\beta \hat{H}}$

首先我们在二次量子化表象下定义单带哈伯德模型的哈密顿量算符，

$$\hat{H} = H_{\mathrm{TB}} + H_{\mathrm{int}} = -t \sum_{\langle i,j \rangle \sigma} (c_{i\sigma}^\dagger c_{j\sigma} + H.c.) + U \sum_i n_{i\uparrow} n_{i\downarrow} \tag{5.10}$$

其中，$n_{i\sigma} = c_{i\sigma}^{\dagger}c_{i\sigma}$。可以看到哈密顿算符中 H_{TB} 和 H_{int} 分别为二费米子算符和四费米子算符。根据式（5.8c），H_{TB} 满足二算符形式，而 H_{int} 需要进一步处理。对于 $\mathrm{e}^{-\beta\hat{H}}$，由于 $[H_{\text{TB}}, H_{\text{int}}] \neq 0$，我们不能简单地认为 $\mathrm{e}^{-\beta\hat{H}} = \mathrm{e}^{-\beta H_{\text{TB}}}\mathrm{e}^{-\beta H_{\text{int}}}$。我们可以将 $\mathrm{e}^{-\beta\hat{H}}$ 分解成 $\beta/\Delta\tau$ 个 $\mathrm{e}^{-\Delta\tau\hat{H}}$ 相乘的形式，其中 $\Delta\tau$ 为小量，具体形式为

$$\mathrm{e}^{-\beta\hat{H}} = \underbrace{\mathrm{e}^{-\Delta\tau\hat{H}}\mathrm{e}^{-\Delta\tau\hat{H}}\cdots\mathrm{e}^{-\Delta\tau\hat{H}}}_{\mathrm{e}^{-\Delta\tau\hat{H}}\text{ 的总数是 }\frac{\beta}{\Delta\tau}} \tag{5.11}$$

由于 $\Delta\tau$ 为小量，运用 Trotter 近似，可以得到

$$\mathrm{e}^{-\Delta\tau\hat{H}} \approx \mathrm{e}^{-\Delta\tau H_{\text{TB}}}\mathrm{e}^{-\Delta\tau H_{\text{int}}} \tag{5.12}$$

通过以上讨论我们知道，运用式 (5.11) 和式 (5.12) 可以将哈密顿量解耦成 $\mathrm{e}^{-\Delta\tau H_{\text{TB}}}$ 和 $\mathrm{e}^{-\Delta\tau H_{\text{int}}}$ 的形式。接下来我们讨论如何将 $\mathrm{e}^{-\Delta\tau H_{\text{int}}}$ 转换成满足式 (5.8c) 要求的二算符形式。Hirsch 在 1983 年发表的文章[37] 中指出，可以运用离散 Hubbard-Stratonovich 转换将 $\mathrm{e}^{-\Delta\tau H_{\text{int}}}$ 变换到二算符形式。HS 变换的基本思想为通过引入离散辅助场，将四算符相互作用转换成一系列二算符的求和问题。具体来讲，如果 $U > 0$，对于哈伯德相互作用 $\mathrm{e}^{-\Delta\tau H_{\text{int}}}$，其离散 HS 变换为

$$\mathrm{e}^{-\Delta\tau U n_{i\uparrow}n_{i\downarrow}} = \mathrm{e}^{-\Delta\tau U(n_{i\uparrow}+n_{i\downarrow})/2}\sum_{x_i=\pm1} p(x_i)\mathrm{e}^{\gamma x_i(n_{i\uparrow}-n_{i\downarrow})} \tag{5.13}$$

其中，$x_i = \pm1$ 为引入的离散辅助场，$\gamma = \mathrm{e}^{\Delta\tau U/2}$，$p(x_i) = 1/2$。由于式 (5.13) 满足蒙特卡罗积分问题的形式，$p(x_i) = 1/2$ 可以视为概率函数。

HS 变换在量子蒙特卡罗处理中具有极其重要的地位，一方面使得投影算符满足式 (5.8c) 中二算符形式，使得运用投影算符迭代作用波函数具有可操作性，另一方面将四算符作用转换为二算符对辅助场积分（求和）问题，而该积分问题可以通过对辅助场的蒙特卡罗抽样来完成。

5.4 算法详细步骤

综合考虑式 (5.11)∼ 式 (5.13)，基态波函数可以通过如下所示的关系迭代得到

$$\begin{aligned}
|\Psi^{(n+1)}\rangle &= \mathrm{e}^{-\Delta\tau H}|\Psi^{(n)}\rangle \\
&= \mathrm{e}^{-\Delta\tau H_{\text{TB}}}\mathrm{e}^{-\Delta\tau H_{\text{int}}}|\Psi^{(n)}\rangle \\
&= \mathrm{e}^{-\Delta\tau H_{\text{TB}}}\prod_i \mathrm{e}^{-\Delta\tau U(n_{i\uparrow}+n_{i\downarrow})/2}\sum_{x_i=\pm1} p(x_i)\mathrm{e}^{\gamma x_i(n_{i\uparrow}-n_{i\downarrow})}|\Psi^{(n)}\rangle
\end{aligned}$$

$$= \mathrm{e}^{-\Delta\tau H_{\mathrm{TB}}} \prod_{\boldsymbol{i}} \sum_{x_i=\pm 1} p(x_{\boldsymbol{i}}) \mathrm{e}^{(-\frac{\Delta\tau}{2}+\gamma x_i)n_{i\uparrow}} \mathrm{e}^{(-\frac{\Delta\tau}{2}-\gamma x_i)n_{i\uparrow}} |\Psi^{(n)}\rangle \tag{5.14}$$

可以发现通过 HS 转换后的相互作用项 $\mathrm{e}^{-\Delta\tau H_{\mathrm{int}}}$ 为极其复杂的多项式算符，如果我们让 $\mathrm{e}^{-\Delta\tau H_{\mathrm{int}}} = \prod_{\boldsymbol{i}} \sum_{x_i=\pm 1} p(x_{\boldsymbol{i}}) \mathrm{e}^{(-\frac{\Delta\tau}{2}+\gamma x_i)n_{i\uparrow}} \mathrm{e}^{(-\frac{\Delta\tau}{2}-\gamma x_i)n_{i\uparrow}}$ 作用到初始波函数上将得到 2^N 个波函数的线性叠加。随着迭代的进行，投影得到的波函数将会呈指数式增长，从而很难得到基态性质。

注意到式 (5.14) 可以看成是对辅助场 $\boldsymbol{x} = (x_1, x_2, \cdots, x_N)$ 的多维度积分，即

$$|\Psi^{(n+1)}\rangle = \int \mathrm{d}\boldsymbol{x} P(\boldsymbol{x}) B(\boldsymbol{x}) |\Psi^{(n)}\rangle \tag{5.15}$$

其中概率函数 $P(\boldsymbol{x}) = \prod_{\boldsymbol{i}} p(x_{\boldsymbol{i}})$，$B(\boldsymbol{x})$ 代表所有单粒子算符 (包括动能算符和 HS 转换后的相互作用算符)，其形式满足式 (5.8c) 的要求。因此，我们可以根据 $P(\boldsymbol{x})$ 对辅助场 x 进行蒙特卡罗抽样得到 $\boldsymbol{x}'$，然后用抽样样本 $B(\boldsymbol{x}')$ 算符投影波函数得到基态性质。具体来讲，体系波函数一般能写成多个单粒子波函数 $|\phi_k^{(n)}\rangle$ 的叠加形式,

$$|\Psi^{(n)}\rangle = \sum_k \chi_k |\phi_k^{(n)}\rangle \tag{5.16}$$

其中每个单粒子波函数 $|\phi_k^{(n)}\rangle$ 是蒙特卡罗模拟中的一个独立样本。对比式 (5.15) 中波函数的积分关系，所有独立样本 $|\phi_k^{(n)}\rangle$ 也有类似的积分关系

$$|\phi_k^{(n+1)}\rangle \leftarrow \int \mathrm{d}\boldsymbol{x} P(\boldsymbol{x}) B(\boldsymbol{x}) |\phi_k^{(n)}\rangle \tag{5.17}$$

实际模拟中，我们对每一个独立样本 $|\phi_k^{(n)}\rangle$ 按照概率函数 $P(\boldsymbol{x})$ 抽样并投影该样本波函数，当系统稳定后统计所有样本得到基态信息。

5.4.1　重要抽样

为了提高方程 (5.17) 中蒙特卡罗积分的效率，我们需要对样本进行重要抽样。所谓重要抽样是指根据抽样变量的重要性，有意使得对系统贡献较大的变量得到更多的抽样机会，从而有效提高模拟效率和精度。在方程 (5.17) 描述的蒙特卡罗抽样中，其概率函数 $P(\boldsymbol{x}) = \prod_{\boldsymbol{i}} p(x_{\boldsymbol{i}})$ 为常数，没有包含关于抽样变量 $\boldsymbol{x}$ 对基态的影响，但往往抽样变量的选取对基态存在直接影响。

为了引入重要抽样，我们在不改变投影积分方程 (5.15) 结果的前提下，引入重要性函数 $O_T(\phi_k^{(n)})$ 来改进概率密度函数。重要性函数 $O_T(\phi_k^{(n)})$ 的定义如下：

$$O_T(\phi_k^{(n)}) = \langle \Psi_T | \phi_k^{(n)} \rangle \tag{5.18}$$

$O_T(\phi_k^{(n)})$ 定义了样本和初始波函数重叠积分的大小，将其代入方程 (5.15) 中可以得到以下关系

$$|\widetilde{\Psi}^{(n+1)}\rangle = \int \mathrm{d}\boldsymbol{x}\widetilde{P}(\boldsymbol{x})B(\boldsymbol{x})|\widetilde{\Psi}^{(n)}\rangle \tag{5.19a}$$

$$|\widetilde{\Psi}^{(n)}\rangle = \sum_k O_T(\phi_k^{(n)})\chi_k|\phi_k^{(n)}\rangle \tag{5.19b}$$

$$\widetilde{P}(\boldsymbol{x}) = \frac{O_T(\phi_k^{(n+1)})}{O_T(\phi_k^{(n)})}P(\boldsymbol{x}) \tag{5.19c}$$

其中，$|\widetilde{\Psi}^{(n)}\rangle$ 和 $\widetilde{P}(\boldsymbol{x})$ 分别为改进的波函数和概率密度函数。在蒙特卡罗模拟中，样本 $\{|\phi_k^{(n)}\rangle\}$ 的集合代表了改进的波函数 $|\widetilde{\Psi}^{(n)}\rangle$，如式 (5.19b) 所示，$O_T(\phi_k^{(n)})\chi_k$ 可以认为是样本的分布系数。因此，对比各个样本 $\{|\phi_k^{(n)}\rangle\}$ 之前的积分关系 (5.17)，改进后的积分关系基本保持不变，但需要使用改进的概率密度函数 $\widetilde{P}(\boldsymbol{x})$，具体如下所示：

$$|\phi_k^{(n+1)}\rangle \leftarrow N(\phi_k^{(n)})\int \frac{\mathrm{d}\boldsymbol{x}}{N(\phi_k^{(n)})}\widetilde{P}(\boldsymbol{x})B(\boldsymbol{x})|\phi_{\boldsymbol{k}}^{(n)}\rangle \tag{5.20}$$

其中，$N(\phi_k^{(n)})$ 是概率密度函数 $\widetilde{P}(\boldsymbol{x})$ 的归一化系数。

5.4.2 单个样本的蒙特卡罗抽样

积分关系式 (5.20) 是约束路径蒙特卡罗方法的基础，对于任意给定的样本 $\{|\phi_k^{(n)}\rangle\}$，蒙特卡罗模拟的基本步骤如下：

(1) 初始化样本 $\{|\phi_k^{(n)}\rangle\}$ 和其对应权重 $\omega_k^{(n)}$。通常所有样本具有相同的初始化波函数和相同的归一化权重。

(2) 根据概率密度函数 $\widetilde{P}(\boldsymbol{x})$ 对辅助场 $\boldsymbol{x}$ 进行重要抽样。直接抽样方法通常将概率函数和随机数比对，通过相对大小来判断 $\boldsymbol{x}$ 的取值。但直接抽样方法的效率很低，常见的抽样方法是 Metropolis 法和热浴法。比如，对于单个辅助场 $x_i = \pm 1$ 的热浴法抽样来说，首先我们假定 $x_i = +1$，计算概率

$$P(x_i = 1 \rightarrow x_i = -1) = \frac{P(x_i = -1)}{P(x_i = +1) + P(x_i = -1)} \tag{5.21}$$

并产生随机数 ζ。如果 $P(x_i = 1 \rightarrow x_i = -1) < \zeta$，则 $x_i = +1$；反之 $x_i = -1$。Metropolis 法也是常见抽样方法，其概率函数定义为

$$P(x_i = 1 \rightarrow x_i = -1) = \begin{cases} 1, & P(x_i = +1) < P(x_i = -1) \\ \dfrac{P(x_i = -1)}{P(x_i = +1)}, & P(x_i = +1) > P(x_i = -1) \end{cases} \tag{5.22}$$

类似地，假定 $x_i = +1$ 并产生随机数 ζ，如果 $P(x_i = +1) < P(x_i = -1)$，则 $x_i = -1$；如果 $P(x_i = +1) > P(x_i = -1)$，则按照概率 $P(x_i = 1 \rightarrow x_i = -1)$ 来决定 x_i 的取值：如果 $P(x_i = 1 \rightarrow x_i = -1) < \zeta$，则 $x_i = +1$，反之 $x_i = -1$。

(3) 运用抽样得到的 $\boldsymbol{x}$ 代入 $B(\boldsymbol{x})$ 并投影样本 $|\phi_k^{(n+1)}\rangle \leftarrow B(\boldsymbol{x})|\phi_{\boldsymbol{k}}^{(\boldsymbol{n})}\rangle$。

(4) 计算 $|\phi_k^{(n+1)}\rangle$ 对应的权重 $\omega_k^{(n+1)} = \omega_k^{(n)} N(\phi_k^{(n)})$。

在蒙特卡罗模拟中，通常我们会选取若干独立样本并行地执行上述 4 个步骤。当体系达到平衡态时，所有样本的统计结果就是体系基态性质，即 $|\varPsi_g\rangle = \sum_k \omega_k^{(n)} |\phi_k^{(n)}\rangle$。值得一提的是，$|\phi_k^{(n+1)}\rangle \leftarrow |\phi_k^{(n)}\rangle$ 的过程也称为随机游走，蒙特卡罗模拟可以看成是多个独立样本的随机游走过程。这种随机游走具有很高的效率，能够快速收敛，但正是由于样本的随机游走性，费米子体系的量子蒙特卡罗模拟产生了严重的负符号问题，模拟得到基态波函数的有效信息淹没在蒙特卡罗噪声中。下面我们将具体讨论费米子体系中量子蒙特卡罗方法的负符号问题，并引入约束路径近似来克服负符号问题。

5.4.3 负符号问题和约束路径近似

费米子体系中量子蒙特卡罗方法的负符号问题来源有两部分，其一是费米子波函数的反对称性和泡利不相容原理；其二是样本游走的随机性。因此，负符号问题既来源于费米子体系的物理性质也来源于蒙特卡罗方法本身。对于费米子体系来讲，波函数 $|\varPsi\rangle$ 总存在与之对称的另一波函数 $-|\varPsi\rangle$，这是由波函数自身对称性决定的。对应地，对于构成波函数的样本 $\{|\phi_k^{(n)}\rangle\}$，也存在与之简并且相互抵消的样本 $\{-|\phi_k^{(n)}\rangle\}$。蒙特卡罗抽样本身无法区分 $\{|\phi_k^{(n)}\rangle\}$ 和 $\{-|\phi_k^{(n)}\rangle\}$，因此随着投影时间的增加，抽样总是两组简并且相互抵消的样本 $\{|\phi_k^{(n)}\rangle\}$ 和 $\{-|\phi_k^{(n)}\rangle\}$。

从数值的角度来看，样本 $|\phi_k^{(n)}\rangle$ 空间可以划分成简并的两个部分，分别由 $\{\langle\varPsi_g|\phi_k^{(n)}\rangle > 0\}$ 和 $\{\langle\varPsi_g|\phi_k^{(n)}\rangle < 0\}$ 构成，其边界 $\mathcal{N}$ 满足条件 $\langle\varPsi_g|\phi\rangle = 0$，其中 $|\varPsi_g\rangle$ 为体系基态波函数。负符号问题可以解释为样本 $\{|\phi_k^{(n)}\rangle\}$ 在样本空间随机游走的过程，由于该游走不包含边界信息，可以自由穿过边界 $\mathcal{N}$。在蒙特卡罗模拟中，选取的样本众多且游走过程完全随机，最终分布在边界 $\mathcal{N}$ 两侧的样本数量将会很接近。数量接近且相互抵消的样本构成的波函数不能有效给出基态性质。

在特殊情况下，系统对称性会阻止随机游走穿过边界 $\mathcal{N}$。例如，单带哈伯德模型半满情况下，空穴电子对称性会保证 $\{\langle\varPsi_g|\phi_k^{(n)}\rangle\}$ 的符号在随机游走过程中不改变，样本的随机游走约束将不能穿过边界 $\mathcal{N}$，始终保持在单个简并空间中，因此半满的单带哈伯德模型没有费米子负符号问题。

基于以上讨论可知，如果知道样本空间的边界 $\mathcal{N}$，将样本随机游走限制在其

中一个简并的样本空间，我们就能在得到正确的基态信息的同时有效避免负符号问题。为了能有效地抑制负符号问题，约束路径蒙特卡罗方法引入了约束路径近似，其基本思想是通过合理定义样本空间的边界 $\mathcal{N}$，将随机游走限制在其中一个样本空间里。数值计算中该边界通常定义为样本 $|\phi_k^{(n)}\rangle$ 和试探波函数 $|\Psi_T\rangle$ 的重叠积分，即

$$\mathcal{N} = \langle\Psi_T|\phi_k^{(n)}\rangle \tag{5.23}$$

约束路径近似要求样本在随机游走过程不得穿过边界 $\mathcal{N}$，也就是说要求样本始终满足 $\langle\Psi_T|\phi_k^{(n)}\rangle > 0$（或者 $\langle\Psi_T|\phi_k^{(n)}\rangle < 0$）。一旦样本不满足约束路径近似的要求，该样本会被舍弃。由于约束路径近似的要求，将重要函数式 (5.18) 重新定义成

$$O_T(\phi_k^{(n)}) = \max\{\langle\Psi_T|\phi_k^{(n)}\rangle, 0\} \tag{5.24}$$

约束路径近似在蒙特卡罗模拟中很容易实现。重新定义重要函数后，样本积分关系式 (5.20) 在形式上保持不变，因此我们仍然采用之前描述的基本抽样过程。不同的是，由式 (5.19c) 可知，当样本跨过边界 $\mathcal{N}$ 后其概率函数 $\widetilde{P}(\boldsymbol{x})$ 将为零。如果我们发现某样本概率函数为零，即代表该样本已经越过边界，可以直接舍弃。

约束路径近似能有效地抑制费米负符号问题。由于式 (5.23) 中定义的边界与试探波函数紧密相关，因此约束路径蒙特卡罗方法的结果同初始态存在一定的关系。一般说来，如果试探波函数越接近真实基态性质，其结果精度越高。该方法在多种体系的模拟给出了非常精确的结果，成功表明了约束路径近似的合理性。

5.4.4 物理量的测量

接下来我们讨论约束路径量子蒙特卡罗方法中物理量的测量和误差分析。从理论上讲，当体系所有样本 $|\phi_k^{(n)}\rangle$ 达到平衡态时，体系的基态波函数可以表示为 $|\Psi_g\rangle = \sum_k \omega_k^{(n)}|\phi_k^{(n)}\rangle$，其中 n 为投影次数，各物理量可以直接由体系波函数求出。在蒙特卡罗模拟中，形如 $\sum_k \omega_k^{(n)}|\phi_k^{(n)}\rangle$ 只是对波函数的抽样而并不是完整的波函数，实际计算中通常运用样本的格林函数计算物理观测量。物理量的单次测量可以表示为

$$\langle\mathcal{O}\rangle^{(n)} \leftarrow \langle\mathcal{O}\rangle_k^{(n)} \leftarrow \langle c_{i\sigma}^\dagger c_{i\sigma}\rangle_k^{(n)} \leftarrow |\phi_k^{(n)}\rangle \tag{5.25}$$

即对于每个独立样本 $|\phi_k^{(n)}\rangle$，利用其格林函数 $\langle c_{i\sigma}^\dagger c_{i\sigma}\rangle_k^{(n)}$ 求出所需物理量 $\langle\mathcal{O}\rangle_k^{(n)}$。结合所有样本的权重 $\omega_k^{(n)}$，单次测量结果可以表示为 $\langle\mathcal{O}\rangle^{(n)} = \sum_k \omega_k^{(n)}\langle\mathcal{O}\rangle_k^{(n)}$。

实际模拟中我们通常对物理量进行数千次测量，求得该量的期望值。具体来讲，假定系统经历 n 次投影后达到平衡态，我们连续对物理量 $\mathcal{O}$ 测量 m 次得到

一系列连续测量值

$$\langle\mathcal{O}\rangle^{(n+1)},\langle\mathcal{O}\rangle^{(n+2)},\cdots,\langle\mathcal{O}\rangle^{(n+m-1)},\langle\mathcal{O}\rangle^{(n+m)} \tag{5.26}$$

对于式 (5.26) 中 m 次测量结果，我们通常分两步求得期望值：

(1) 将 m 次测量结果均分成 N_{bin} 块，分别对每个块的测量结果进行平均，求得块平均值 $\langle\mathcal{O}\rangle_i$ $(i=1,2,\cdots,N_{\text{bin}})$，举例来说，假定每个块内测量结果的数量为 N，则

$$\langle\mathcal{O}\rangle_1=\frac{\langle\mathcal{O}\rangle^{(n+1)}+\langle\mathcal{O}\rangle^{(n+2)}+\cdots+\langle\mathcal{O}\rangle^{(n+N)}}{N} \tag{5.27}$$

(2) 对所有块平均值 $\langle\mathcal{O}\rangle_i$ 再次进行平均，求得最终期望值

$$\langle\mathcal{O}\rangle=\frac{1}{N_{\text{bin}}}\sum_{i=1}^{N_{\text{bin}}}\langle\mathcal{O}\rangle_i \tag{5.28}$$

由于连续测量的物理量之间有很强的关联性，通过步骤 (1) 的处理我们可以认为不同的块平均值 $\langle\mathcal{O}\rangle_i$ 是相互独立的，可以有效减小系统的统计误差。关于物理量 $\langle\mathcal{O}\rangle$ 的统计误差则通过标准差进行估计:

$$\sigma(\langle\mathcal{O}\rangle)\approx\frac{1}{\sqrt{N_{\text{bin}}-1}}\sigma(\langle\mathcal{O}\rangle_i)=\frac{1}{\sqrt{N_{\text{bin}}-1}}\sqrt{\frac{\sum_i\langle\mathcal{O}\rangle_i^2}{N_{\text{bin}}}-\langle\mathcal{O}\rangle^2} \tag{5.29}$$

最后我们来讨论如何计算式 (5.19c) 中的概率函数。概率函数 $P(\boldsymbol{x})$ 决定如何进行蒙特卡罗抽样，但由式 (5.19c) 可知概率函数 $P(\boldsymbol{x})$ 是两个行列式的比值。如果直接计算矩阵的行列式，其计算量较大，加之每一个辅助场的抽样都需要计算概率函数，其计算时间是不可接受的。幸运的是式 (5.19c) 中计算概率函数只需要两个行列式的比值，而不需要单个行列式的数值。如果能找到该比值和格林函数的直接关系，就能快速进行更新概率函数，从而加快蒙特卡罗抽样速度。

根据式 (5.19c)，对于某辅助场 x_i，其概率密度函数为

$$\begin{aligned}\widetilde{P}(x_i)&=\frac{O_T(\phi_k^{(n+1)})}{O_T(\phi_k^{(n)})}P(x_i)\\&=\frac{\det[\varPsi_T^{\mathrm{T}}\varPhi_k^{(n+1)}]}{\det[\varPsi_T^{\mathrm{T}}\varPhi_k^{(n)}]}P(x_i)\\&=\frac{\det[\varPsi_T^{\mathrm{T}}B(x_i)\varPhi_k^{(n)}]}{\det[\varPsi_T^{\mathrm{T}}\varPhi_k^{(n)}]}P(x_i)\end{aligned} \tag{5.30}$$

其中，$O_T(\phi_k^{(n)})$ 代表样本 $|\phi_k^{(n)}\rangle$ 和初始波函数 $|\varPsi_T\rangle$ 的重叠积分；$\varPhi_k^{(n)}$ 是样本波函数的矩阵形式；$\varPsi_T^{\mathrm{T}}$ 是初始波函数的转置矩阵；$O_T(\phi_k^{(n)})$ 的定义以及波函数重

叠积分和行列式的关系分别如式 (5.18) 和式 (5.8a) 所示；$B(x_i)$ 是投影算符，其作用在于 $|\phi_k^{(n+1)}\rangle \leftarrow B(x_i)|\phi_k^{(n)}\rangle$。$B(x_i)$ 的具体定义可由式 (5.15) 和式 (5.14) 得到。严格来说，$B(\boldsymbol{x})$ 应该包含动能算符 $\mathrm{e}^{-\Delta\tau H_{\mathrm{TB}}}$ 和相互作用算符 $\mathrm{e}^{-\Delta\tau H_{\mathrm{int}}}$。由于动能算符 $\mathrm{e}^{-\Delta\tau H_{\mathrm{TB}}}$ 容易处理，不需要蒙特卡罗抽样，讨论的重点在于如何处理相互作用项。注意到 $\mathrm{e}^{-\Delta\tau H_{\mathrm{int}}} = \mathrm{e}^{-\prod_i \Delta\tau H_{\mathrm{int}}^i}$，我们首先讨论单个格点上相互作用的处理，即

$$B(x_i) = \mathrm{e}^{-\Delta\tau H_{\mathrm{int}}^i} \tag{5.31}$$

结合 HS 变换关系 (5.13)，我们可以得到 $B(x_i)$ 的矩阵形式。考虑到 HS 变换后具有 ↑ 和 ↓ 自旋电子的相互作用完全独立，可以分别处理 $H_{\mathrm{int}}^{\uparrow}$ 和 $H_{\mathrm{int}}^{\downarrow}$，即 $B(x_i) = B^{\uparrow}(x_i)B^{\downarrow}(x_i)$。对于 $B^{\sigma}(x_i)$（$\sigma =\uparrow, \downarrow$），其矩阵形式为

$$B^{\sigma}(x_i) = \begin{pmatrix} 1 & 0 & 0 & 0 & \cdots \\ 0 & 1 & 0 & 0 & \cdots \\ 0 & 0 & \mathrm{e}^{\alpha\gamma x_i} & 0 & \cdots \\ 0 & 0 & 0 & 1 & \cdots \\ \vdots & \vdots & \vdots & \vdots & \end{pmatrix} = 1 + \varDelta^{\sigma} \tag{5.32}$$

其中，$B^{\sigma}(x_i)$ 为对角矩阵，其唯一非对角矩阵元 $B_{ii}^{\sigma}(x_i) = \mathrm{e}^{\alpha\gamma x_i}$；$\gamma$ 为 HS 变换系数，$\gamma = \mathrm{e}^{\Delta\tau U/2}$。对于 α, 其定义满足

$$\alpha = \begin{cases} +1, & \sigma =\uparrow \\ -1, & \sigma =\downarrow \end{cases} \tag{5.33}$$

为了方便以后的讨论，我们定义了 $B^{\sigma}(x_i) = 1 + \varDelta^{\sigma}$（1 为单位矩阵)，其中 $\varDelta^{\sigma}$ 矩阵的定义为

$$\varDelta^{\sigma} = \begin{pmatrix} 0 & 0 & 0 & 0 & \cdots \\ 0 & 0 & 0 & 0 & \cdots \\ 0 & 0 & \mathrm{e}^{\alpha\gamma x_i} - 1 & 0 & \cdots \\ 0 & 0 & 0 & 0 & \cdots \\ \vdots & \vdots & \vdots & \vdots & \end{pmatrix} \tag{5.34}$$

我们定义式 (5.30) 中行列式比值为 $\mathcal{R} = \prod_{\sigma} \mathcal{R}^{\sigma}$，为了方便推导，可简写为

$$L^{\sigma} = \varPsi_T^{\mathrm{T}\sigma} \tag{5.35a}$$

$$R^{\sigma} = \varPhi_k^{(n)\sigma} \tag{5.35b}$$

经过简单的计算，我们可以得到以下关系

$$\begin{aligned}\mathcal{R}^\sigma &= \frac{\det[\Psi_T^{\mathrm{T}\sigma} B^\sigma(x_i)\Phi_k^{(n)\sigma}]}{\det[\Psi_T^{\mathrm{T}\sigma}\Phi_k^{(n)\sigma}]} = \frac{\det[L^\sigma(1+\Delta^\sigma)R^\sigma]}{\det[L^\sigma R^\sigma]} \\ &= \frac{\det[L^\sigma R^\sigma + L^\sigma \Delta R^\sigma]}{\det[L^\sigma R^\sigma]} \\ &= \det[1+(LR)^{-1}L\Delta R]\end{aligned} \tag{5.36}$$

其中，1 为单位矩阵。在式 (5.30) 的推导中用到了行列式的一个基本性质，即 $\det(AB)=\det(A)\det(B)$。如果进一步运用行列式性质 $\det(1+AB)=\det(1+BA)$，并结合式（5.8b）的定义，我们可以得到行列式比例 $\mathcal{R}^\sigma$ 与格林函数 G、辅助场 x_i（Δ 是 x_i 的函数）的直接关系

$$\mathcal{R}^\sigma = \det[1+\Delta R(LR)^{-1}L] = \det[1+\Delta(1-G)] \tag{5.37}$$

求得不同自旋分量的 $\mathcal{R}^\sigma$ 后就可以得到行列式比例 $\mathcal{R}$

$$\begin{aligned}\mathcal{R} = \mathcal{R}^\uparrow \mathcal{R}^\downarrow &= \prod_\sigma \det(1+\Delta^\sigma)(1-G^\sigma) \\ &= \prod_\sigma (1+\Delta_{ii}^\sigma)(1-G_{ii}^\sigma)\end{aligned} \tag{5.38}$$

由于 Δ 有且只有一个非零元素 Δ_{ii}, $\mathcal{R}$ 中的矩阵运算可以退化为代数运算。如果我们知道 Δ_{ii} 和格林函数的对角元 G_{ii}，就能求出 $\mathcal{R}$，从而快速求得蒙特卡罗抽样所需要的概率函数 $\widetilde{P}(x_i)$。

通过前面的讨论我们知道，如果能求出 Δ_{ii} 和格林函数的对角元 G_{ii}，就能快速进行蒙特卡罗抽样。由式 (5.34) 易知 Δ_{ii}，但由式 (5.8b) 可知求解格林函数需要求解逆矩阵，如果沿用式 (5.36) 中的简写方式，样本 $|\phi_k^{(n)}\rangle$ 对应格林函数可以写成

$$G_k^{(n)} = \prod_\sigma [1-R^\sigma(L^\sigma R^\sigma)^{-1}L^\sigma] \tag{5.39}$$

由于矩阵逆运算计算量过大，直接求解格林函数在数值模拟中不可行。因此，当样本从 $|\phi_k^{(n)}\rangle \to |\phi_k^{(n+1)}\rangle$ 时，如何快速对格林函数更新是一个重要问题。格林函数更新中的关键问题在于如何快速更新逆矩阵 $(L^\sigma R^\sigma)^{-1}$。我们知道

$$\begin{aligned}(L^\sigma R^\sigma)^{-1} &\to [L^\sigma(1+\Delta^\sigma)R^\sigma]^{-1} \\ &= (L^\sigma R^\sigma + L^\sigma \Delta^\sigma R^\sigma)^{-1} \\ &= [1+(L^\sigma R^\sigma)^{-1}L^\sigma\Delta^\sigma R^\sigma]^{-1}(L^\sigma R^\sigma)^{-1}\end{aligned} \tag{5.40}$$

其中，已知 $(L^\sigma R^\sigma)^{-1}$，需要快速求解 $(L^\sigma(1+\Delta^\sigma)R^\sigma)^{-1}$。首先利用 Δ^σ 的稀疏性，计算逆矩阵 $\left[1+(L^\sigma R^\sigma)^{-1}L^\sigma\Delta^\sigma R^\sigma\right]^{-1}$。该类逆矩阵一般可以通过 Sherman-Woodbury 法求解。由于 Δ^σ 有且仅有一个对角矩阵元，我们可以采用更为简便的做法。对于多轨道复杂相互作用，比如洪特耦合相互作用，其 Δ^σ 的矩阵元大于一个，我们需要进一步改进这里的做法。

假设以下关系成立，且该方程有代数解，

$$\left[1+(L^\sigma R^\sigma)^{-1}L^\sigma\Delta^\sigma R^\sigma\right]^{-1} = 1 + x(L^\sigma R^\sigma)^{-1}L^\sigma\Delta^\sigma R^\sigma \tag{5.41}$$

其中，x 为需要求解的标量。将上式左右同时乘以 $\left[1+(L^\sigma R^\sigma)^{-1}L^\sigma\Delta^\sigma R^\sigma\right]$，可以得到

$$\begin{aligned} 1 &= [1+(L^\sigma R^\sigma)^{-1}L^\sigma\Delta^\sigma R^\sigma][1+x(L^\sigma R^\sigma)^{-1}L^\sigma\Delta^\sigma R^\sigma] \\ &= 1+(1+x+xA)(L^\sigma R^\sigma)^{-1}L^\sigma\Delta^\sigma R^\sigma \end{aligned} \tag{5.42}$$

其中，$A = R^\sigma(L^\sigma R^\sigma)^{-1}L^\sigma$。

同时，进行简单的矩阵运算可以得到

$$A = \Delta^\sigma R^\sigma(L^\sigma R^\sigma)^{-1}L^\sigma\Delta^\sigma = \Delta^\sigma(1-G^\sigma)\Delta^\sigma = \Delta^\sigma_{ii}(1-G^\sigma_{ii}) \tag{5.43}$$

即 A 仅仅是 Δ^σ 乘以一个标量。结合式 (5.42) 和式 (5.43) 我们可以得到如下关系：

$$1 = 1+[1+x+x\Delta^\sigma_{ii}(1-G^\sigma_{ii})](L^\sigma R^\sigma)^{-1}L^\sigma\Delta^\sigma R^\sigma \tag{5.44}$$

经过简单的代数运算我们可以得到 x 为

$$x = -\frac{1}{1+\Delta^\sigma_{ii}(1-G^\sigma_{ii})} \tag{5.45}$$

可以发现 $x = -\dfrac{1}{\mathcal{R}^\sigma}$，因此逆矩阵 $(L^\sigma R^\sigma)^{-1}$ 的更新可以表示为

$$(L^\sigma R^\sigma)^{-1} \to (L^\sigma R^\sigma)^{-1}\frac{1}{\mathcal{R}^\sigma}L^\sigma\Delta^\sigma R^\sigma(L^\sigma R^\sigma)^{-1} \tag{5.46}$$

实际模拟中往往只是更新 $(L^\sigma R^\sigma)^{-1}$，当需要计算格林函数的时候，可以通过式 (5.39) 快速得到。

通过对概率函数和格林函数的讨论，我们知道更新 $(L^\sigma R^\sigma)^{-1}$ 是蒙特卡罗模拟中重要的步骤，一方面 $(L^\sigma R^\sigma)^{-1}$ 的更新决定了如何计算概率函数，另一方面也决定了如何计算格林函数。

5.5 小　结

5.4 节中我们详细讨论了约束路径蒙特卡罗方法中重要的步骤和概念，主要包括投影量子蒙特卡罗方法的基本原理，Trotter 近似和 Hubbard-Stratonovich 转换，重要抽样方法，费米子负符号问题和约束路径近似，物理量的测量和误差估计，以及如何快速计算概率函数和格林函数。本节我们将结合这些概念给出约束路径蒙特卡罗方法的具体步骤。

(1) 用试探波函数 Ψ_T 初始化每个样本波函数 $|\phi\rangle$（其矩阵形式为 Φ），初始化样本权重 ω 和重要函数 $\mathcal{O}_T(\phi)$。

(2) 对于每一个样本，如果样本权重 $\omega \neq 0$，运用动能相互作用 $\mathrm{e}^{-\Delta\tau H_{\mathrm{TB}}}$ 投影样本，即

$$\Phi' = \mathrm{e}^{-\Delta\tau H_{\mathrm{TB}}}\Phi \tag{5.47}$$

同时计算新的重要函数

$$\mathcal{O}' = \mathcal{O}(\phi') \tag{5.48}$$

如果新的重要函数 $\mathcal{O}' \neq 0$，则更新样本波函数、样本权重和重要函数：

$$\Phi \leftarrow \Phi',\ \omega \leftarrow \omega\mathcal{O}'/\mathcal{O},\ \mathcal{O} \leftarrow \mathcal{O}' \tag{5.49}$$

(3) 对于每一个样本，如果样本权重 $\omega \neq 0$，则使用相互作用项 $\mathrm{e}^{-\Delta\tau H_{\mathrm{int}}}$ 投影波函数。相互作用的一般形式为 $B(\boldsymbol{x}) = \prod_i B(x_i)$。数值处理中我们将注意使用 $B(x_i)$ 投影样本，这是蒙特卡罗方法的核心步骤，对于每一个 $B(x_i)$，主要包括以下几个子步骤。

(a) 计算样本的重要函数 $\mathcal{O}$ 的逆矩阵

$$\mathcal{O}^{-1} = (\Psi_T^{\mathrm{T}}\Phi)^{-1} \tag{5.50}$$

(b) 计算概率密度函数 $P(x_i)$，该函数需要用到重要函数逆矩阵 $\mathcal{O}^{-1}$。

(c) 根据 $P(x_i)$ 对 x_i 抽样，并根据抽样结果更新样本权重。

(d) 如果样本权重非零，使用算符 $B(x_i)$ 作用样本的波函数矩阵得到新的样本波函数

$$\Phi' = B(x_i)\Phi \tag{5.51}$$

更新样本波函数、重要函数 $\mathcal{O}$ 和 $\mathcal{O}^{-1}$。

(4) 对所有样本的权重引入归一化因子，$\omega \leftarrow \omega\mathrm{e}^{\Delta\tau E_{\mathrm{T}}}$，其中 E_{T} 为基态能量的估计值。

(5) 对于所有样本，重复步骤 (2) 至步骤 (4) 直到体系达到平衡态。

(6) 如果所有样本达到平衡态，则周期性地测量物理量。

(7) 周期性调整样本，舍弃小权重样本。

(8) 周期性正交化样本波函数矩阵的列。

(9) 重复测量物理量，直到收集足够数量的观测值。

(10) 计算物理量期望值，并估计统计误差。

对于上述详细步骤，我们将对其中部分步骤做进一步说明。对于步骤 (4)，我们用算符 $e^{\Delta\tau(E_T-H)}$ 代替了原来的投影算符 $e^{-\Delta\tau H}$。如果 $E_{\mathrm{T}}=E_g$，则 $e^{\Delta\tau(E_{\mathrm{T}}-H)}|\phi\rangle$ 的本征值为 1。从数值角度来说，当所有样本进入平衡态后，所有样本的权重应该为常数。由于 E_{T} 不等于基态能量 E_g，这种能量上的差别会系统性地对所有样本的权重造成偏差，一般来说，这种偏差正比于 $e^{-\Delta\tau(E_g-E_{\mathrm{T}})}$。因此，我们可以利用这种偏差来估计基态能量 E_g。这种估计也称为增长估计因子。

对于步骤 (7)，我们会周期性地舍弃小权重样本，并增加大权重样本的比例。一般说来，在样本随机游走过程中，部分样本的权重会越来越大，该类样本是对基态贡献最大的态。但在达到这种状态之前，系统会花费很多资源和时间投影小权重样本。为了避免这种低效情况，我们需要周期性调整样本：首先，让大权重样本得以继续随机游走，让小权重样本以一定的概率随机游走；其次，调整样本的大小。这种人为的调整可能会对系统造成一定的偏差，因此调整频率不应过大。

对于步骤 (8)，该操作来源于数值稳定性问题：蒙特卡罗模拟中投影算符 $B(\boldsymbol{x})$ 多次作用于样本 $|\phi_k^{(n=0)}\rangle$，多次的矩阵乘法操作会导致最终的投影波函数 $|\phi_k^{(n=\infty)}\rangle$ 不能正确地表征基态。这种不稳定性在量子蒙特卡罗模拟中常见，一般用来控制这种数值不稳定性的方法是改进的 Gram-Schmidt 方法：将样本波函数矩阵 $\varPhi$ 分解为 $\varPhi=QR$，其中 Q 矩阵的列由正交向量构成，而 R 是三角矩阵。在进行矩阵分解后，我们用 Q 取代 $\varPhi$，其对应的交叠积分为 $\mathcal{O}_T/\det(R)$。

第 6 章　石墨烯相关体系的磁性

本书的前面几章，分别介绍了描述电子关联体系的哈伯德模型和计算哈伯德模型的量子蒙特卡罗方法。从本章开始，将着重介绍量子蒙特卡罗方法在电子关联体系中的应用，尤其是如何使用量子蒙特卡罗方法研究一些中等甚至强电子关联体系的磁性、超导电性和金属绝缘转变等。

信息与微电子技术革新是凝聚态物理学发展的原动力。21 世纪以来，随着半导体晶体管尺寸逐渐减小到纳米级，量子隧穿与量子涨落效应越来越显著。这一“量子瓶颈”从根本上制约着半导体器件有效功率的进一步提升及其微型化。传统的半导体器件已达到其理论极限，科学家们迫切需要一种新的信息处理机制[79]。以量子效应及其调控为基础的新型电子器件，无论在信息存储、传输、处理，还是在微弱信号检测、传感、加密等方面都具有传统半导体技术无法比拟的优势，这为人们实现新的信息与微电子技术革命带来了新的机遇。科学家们正在量子力学的框架内探索全新的量子现象及其调控的物理机制，为未来的信息与微电子技术寻找新的突破点[80]。

为寻求硅半导体电子器件的替代品，人们研究了以碳原子为基础的多种材料。2004 年，实验上成功制备出了微米尺度下的单层石墨烯[15]。单层石墨烯一经制备成功，立即引起了物理学家们广泛的兴趣。不仅是因为它打破了二维晶体无法真实存在的理论预言，更为重要的是石墨烯存在着许多重要的新奇特性，如化学势线性依赖于门电压、极高的电子迁移率、较长的自旋弛豫时间等[15]。从应用角度来看，这种结构及其特性可在室温下很好地显现。科学家们已相继用单原子层的石墨烯开发出石墨烯晶体管[81]，成功地制造出了几十纳米宽的石墨烯带，应用范围涵盖了太阳能电池、计算机等。石墨烯被看成突破硅半导体电子器件“量子瓶颈”的最佳替代物。

2010 年 10 月 5 日，瑞典皇家科学院宣布，将 2010 年诺贝尔物理学奖授予英国两位科学家，以表彰他们“研究石墨烯的开创性实验”。许多诺贝尔奖候选成果仍在经受检验，而石墨烯却在出现 6 年之内荣登宝座。评审委员会认为，它“有望帮助物理学家在量子物理学领域取得新突破”，将极大地促进信息与微电子技术、航天工业等的发展。石墨烯一度被认为是最有可能改写未来世界的新材料。

2004 年以来，石墨烯的研发及其进展震惊了物理学界，而这颗新星将带给世界怎样的改变，是科学家们目前无法预测的，实验上也发现了很多未知的属性，亟待理论物理学家进一步研究。其显著的特点是化学势可在较大的范围内由外电场调控，双层石墨烯具有一个外场可控的能隙。科学家们还相继制备出了具有扶手椅型或锯齿型边界特征的石墨烯带等[81]。石墨烯载流子浓度正比于门电压等一些与电场效应相关的特性衍生出一系列物理与技术的科学问题，这也引发了基础性研究方面一系列重要问题，尤其是铁磁性、磁性杂质效应及其调控等[15]。寻找可调的、具有高的居里温度的铁磁性半导体材料是近年来材料科学领域的一个热点问题，石墨烯有望在这方面有所突破，目前也有多个小组取得了一些进展。科学家们首先关注的是如何在石墨烯相关材料中产生铁磁性。2008 年 5 月，西班牙的科学家预言了偏压导致的双层石墨烯中的铁磁性[82]；2009 年初，南开大学陈永胜等报道了缺陷导致的石墨烯中室温下的铁磁性[83]；2009 年 9 月，北京大学孙强等首次提出了通过半氢化的方法在石墨烯中实现铁磁性的想法[84]；2010 年 3 月，科学家们还发现，通过移除石墨烯表面的单个原子，制造原子空位，可在石墨烯中产生局部磁矩[85]。

石墨烯中的磁性杂质效应也是一个重要的物理问题。在稀磁半导体材料中，吸附的磁性离子的位置是随机的，因而是不可控的，而在石墨烯中，可用扫描隧道显微镜将磁性离子固定在某个位置，这使得对局域磁矩和居里温度的调控成为可能。这种调控对实现自旋电子学的应用意义重大。并且，石墨烯低能时狄拉克锥形式的能带特征，意味着石墨烯必然会表现出反常的磁性杂质行为，激发了物理学家们研究赝能隙材料中近藤问题的兴趣。

理解磁性杂质效应，有两个模型，一个是安德森模型，另一个是近藤模型；这两个模型已经被重整化群方法很详细地研究过了，但这些研究都假设导带上电子的态密度是常数。还有一种重要体系，即态密度表现为 $\rho(E)=\alpha_r|E|^r$，假设系统费米能量 ($E_{\mathrm{F}}=0$)。显然，$r=1$ 正对应于石墨烯，而人们对这种系统中的近藤效应并不清楚。已有一些工作讨论了石墨烯中的磁性杂质效应，但这些工作都简单地使用了 $\rho(E)=\alpha_1|E|$ 来表述石墨烯的态密度[86]，并且假设 $\rho(E)=\rho(-E)$。而很关键的是，当化学势不为 0，期待通过外电场改变化学势而达到调控磁性杂质效应目的时，粒子–空穴对称性被破坏，$\rho(E)$ 应当用 $\rho(E-\mu)$ 来替代。因而，需要对石墨烯中磁性杂质效应进行更为深入的研究。

石墨烯相关材料铁磁性、磁性杂质效应，属于电子关联效应的范畴。2009 年 1 月，文献 [87] 提到，石墨烯相关材料中的库仑相互作用强度 U 是 $6\sim16.93$eV，最近邻跃迁能 t 为 $2.5\sim2.8$eV。随着相关研究的深入，如输运性质、超导电性等，理论和实验的结果表明，电子关联可能对石墨烯相关材料的新奇物性有着重要作用[88]；进一步的研究指出，U 为 $5\sim12$eV，亦即 U/t 为 $2\sim5$ 是一个比较合理的值。2011 年 1 月，通过第一性原理计算得出的 U 大概是 9.3eV[89]。石墨烯的带宽是 $6t$（次近邻 $t' = 0$ 时），即相互作用强度接近半带宽到一倍的带宽之间，因而石墨烯可能属于中等电子关联强度的系统。研究中等强度电子关联的效应，固体物理学家常用的平均场方法将不再可靠，而强电子关联体系的技术也不适用，能较好地处理中等电子关联的量子蒙特卡罗方法的优势便凸显出来。本章正是利用一套先进的量子蒙特卡罗技术，对石墨烯相关材料的新奇物性尤其是磁性进行系统研究。

综上，关于石墨烯相关材料铁磁性、磁性杂质效应的研究，一方面目前大部分的理论研究是基于平均场的结果，只是给出了比较粗糙的物理图像，还存在很多有争议的问题；另一方面，实验发现至今没有得到自洽的理论解释，比如铁磁性的产生、局域磁矩的形成及其物理机制。目前的理论研究远不足以描述石墨烯全面的特性，尤其是实验上还没有真正找到诸如外场调控系统铁磁性、局域磁矩的有效办法，量子调控的真正实现亟待进一步更深入的探索。此外，石墨烯纳米带与单层石墨烯的异同、不同层石墨烯之间的耦合等，也是非常值得深入研究的课题。

对石墨烯新奇物性的研究已成为凝聚态物理学一个新的前沿。为促进石墨烯在自旋电子学中的应用，对相关材料铁磁性、磁性杂质效应及其调控的研究至关重要。使用前面所介绍的量子蒙特卡罗技术（包括行列式量子蒙特卡罗、约束路径量子蒙特卡罗和最大熵原理分析），结合解析计算，我们将系统研究：①单层石墨烯磁性及其调控；②具有锯齿型或扶手椅型边界特征的石墨烯量子点、磷烯纳米带的边界磁性；③石墨烯中的磁性杂质效应及其调控。我们特别关注化学势、晶格结构特征、电子关联强度等对系统铁磁性的影响，以及化学势、杂化强度等对磁性杂质效应的影响。

6.1 单层石墨烯磁性及其调控

寻找一种能应用于自旋电子学的高温铁磁性半导体，即同时具有铁磁性和半导体特性的材料，是当前材料科学研究领域的一个热点问题[79]。科学家们希望，不需施加外磁场，室温时能有效地在这种材料中实现自旋极化电子的产生、注入和检测[90]。尽管其中的一些需求已经得到了实现，但是大多数基于半导体的自旋电子器件仍然处于理论设想阶段，必须进一步提高铁磁性半导体材料的性能。最近，有科学家提出，石墨烯有可能取代常规的硅，超越现有电子器件的极限[15]。与硅不同，单层石墨烯是零能隙二维半导体，并且双层石墨烯是一种能隙可由外场调控的半导体材料[91]。石墨烯还表现出栅极电压控制的载流子特性[92]，较高的场效应迁移率和较小的自旋轨道耦合[93]，使其成为自旋电子学应用的潜在实现者。鉴于这些特性，石墨烯相关材料中铁磁的可控性研究具有重要意义，这很可能为自旋电子学的实现提供新的思路。

另外，石墨烯中铁磁性的存在是一个尚未解决的问题。最近石墨烯相关材料的实验和理论结果表明，为了准确地描述石墨烯相关材料的物理性质，必须考虑电子间的相互作用。由于石墨烯的六角晶格结构特征，其电子态密度中存在着两个范霍夫奇点，这可能导致强的磁涨落，正如量子蒙特卡罗方法在正方形和三角形晶格上的研究已证明了相关结论[94]。考虑到电子相互作用和晶格结构特征，定义在六角晶格上的二维哈伯德模型是研究石墨烯磁性行为的出发点[95]。关于六角晶格上的二维哈伯德模型的早期研究，大多是基于平均场近似[96]。当电子关联强度足够强时，平均场近似并不能得到令人信服的结果。因此，有必要使用行列式量子蒙特卡罗技术来研究中等电子关联强度下石墨烯相关材料的磁学性质，主要关心铁磁涨落对电子填充的依赖。这是因为石墨烯的电子填充可由门电压来调控，这是走向以石墨烯为基础的电子器件的第一步。

石墨烯的结构可以用两个嵌套的三角形子晶格 A 和 B 来描述，其低能时的磁学性质可通过如下哈密顿量来研究：

$$
\begin{aligned}
H = & -t\sum_{i\eta\sigma} a_{i\sigma}^{\dagger} b_{i+\eta\sigma} + t'\sum_{i\gamma\sigma}(a_{i\sigma}^{\dagger} a_{i+\gamma\sigma} + b_{i\sigma}^{\dagger} b_{i+\gamma\sigma}) + h.c. \\
& + U\sum_{i}(n_{ai\uparrow}n_{ai\downarrow} + n_{bi\uparrow}n_{bi\downarrow}) + \mu\sum_{i\sigma}(n_{ai\sigma} + n_{bi\sigma})
\end{aligned} \tag{6.1}
$$

主要数值模拟是在双-48 格点的晶格上进行的，如图 6.1(a) 所示，其中蓝色圆圈和黄色圆圈分别表示 A 和 B 子晶格。六角状晶格结构导致半满的石墨烯典型的无质量狄拉克–费米子型低能量激发。当 $t' < t/6$ 时，在 $\langle n\rangle = 0.75$ 和 1.25 处（分别对应 $E=-2t' \pm t$），态密度中有两个范霍夫奇点，如图 6.1(c) 所示；而当 $t' \geqslant t/6$ 时，如图 6.1(d) 所示，在能带底部的 Γ 点附近会出现第 3 个范霍夫奇点，以平方根形式发散。根据石墨烯文献中报道的 t 和 U 的值，U/t 为 $2.2 \sim 6.0$，处于能带的半带宽到带宽之间。在这一相互作用范围，平均场的方法将不再可靠，而行列式量子蒙特卡罗方法是一种十分有效的工具[38]。t' 的具体值并不确定，但第一性原理的计算发现 t'/t 的范围是从 0.02 到 0.2[97]。从图 6.1(c) 和 (d) 来看，随着 t' 的增大，电子态密度的不对称性显著增强，并且会在能带底部出现第 3 个范霍夫奇点，这些性质暗示着系统的磁关联会随着 t' 的改变有明显的不同。因此，很有必要研究 t' 对体系磁性的影响。

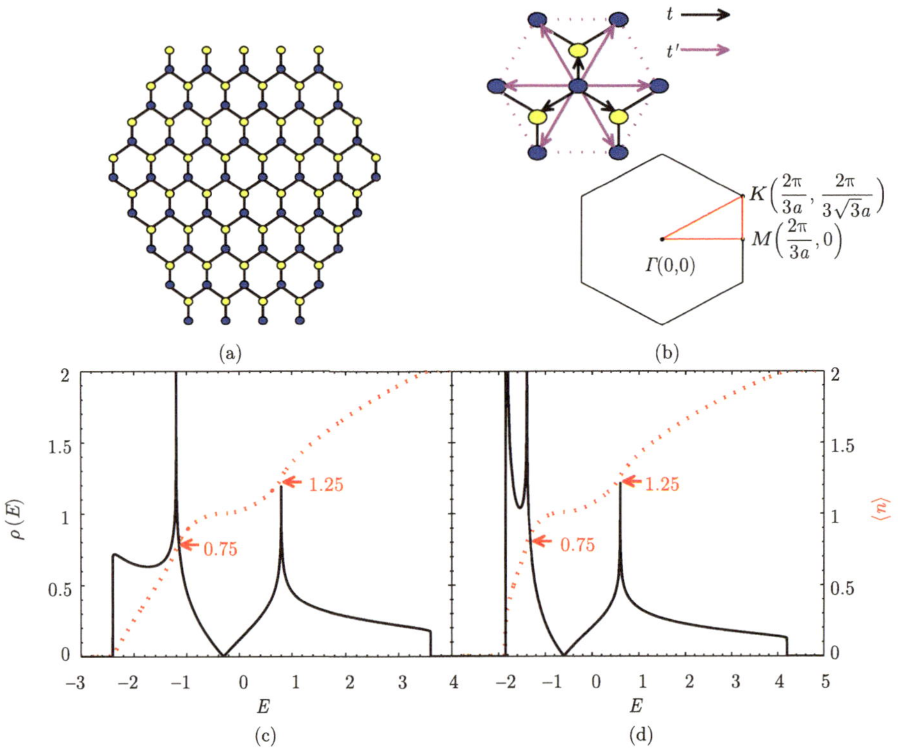

图 6.1　(a) 石墨烯的晶格结构，包括 2×48 个格点；(b) 第一布里渊区的高对称路线 (红色)；(c) $t' = 0.1t$ 和 (d) $t' = 0.2t$ 时，态密度 (黑色实线) 和电子浓度 $\langle n\rangle$ (红色虚线) 与能量的依赖关系

为了研究体系的磁关联，定义 z 方向零频的自旋磁化率为

$$\chi(\boldsymbol{q}) = \int_0^\beta \mathrm{d}\tau \sum_{d,d'=a,b} \sum_{\boldsymbol{i},\boldsymbol{j}} \mathrm{e}^{\mathrm{i}q\cdot(i_d - j_{d'})} \langle m_{\boldsymbol{i}_d}(\tau) \cdot m_{\boldsymbol{j}_{d'}}(0)\rangle \tag{6.2}$$

其中，$m_{\boldsymbol{i}_a}(\tau) = \mathrm{e}^{H\tau} m_{\boldsymbol{i}_a}(0) \mathrm{e}^{-H\tau}$，$m_{\boldsymbol{i}_a} = a^\dagger_{\boldsymbol{i}\uparrow} a_{\boldsymbol{i}\uparrow} - a^\dagger_{\boldsymbol{i}\downarrow} a_{\boldsymbol{i}\downarrow}$ 以及 $m_{\boldsymbol{i}_b} = b^\dagger_{\boldsymbol{i}\uparrow} b_{\boldsymbol{i}\uparrow} - b^\dagger_{\boldsymbol{i}\downarrow} b_{\boldsymbol{i}\downarrow}$。这里 χ 是以 t^{-1} 为单位来度量的, 并且 $\chi(\Gamma)$ 描述铁磁关联而 $\chi(K)$ 描述反铁磁关联。

首先研究 $\langle n\rangle = 0.25$ 时，t' 和 U 对自旋磁化率的影响。图 6.2 给出了 $U = 3|t|$ 和 $t' = t/10$, $t/6$ 和 $t/5$ 时，$1/\chi(\boldsymbol{q} = \Gamma)$ 随温度的变化，并进一步给出了 $t' = t/5$ 和 $U = 5|t|$ 的结果。在内插图中，给出了 $U = 3|t|$，$t' = 0.1t$ 时，不同温度下，自旋磁化率 $\chi(\boldsymbol{q})$ 随动量 $\boldsymbol{q}$ 的分布。显然，$\chi(\boldsymbol{q})$ 具有很强的温度依赖性，并且随着温度的降低，$\chi(\boldsymbol{q} = M)$ 和 $\chi(\boldsymbol{q} = K)$ 增长慢于 $\chi(\boldsymbol{q} = \Gamma)$。此外，随着温度从 t 减小到约 $0.1|t|$，$\chi(\Gamma)$ 符合居里–外斯定律。将数据拟合为 $1/\chi(\Gamma) = \alpha(T - \Theta)$，

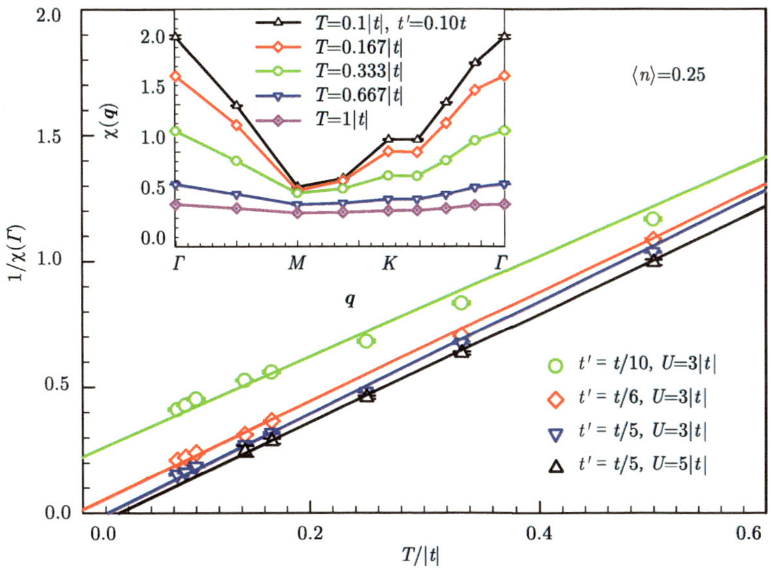

图 6.2 $\langle n\rangle=0.25$ 时，磁化率的倒数，$1/\chi(\boldsymbol{q}=\Gamma)$ 在 $U=3|t|$，$t'=t/10$，$t/6$ 和 $t/5$ 时，随温度的变化。拟合曲线 $1/\chi(\Gamma)=\alpha(T-\Theta)$ 也在图中给出。内插图：在不同温度下磁化率 $\chi(\boldsymbol{q})$ 与 $\boldsymbol{q}$ 的关系，$t'=0.1t$ 和 $U=3|t|$

如图 6.2 实线所示，显示出在 $t'=t/5$ 时 Θ 为 $0.02|t|\simeq 580\text{K}$，并且随着库仑相互作用增大，$\Theta$ 和 $\chi(\Gamma)$ 两者都稍微增强。Θ 的值为正，表示 $1/\chi(\Gamma)$ 在某个低温下，或者在 $T\to 0$ 时，$\chi(\Gamma)$ 趋于发散。这意味着系统可能存在铁磁态。

补充说明一下电子填充的概念。本书中所提到的电子填充，指的是每个格点上平均粒子数浓度。如半满，$\langle n\rangle=1$ 指的是平均每个格点上有 1 个粒子占据，即没有掺杂的情况，$\delta=0$；如上文提到的 $\langle n\rangle=0.25$，相当于每个格点上平均有 0.25 个粒子占据，即掺杂 $\delta=1-\langle n\rangle=0.75$，为空穴掺杂。相应地，如 $\langle n\rangle=1.25$，则掺杂 $\delta=\langle n\rangle-1=0.25$，为电子掺杂。

从图 6.2 中还可以发现，t' 对 $\chi(\boldsymbol{q})$ 的行为有显著影响，在 $U=3|t|$、$T=0.1|t|$ 和 $\langle n\rangle=0.25$ 时，图 6.3 给出了 $\chi(\boldsymbol{q})$ 依赖于 $\boldsymbol{q}$ 在不同 t' 时的结果。很明显，$\chi(\Gamma)$ 随着 t' 增大而显著增大，而 $\chi(M)$ 和 $\chi(K)$ 仅稍微增大。因此，再次说明了铁磁涨落随着 t' 增大而显著增强。此外，铁磁涨落对 t' 的强依赖性意味着可以通过调制 t' 实现对石墨烯中铁磁的调控。

石墨烯相关材料的载流子浓度可以通过外部栅极电压控制。为了直观地理解磁关联和电子浓度的关系，图 6.4 给出了 $\chi(\Gamma)$（红线），$\chi(K)$（黑线）及其比例 $\chi(\Gamma)/\chi(K)$（蓝线）与电子浓度的关系在 (a) $t'=0.1t$ 和 (b) $t'=0.2t$ 时的情况，其中 $U=3|t|$，$T=|t|/6$。由图可见，$\chi(\Gamma)$ 和 $\chi(K)$ 在 $\langle n\rangle=0.75$ 附近相交，这

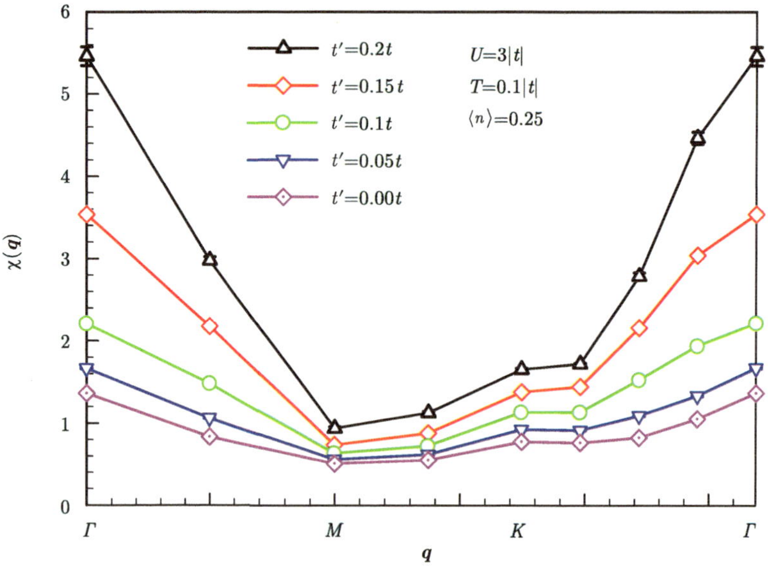

图 6.3　磁化率 $\chi(\boldsymbol{q})$ 和 $\boldsymbol{q}$ 在不同 t' 下的关系，其中 $U=3|t|$、$T=0.1|t|$ 和 $\langle n\rangle=0.25$

表明由 $\langle n\rangle=0.75$ 处的范霍夫奇点分开的两个区域，$\chi(\boldsymbol{q})$ 的行为定性不同，反映了铁磁和反铁磁涨落之间的竞争。反铁磁关联在半满附近处于主导地位，而越过范霍夫奇点，铁磁涨落占据主导地位。通过比较图 6.4(a) 和 (b) 也可以看出 t' 对铁磁涨落有显著影响。对于 $t'=0.2t$，$\chi(\Gamma)/\chi(K)$ 在电子浓度 $\langle n\rangle=0.25$ 接近峰值，对于 $t'=0.1t$，$\chi(\Gamma)/\chi(K)$ 在 $\langle n\rangle=0.25$ 时也是非常大的，这是图 6.2 和图 6.3 中电子填充选择 $\langle n\rangle=0.25$ 的原因。从图 6.4 所示的整个电子填充范围来看，电子填充对铁磁涨落有很强的影响，这意味着可以利用栅极电压来调控石墨烯的磁性。

这里所给出的强铁磁涨落存在的电子填充范围，可能超出目前实验上所能达到的区域或者难以达到。事实上，如何增加石墨烯中载流子浓度，是目前实验上亟待突破的问题。实验学家们试图通过使用第二栅极（从顶部）和化学掺杂方法在石墨烯中实现更高的载流子浓度[98]。此外，上面的结果还表明，t' 对体系的磁关联有显著影响，有可能通过改变 t' 实现对石墨烯磁性的调控。例如，可以通过改变晶格位置之间的间隔来改变 t'[99]。由于石墨烯的特殊结构，可以分成两个三角子晶格来描述，通过使用三束单独的激光束原则上可以在超冷原子系统中控制 t'[100]。

使用量子蒙特卡罗方法，本节研究了定义在六角晶格上哈伯德模型的磁关联。非微扰的数值结果表明，在较低的电子填充存在着很强的铁磁涨落。铁磁关联随着次近邻跃迁项的改变显著改变，随着相互作用强度的增大而增大。根据这

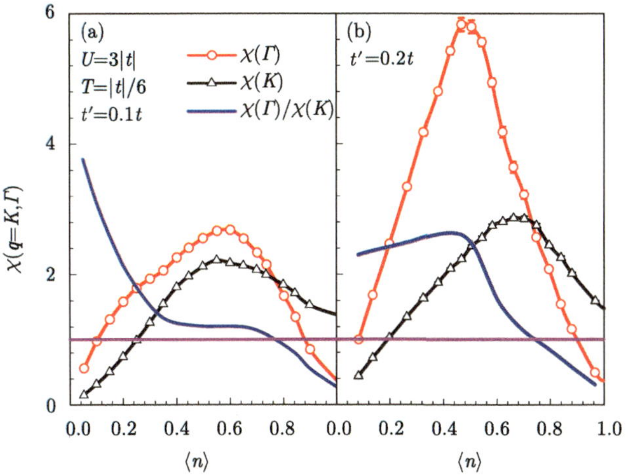

图 6.4 磁化率 $\chi(\boldsymbol{q}=\Gamma)$ (红色) 和 $\chi(\boldsymbol{q}=K)$(黑色) 与粒子数浓度的关系，且 $U=3|t|$，$T=|t|/6$，(a) $t'=0.1t$；(b) $t'=0.2t$

些结果，预言了实验上调控石墨烯相关材料磁性的可能，而这种调控对石墨烯相关材料在自旋电子学方面的应用有重要意义。

6.2 应变诱导的石墨烯锯齿型边界磁性

本节将使用量子蒙特卡罗方法研究施加应力的石墨烯量子点的边界磁性。非微扰的数值结果表明，与 6.1 节较大的库仑相互作用和低的电子填充范围发现的铁磁涨落相比，通过施加一定大小的应力，一个相对较弱的相互作用 U 即能导致未掺杂的石墨烯量子点具有边界类铁磁行为。

由于石墨烯相关材料在纳米电子器件方面[96] 具有很好的应用前景，科学家对相关系统进行了相当广泛和深入的研究。完美的石墨烯层是由单层碳原子组成的蜂巢晶格结构，如图 6.5 所示。自从实验上成功制备出石墨烯以来，关于它的相关研究发展迅猛，带有不同边界结构特征的石墨烯体系也很快被制备成功。对于带有不同边界结构的石墨烯量子点，如锯齿型、扶手椅型，研究表明它们分别具有不同的新奇性质。图 6.5 给出了石墨烯量子点两种不同的边界结构，即锯齿型边界和扶手椅型边界。对于一条石墨烯纳米带，可以假设它在一个方向上是无限长的，而在另外一个垂直方向上是有限长的。通过这种方式，可以设计出具有锯齿型边界或者扶手椅型边界的石墨烯纳米带[96]。

石墨烯相关材料可能的磁性是一个重要的问题，它也许能够为自旋电子学的发展提供新的思路。一般来说，如 6.1 节所述，自旋电子学需要的是一种在室

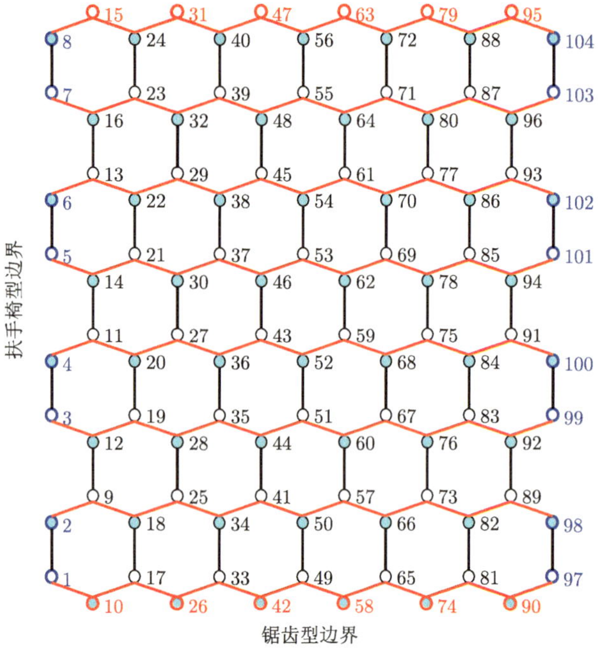

图 6.5　8×13 个格点的石墨烯量子点结构图。白色和青色圆圈分别代表 A、B 子晶格；红色数字表示锯齿型边界，蓝色数字表示扶手椅型边界的格点，黑色线表示沿应力方向 $t_1=t$ 不变，红色线表示 $t_2=t_3=t-\Delta t$，t 表示最近邻的跃迁积分项，Δt 代表应变产生的作用

温下具有磁性的半导体材料[90]。在石墨烯体系中，6.1 节的内容表明在半满附近反铁磁关联起主导作用，而铁磁涨落在偏离半满的区域起主导作用，这些区域主要在范霍夫奇点以下的位置。遗憾的是，目前实验上还很难达到这么低的电子填充[101]。对于具有缺陷（比如空穴，拓扑缺陷或者氢的化学吸附）的石墨烯相关材料中是否存在铁磁序仍然有待实验的验证。

石墨烯纳米带在自旋电子元件设计方面有很好的应用前景，有关石墨烯纳米带磁性的研究也引起了科学家们的广泛注意。研究表明，锯齿型石墨烯纳米带，在未掺杂或小的掺杂情况下边界上会存在铁磁关联[102]，而扶手椅型石墨烯纳米带，要在较大的掺杂情况下（如接近平带附近）才会有强的铁磁涨落[103]。

量子点的形状及其对称性，对体系的电荷空间分布有重要的影响。这些性质激起了科学家们研究石墨烯量子点磁性的兴趣。石墨烯量子点的紧束缚模型给出了边界态的谱结构，而量子点的磁性极其依赖于团簇的几何结构。事实上，系统从顺磁到反铁磁的过渡，是体系几何形状、尺寸以及温度的函数[104]。平均场理论的结果[105] 表明，应力能导致石墨烯量子点处于磁性的基态，并且计算表明，施加 20% 的应力，磁性能得到 100% 的增强。

平均场理论计算的结果揭示了理想石墨烯（未加应力）的临界相互作用 U_c 大约是 $2.23|t|$。这个 U_c 将系统置入一个中等强度关联的区域，U_c 接近半带宽。对于这样一个 U_c 值，平均场的结果可能不再可靠。通过研究磁化率随温度的变化关系，便于理解体系的磁学性质。本节主要通过计算磁化率随温度的变化研究石墨烯量子点的边界磁性。

实验上，应变对半导体材料或石墨烯相关体系性质的影响是一个令人感兴趣的问题。通过氧化物覆盖层的沉积或者机械方法都可以诱导出一定程度的应变[105]。对石墨烯量子点而言，适度小的掺杂是很容易实现的[101]，因而我们主要关注当石墨烯量子点的电子填充处于半满或者低掺杂区域的情况。

图 6.5 给出了所研究系统的几何结构图，它是一个 8×13 的蜂巢晶格，用蓝色数字来标记扶手椅型边界上的格点，用红色数字来标记锯齿型边界上的格点。施加了应力的石墨烯量子点的哈密顿量可以表示如下：

$$
\begin{aligned}
H = & -\sum_{i\eta\sigma} t_\eta a_{i\sigma}^\dagger b_{i+\eta\sigma} + h.c. + U\sum_i (n_{ai\uparrow}n_{ai\downarrow} + n_{bi\uparrow}n_{bi\downarrow}) \\
& + \mu \sum_{i\sigma}(n_{ai\sigma} + n_{bi\sigma})
\end{aligned}
\tag{6.3}
$$

这里，$a_{i\sigma}$ ($a_{i\sigma}^\dagger$) 表示在子晶格 A 上 R_i 处湮灭（产生）自旋为 σ (σ=↑,↓) 的电子。同样，$b_{i\sigma}$ ($b_{i\sigma}^\dagger$) 作用于子晶格 B，$n_{ai\sigma} = a_{i\sigma}^\dagger a_{i\sigma}$，$n_{bi\sigma} = b_{i\sigma}^\dagger b_{i\sigma}$。$U$ 是同一格点上的哈伯德相互作用，而 μ 是化学势。在这样的蜂巢晶格中，t_η 表示最近邻跃迁积分。考虑将压力应用在锯齿型方向，施加的应力会改变原子间的距离，导致电子跃迁参数 t_η 的改变。这些改变的结果是，使材料能带结构改变。第一性原理计算已经研究了因施加应力而导致的跃迁项明显改变的问题。在图 6.5 中，黑色线表示沿应力方向的跃迁项 $t_1 = t$，它在数值上不变。根据应力的大小 Δt，红色线表示的数值为 $t_{2,3} = t - \Delta t$。

6.1 节已经提到，文献 [96] 给出了最近邻的跃迁能量 t 的范围为 $2.5 \sim 2.8\text{eV}$，而同一格点的排斥相互作用 U 值大概就是聚乙炔中 $U \cong 6 \sim 17\text{eV}$。

原则上，是否可以简单地将聚乙炔的电子相互作用 U 值应用到石墨烯中是存在疑问的。然而，Peierls-Feynman-Bogoliubov 变分原理表明，有非局域库仑相互作用的扩展哈伯德模型可以映射到一个具有同一格点有效相互作用 U 的有效哈伯德模型，这个相互作用 U 大约为 $1.6|t|$[106]。根据后者，研究库仑相互作用在 $U/|t| = 1 \sim 3$ 范围内的情况更有意义。虽然研究上限 $U/|t| = 3$ 大于 $1.6|t|$，但有助于说明电子关联对石墨烯量子点磁性的重要性。在这样的 U 和 $|t|$ 范围内，行列式蒙特卡罗算法是研究磁关联性质的一个可靠的工具。尤其对于研究能带结构在横向宽度和边界几何方面的改变，行列式蒙特卡罗方法非常方便。

为了研究石墨烯量子点的边界磁性，可以类似前面章节，计算系统的体磁化率 χ、扶手椅型边界上的磁化率 χ_a 和锯齿型边界上的磁化率 χ_z。与 6.1 节类似，这里定义

$$\chi = \int_0^\beta \mathrm{d}\tau \sum_{d,d'=a,b} \sum_{i,j} \langle m_{i_d}(\tau) \cdot m_{j_{d'}}(0) \rangle \tag{6.4}$$

其中，$m_{i_a}(\tau) = \mathrm{e}^{H\tau} m_{i_a}(0) \mathrm{e}^{-H\tau}$，$m_{i_a} = a_{i\uparrow}^\dagger a_{i\uparrow} - a_{i\downarrow}^\dagger a_{i\downarrow}$，并且 $m_{i_b} = b_{i\uparrow}^\dagger b_{i\uparrow} - b_{i\downarrow}^\dagger b_{i\downarrow}$。衡量 χ 时，仍是以 t^{-1} 为单位。体磁化率 χ 是对所有格点求和，扶手椅型边界上的 χ_a 通过对图 6.5 中蓝色数字标记的格点求和计算，而锯齿型边界上的 χ_z 通过对红色数字标记的格点求和计算。χ，χ_a 和 χ_z 的平均值分别对相应的总格点数求平均得到。

首先，图 6.6 给出了 $U = 3|t|$, $\langle n \rangle = 1$ 和 $\Delta t = 0.3t$ 时，χ、χ_a 和 χ_z 与温度的依赖关系。为了定性说明磁化率对温度的依赖关系，也给出了函数 $y = 1/x$。这是因为居里–外斯定律 $\chi = C/(T - T_\mathrm{c})$ 描述了居里温度 T_c 以上的温度范围内铁磁材料的磁化率 χ。

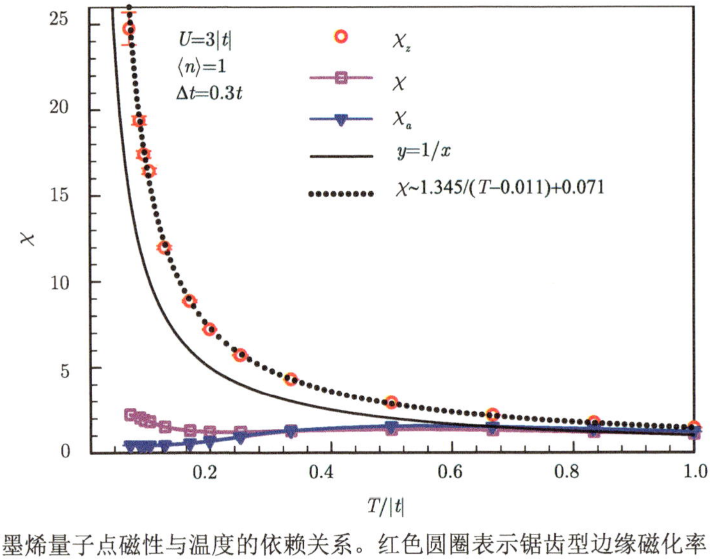

图 6.6 石墨烯量子点磁性与温度的依赖关系。红色圆圈表示锯齿型边缘磁化率，带有正方形的紫色线表示整体均匀磁化率，带有向下三角形的蓝色线表示扶手椅型边缘磁化率

χ_z（红圈）随着温度的降低而增加，这是一种类铁磁行为。另外，χ_a 随着温度的降低而减小。由于 χ_z 远大于 χ_a，体磁化率 χ 随着温度的降低而增加，尤其在低温范围内，可以用如下方程来拟合行列式蒙特卡罗方法所得到结果：

$$\chi_z(T) = a/(T - T_\mathrm{c}) + b \tag{6.5}$$

拟合曲线与行列式蒙特卡罗算法所得结果符合得很好。正如图 6.6 中虚线所示，可以通过拟合曲线来估计临界温度 T_c。根据这个拟合曲线，可以估计 T_c 大约为 $0.011|t|$，也就是 320K。对于更低的温度，磁化率有显著的误差，这与蒙特卡罗算法有关。根据式 (6.5)，有

$$T_c = a/[\chi_z(T) - b] + T \tag{6.6}$$

为了估计所得 T_c 的误差，对方程 (6.6) 的右侧进行偏微分，得到

$$\delta T_c = a\delta\chi_z(T)/\chi_z^2(T) \tag{6.7}$$

可以用所计算的最低温处的磁化率来估计 T_c 的误差，$\delta T_c = a\delta\chi_z(T_{\text{lowest}})/\chi_z^2(T_{\text{lowest}}) \simeq 0.002t$，这表明 T_c 是一个有限的正值。χ_z 和 χ_a 对温度依赖关系的不同是由于具有不同的边界几何特征。对于定义在完美的蜂巢晶格上的哈伯德模型，半满时，系统表现出反铁磁关联。蜂巢晶格结构可以被描述成两个交叠的子晶格，最近邻格点的自旋关联是负的（由于反铁磁关联），而次近邻格点间的自旋关联属于同一个子晶格，它必定是正的。在石墨烯量子点的研究中，沿扶手椅型边界的格点属于不同的子晶格，而沿锯齿型边界的格点则属于同一个子晶格。因此，在扶手椅型边界上的磁化率表现为反铁磁型，而在锯齿型边界上的磁化率表现为铁磁型。另外，在扶手椅型边界上的磁化率是温度的非单调函数，这可能是低温下扶手椅型与锯齿型边界上强的自旋极化和不同自旋的电子不平衡分布之间的竞争导致的。

为了强调应力的重要性，图 6.7 给出了不同应力值对应的 χ_z 随温度的变化。很显然，随着应力的增大，χ_z 显著增强。这可以通过一个简单的物理图像来理解：应力减小了 t 值，相当于电子与电子间相互作用 $U/|t|$ 的有效强度增大，因而体系边界磁性显著增强。实验上，扫描隧道显微镜已经探测到了这种边界上的铁磁关联[102,107]。

在计算中，跃迁参数的变化依赖于应力的大小，应力大小是晶格形变的函数。对多种晶格形变的情况，科学家们已经利用第一性原理研究了跃迁参数随晶格形变的变化[108]。根据文献 [108, 109] 所给出的结果，可以估计对应形变 $e = \mathrm{d}L/L = 15\%$，$\Delta t = 0.3t$。第一性原理[110] 和实验[111] 结果表明，石墨烯可以承受大约 20% 的可逆形变，这对应于 $\Delta t = 0.5t$。对于有关 Δt 和晶格形变之间关系的详细讨论，建议读者参考文献 [105]。

为了更好地理解库仑相互作用的重要性，计算了不同 U 下 104 (8×13) 格点数目的石墨烯量子点的 χ_z，如图 6.8 所示，可以看到 χ_z 随 U 的增大而增大。当 $U = 0$ 时，χ_z 随温度的变化类似于顺磁行为，在低温时不趋于发散，而在 $U > 1.0|t|$ 时，χ_z 随温度的变化类似于铁磁行为，即在某个较低的温度下，χ_z 趋

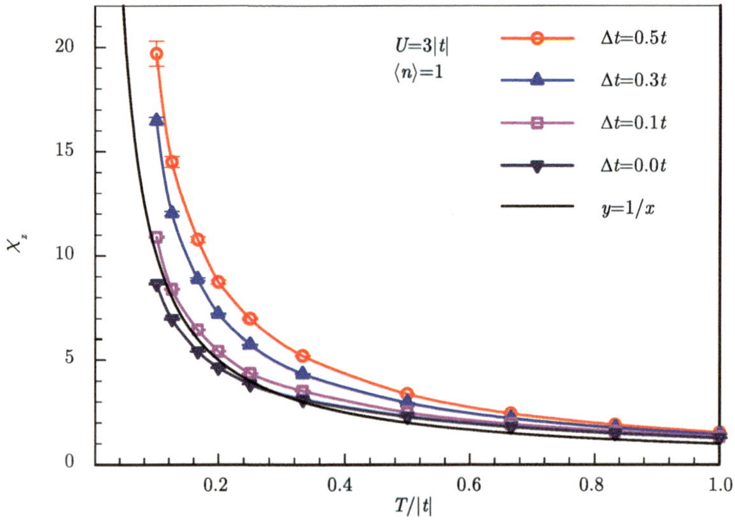

图 6.7　不同应力下锯齿型边缘磁化率与温度的依赖关系

于发散。这表明有可能在施加了应力的石墨烯量子点中实现边界磁性。锯齿型边界铁磁态的物理机制可以简单理解如下：锯齿型边界上的应力倾向于产生弱耦合的二聚体，使得那些紧紧相互绑定的原子间形成铁磁态。这与扶手椅型边界所发生的情况正相反。根据 $U=0$ 下的磁化率和温度的依赖关系，可以将 $U=0$ 看成较小的 $U>0$ 范围的一个延伸。需要补充说明的是，(8×13) 格点数目的选择是为了得到图 6.5 所示的结构，8 指的是 y 方向上一条链（列）的格点数目。为了形成图所示的结构，列上的格点数目应是偶数；13 指的是水平方向上一条链上（行）的格点数目，行上的格点数目需要是奇数。

图 6.9 给出了库仑相互作用临界值 U_c 和应力的函数关系。随着应力增加，U_c 减小。可以估计一组最优参数，如 $U=2.3|t|$ 和 $\Delta t=0.2t$，这或许是一个实验上可参照的理想值。临界值 U_c 是这样来定义的：对于一个非常大的量子点，相当于体系统，蜂巢晶格的所有对称性都保留。在这种情况下，根据平均场的结果，可以定义一个二级相变来描述磁的相变。对于数值计算所模拟的有限系统，可以用 U_c 定义磁的转变点，即边界磁化率可能在有限 U 和应力下发散。对于一个固定的应力 Δt，计算不同 U 值下磁化率随温度的依赖关系，并通过外延得到 T_c，即磁化率发散的温度。对一定的 Δt，如果外延得到的温度 T_c 是正的，就定义对应最低的 U 为 U_c。

图 6.10 给出了不同电子浓度 $\langle n\rangle$ 下，石墨烯量子点 χ_z 与温度的依赖关系。当电子浓度偏离半满时，低温时的 χ_z 微微减小，而当掺杂大于 10% 时，类铁磁行为被抑制。

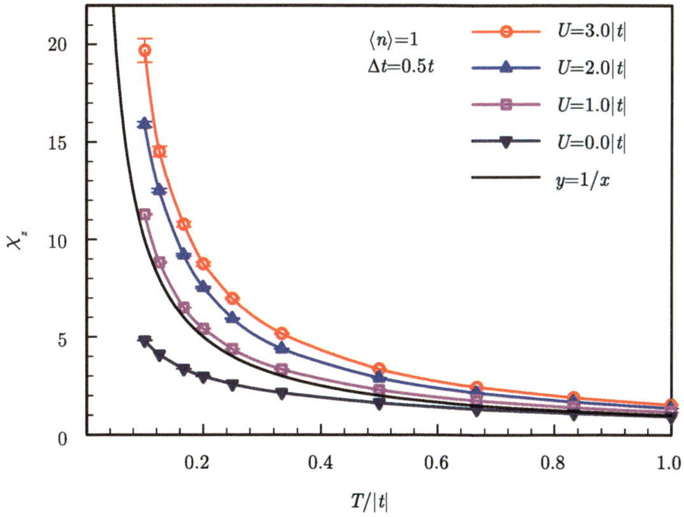

图 6.8 不同库仑相互作用下锯齿型边缘磁化率与温度的依赖关系

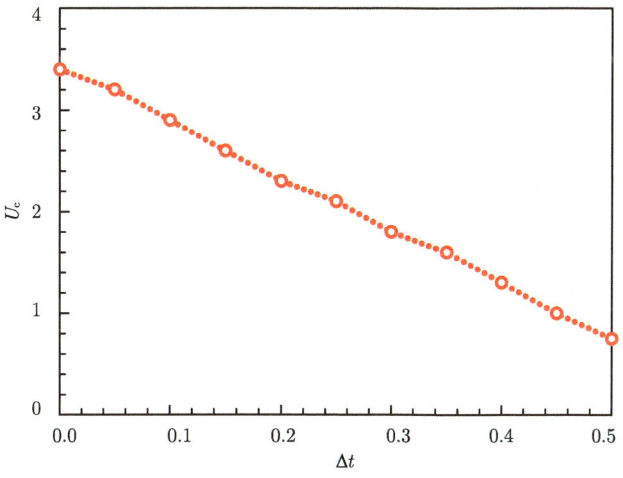

图 6.9 库仑相互作用临界值与应力的关系

本节介绍了使用行列式量子蒙特卡罗方法研究施加应力的石墨烯量子点的边界磁性，发现锯齿型边界磁化率 χ_z 随着温度的降低而增大，在低温范围尤其明显。库仑相互作用和应力都会使磁化率 χ_z 增大，这表明选择合适的应力和相应的库仑相互作用 U 可以在石墨烯量子点锯齿型边界上诱导出类铁磁行为。石墨烯量子点上随应力显著增大的铁磁涨落，有希望促进自旋电子学应用的研究进展。

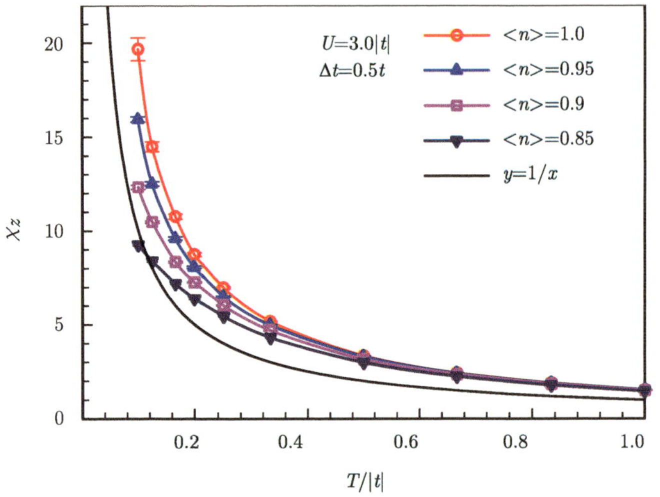

图 6.10　不同电子浓度下的锯齿型边缘磁化率与温度的依赖关系

6.3　磷烯纳米带锯齿型边缘磁性

寻找室温下的铁磁性半导体材料是目前材料科学和自旋电子学研究的一个重要领域，但经过十几年的努力，具备这种特性的材料仍然很少。最近，一种单层黑磷，即磷烯被成功合成，它是一种层状结构的蜂巢晶格，并且具有能隙和很高的载流子迁移率。通过使用两种大尺度量子蒙特卡罗方法，数值模拟结果显示，即使相对较弱的相互作用，也能在磷烯纳米带中产生显著的边界磁性。基态约束路径量子蒙特卡罗方法的结果说明，在 zigzag 边界上存在很强的铁磁关联，有限温在行列式量子蒙特卡罗方法预言磷烯纳米带边缘磁性的居里温度可以达到室温。

具有高温铁磁性的半导体材料在实现自旋电子学应用方面扮演着重要的角色，这种材料在理论和实验等方面引起了长期而广泛的关注。性质良好的晶体管要求这些材料具有高载流子迁移率和电荷载流子掺杂的内禀绝缘等特性。经过二十多年的详细研究，满足所有这些要求的理想的铁磁半导体材料的实现仍然是一个难题，特别是在接近室温的居里温度。

如前面两节所述，以石墨烯为代表的二维体系吸引了人们广泛的关注，最近这些方面的研究拓展到六角氮化硼和过渡金属氧化物。对石墨烯而言，无质量的狄拉克费米子表现出的低能物理性质导致了锯齿型边界上的磁性[96,112]，这是一个重要的物理现象，因为 p 轨道关联的影响不像 d 或者 f 轨道能带引起的铁磁性那样显著。实验上，这种边界铁磁关联已经被观察到了[113]。其物理机制是边界平带的出现，态密度的发散扩大了相互作用的影响。由于蜂巢晶格的体内平带结构[114] 或者正方格子和立方格子准一维能带结构的出现而引起的 $p_x(p_y)$ 轨道能带铁磁性，理论上已经得到了广泛的研究[115]。然而，石墨烯的带隙为零，这限制了它作为一种半导体的应用前景。

人们迫切希望发现一种二维材料，它具有有限宽度的带隙，这是低功耗晶体管的基础。近些年实验上成功合成的磷烯，是具有空间折叠结构的单层黑鳞（层间靠范德瓦耳斯力结合），它的合成进一步促进了石墨烯相关材料的发展。基于第一性原理计算，科学家已经对磷烯[116] 和其纳米带[117] 做了大量的研究。不同于石墨烯的结构，如图 6.11(a) 所示，磷烯的动能跃迁项有很强的各向异性，这导致它的电子能谱与石墨烯有显著的不同，磷烯是具有直接带隙的半导体材料[118]，而且与过渡金属硫化物相比，它具有更高的载流子迁移率[116]，所以磷烯被看成未来自旋电子学应用方面另外一个有前景的候选者[119]。因而，进一步研究磷烯可能的磁性是一个重要的问题。

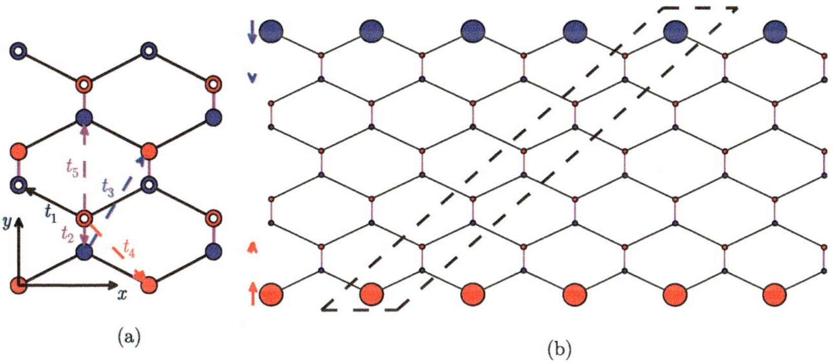

图 6.11 (a) 磷烯空间折叠蜂巢结构的俯视图，不同的颜色代表不同子格上的原子，实心（空心）圆环代表上层（下层）；(b) 跳跃参数 $t_1 - t_5$ 被标记在两个格点之间；半满 $U = 3.0\text{eV}$ 下磁结构因子的空间分布概括图。每个圆圈的半径正比于每行 M_R 的值。在 x 方向采用周期性边界条件，并用虚线标记出了原胞

如 6.2 节所述，理论上预言在锯齿型边界上施加应力可以加强石墨烯边界上的铁磁性[120]。在石墨烯纳米带中，零能边界模式只占据了连接两个体狄拉克点映射的一维边界布里渊区的一部分。应力导致的各向异性改变了狄拉克点的位置，因此通过改变边界上平带能态密度改变了相互作用的影响。然而，石墨烯中有效的应变强度是有限的[104]。相对而言，磷烯中内禀的各向异性大约比施加了最强应力的石墨烯大一个量级。磷烯纳米带的准边界平带横跨整个一维边界布里

渊区，它与体内能带完全分离，因而可以期待在磷烯中有比石墨烯更强的边界磁性。考虑到磷烯天然具有的很强的各向异性、很高的载流子迁移率和直接能隙，磷烯纳米带中高温铁磁性不仅在固体能带结构和相互作用之间的相互影响方面具有很高的学术价值，而且也会为新颖技术的发展铺平了道路。

本节介绍应用非微扰数值方法，即大尺度的量子蒙特卡罗方法对体内绝缘的磷烯纳米带的边界磁性进行研究。零温数值结果表明，在较弱的相互作用下磷烯纳米带具有很强的边界铁磁关联。在有限温下边界磁化率表现出居里–外斯行为，并且通过外延得到的居里温度可以达到室温。这样的边界磁性有望通过扫描隧道显微镜在无掺杂或者极欠掺杂的磷烯纳米带中探测到。

为了描述磷烯的物理性质，出发点是一个包括五个近邻格点间动能跃迁项积分 t_i（$i=1,2,\cdots,5$）的哈伯德模型[121]。如图 6.11(a) 所示，不同的颜色代表不同的子晶格，而实心（空心）圆圈代表上层（下层）。$t_{1,2}$ 描述了两个不相等的最近邻跃迁项，t_3 是一个次近邻跃迁项，而 $t_{4,5}$ 描述了两个不同次次近邻的跃迁积分。这些跃迁积分的值分别为 $t_1=-1.220\text{eV}$，$t_2=3.665\text{eV}$，$t_3=-0.205\text{eV}$，$t_4=-0.105\text{eV}$ 和 $t_5=-0.055\text{eV}$。

为了建立具有锯齿型边界的纳米带，定义了如图 6.11(b) 所示的晶格，在 x 方向是周期性边界条件而在 y 方向是有限的。采用如下单带哈伯德模型：

$$H=\sum_{\langle ij\rangle}t_{ij}c_{i\sigma}^{\dagger}c_{j\sigma}+U\sum_{i}n_{i\uparrow}n_{i\downarrow}-\mu\sum_{\langle i\rangle}c_{i\sigma}^{\dagger}c_{i\sigma} \tag{6.8}$$

其中，$\sum$ 是对所有晶格格点求和；t_{ij} 代表第 $\boldsymbol{i}$ 和 $\boldsymbol{j}$ 个格点之间的跃迁积分；$c_{i\sigma}^{\dagger}(c_{j\sigma})$ 表示格点 $\boldsymbol{i}$ ($\boldsymbol{j}$) 上电子的产生（湮灭）算符；μ 是化学势，而 U 是同一格点上的库仑排斥相互作用。

使用有限温行列式量子蒙特卡罗方法和基态的约束路径量子蒙特卡罗方法来研究体系的性质。体系的磁学性质可用多种方式来描述。正如以下所展示的那样，在磷烯纳米带体系中，只有边界具有显著的磁性，而绝缘的体内部仍然保持非磁性。为了研究边界磁性的热力学性质，用有限温行列式量子蒙特卡罗方法计算边界的平均磁化率 χ。平均自旋磁化率是零频关联，当自旋守恒时，它等于等时关联。然而，边界上的自旋本身不守恒，零频率关联不再等于等时关联。边界磁化率 χ 定义为

$$\chi=\int_0^{\beta}\mathrm{d}\tau\sum_{i,j}\langle S_i(\tau)\cdot S_j(0)\rangle \tag{6.9}$$

其中，$S_i(\tau)=\mathrm{e}^{H\tau}S_i(0)\mathrm{e}^{-H\tau}$。具体计算中，首先对一个边界上的所有格点求和，然后对上边界和下边界求平均。为便于理解，如图 6.11(b) 所示，用更大的圆圈

标记这两个边界上的格点。为了进一步提取磁关联的空间分布，用约束路径量子蒙特卡罗方法计算平行于锯齿型边界的等时自旋结构因子，定义如下：

$$M_R = \frac{1}{L_x^2} \sum_{\boldsymbol{i},\boldsymbol{j} \epsilon \text{Row}} S_{\boldsymbol{i},\boldsymbol{j}} \tag{6.10}$$

其中，$S_{\boldsymbol{i},\boldsymbol{j}} = \langle \boldsymbol{S_i} \cdot \boldsymbol{S_j} \rangle$，$\boldsymbol{S_i} = c_{\boldsymbol{i}}^{\dagger} \sigma c_{\boldsymbol{i}}$ 是同一格点上的自旋算符；R 是行号；$\boldsymbol{i},\boldsymbol{j}$ 是第 R 行的格点位置；L_x 是每行的格点数；M_R 的计算是从最底层边界开始，经过中心后到达顶端。正如图 6.11(b) 所示的那样，给出了自旋结构因子 M_R 的空间分布概括图，图中每个圆圈的半径正比于每行的 M_R。图 6.11(b) 形象地说明，边界存在很强的铁磁关联，而体内部的磁关联很弱。并且，通过计算自旋关联函数，进一步说明，如果占据底层边界的电子大部分自旋向上，则顶层边界主要由自旋向下的电子占据。

现在具体给出边界磁化率与温度的依赖关系。图 6.12(a) 给出了 $\langle n \rangle = 1.0$ 下不同相互作用强度 U 对应的 $1/\chi(T)$（符号），以及对应的线性拟合曲线（虚线）。它们表现出居里–外斯行为 $1/\chi = (T - T_{\rm c})/A$。具体而言，当 $U > 1$eV 时，$1/\chi(T)$ 外延在 T 轴上的截距是有限的正值，对应一个正的有限的 $T_{\rm c}$。根据拟合曲线，可以估计出 $U = 2.0$eV 时，$T_{\rm c}$ 大约为 0.032eV，相当于 320K。图 6.12(b) 给出了 $T_{\rm c}$ 与相互作用的依赖关系。可以看出，$T_{\rm c}$ 随着 U 增加而升高。图 6.12(b) 的插图给出了 $\langle n \rangle = 1.0$ 和 $U = 3.0$eV 下不同晶格尺寸对应的 $1/\chi(T)$（符号），以及线性拟合曲线（虚线）。在误差允许范围内，对应 $2{\times}6 \times 6$, $2{\times}8 \times 6$, $2{\times}10 \times 6$ 和 $2{\times}12 \times 6$ 的结果基本相同。因此，可以预测磁化率和 $T_{\rm c}$ 估计值基本与晶格尺寸无关。

对于图 6.12(b) 中更高的相互作用，对应估计值 $T_{\rm c}$ 有显著的误差，这与蒙特卡罗抽样有关。对于图 6.12(a) 中的磁化率和本章其他图中的自旋关联，误差基本被控制在 10% 以内。

下面进一步使用约束路径量子蒙特卡罗算法对磁关联的空间分布进行研究。为了给出不同行上的自旋关联，图 6.13(a) 给出了 $S_{\boldsymbol{1}\boldsymbol{R}_2}$。$S_{\boldsymbol{1}\boldsymbol{R}_2}$ 定义为第一行位置即格点 $\boldsymbol{1}$ 与每一行第二个格点 $\boldsymbol{R}_2$ 间的自旋关联。结果表明，相邻行之间的磁关联是反铁磁关联，并随着不断深入体内部而衰减；边界表现出了很强的铁磁性，而两个不同边界的自旋关联则为反铁磁关联。图 6.13(b) 给出了固定 $L_y = 4$，不同 U，$\langle n_{\rm e} \rangle = 1.0$ 情况下边界磁结构因子 M_R 与 $1/L_x$ 的依赖关系。经过细致的尺寸分析发现，当 U 大于 $U_{\rm c} \sim 0.5$eV 时，$M_{\rm edge}$ 趋向于具有长程序，这个结果符合图 6.12(b) 所展示的结果。这里的边界磁性大于石墨烯纳米带，而临界相互作用强度低于前文中所研究的石墨烯相关材料。

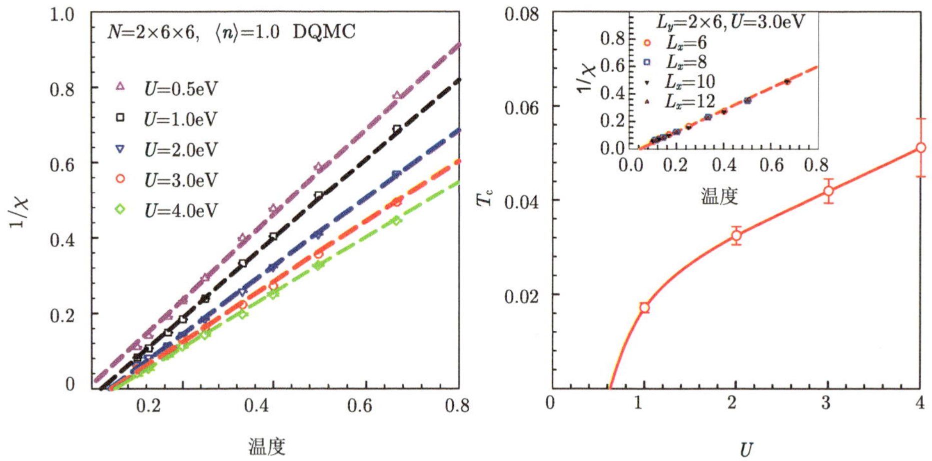

(a)　　　　　　　　(b)

图 6.12　(a) 不同 U，$\langle n\rangle = 1.0$ 情况下 $1/\chi$ 与温度的依赖关系；(b) 半满情况下 T_c 估计值与库仑相互作用 U 间的依赖关系。插图：不同晶格尺寸 $U = 3.0\text{eV}$，$\langle n\rangle = 1.0$ 情况下 $1/\chi$ 与温度的依赖关系

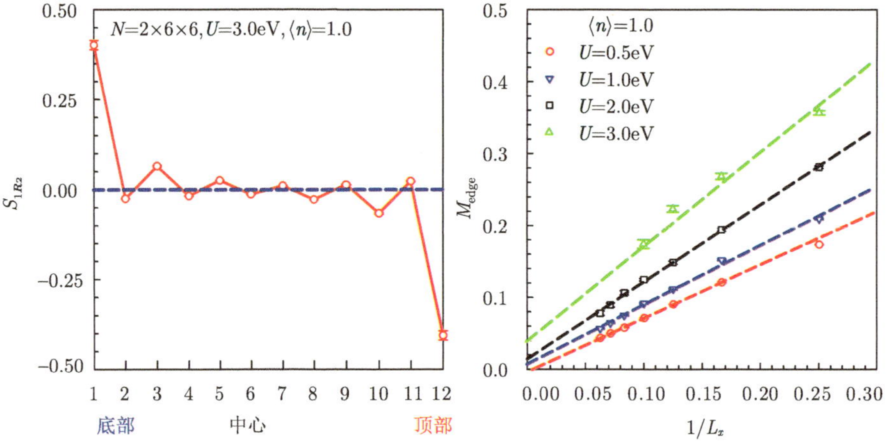

(a)　　　　　　　　(b)

图 6.13　(a) 格点 **1** 与每一行第二个格点间的自旋关联 $S_{\mathbf{1}\boldsymbol{R}_2}$；(b) 不同 U，$\langle n_e\rangle = 1.0$ 情况下，边界磁结构因子 M_{edge} 与 $1/L_x$ 的依赖关系

磷烯内禀的很强的各向异性所诱导的拓扑结构变化，是理解为何与各向同性的石墨烯相比，磷烯的边界铁磁性更强的关键。现在关注最近邻跳跃项 t_1 和 t_2。对于石墨烯而言，$t_1 = t_2$，应用沿纳米带 x 方向的平移对称性，带哈密顿量约化成一个沿 y 方向具有开放的边界条件的一维 Su-Schrieffer-Heeger(SSH) 模型，用

动量 k_x 标记，

$$H_{\mathrm{SSH}}(k_x) = \tilde{t}_{\mathrm{o}}(k_x)\sum_i c_{2i-1}^{\dagger}c_{2i} + \tilde{t}_{\mathrm{e}}\sum_i c_{2i}^{\dagger}c_{2i+1} + H.c. \tag{6.11}$$

其中，奇数链上的跃迁值为 $\tilde{t}_{\mathrm{o}}(k_x) = 2t_1\cos\dfrac{k_x}{2}$，而偶数链上的跃迁值为 $\tilde{t}_{\mathrm{e}} = t_2$。在 $|\tilde{t}_{\mathrm{even}}| > |\tilde{t}_{\mathrm{odd}}|$ 情况下，系统具有两个零边界模式。只要 $|t_2| > 2|t_1|$，所有 k_x 值都满足条件，平带将扩展到整个布里渊区，并与带隙体内部谱分离[122]。相反，$|t_2| < 2|t_1|$，在谱中存在两个狄拉克点，平带终止于这两个点。特别是，对于各向同性的石墨烯，一维布里渊区中边界平带的长度是 $\dfrac{2\pi}{3}$，所以这里所研究的强各向异性具有的零模数量是石墨烯的三倍。一旦加上 U，由于态密度的发散，会进一步扩大相互作用的影响，在这些边界平带处铁磁性得到了加强。磷烯完整的带隙结构缩短了边界态的局域长度，同时减弱了边界和体内状态的耦合。当考虑子晶格之间的跳跃项 t_3 和 t_5 时，带结构仍然具有手征对称性，而在零能附近的平带依然存在。虽然微小的子晶格间跃迁项 t_4 确实破坏了手征对称性，边界模发生了微弱的色散，但仍然形成一个窄带，并且与体内能谱分离。

下面研究掺杂对边界磁性的影响。这种带有 zigzag 边界的纳米带，大部分的杂质电荷分布在边界上；图 6.14(a) 给出了平行于边界的每行掺杂浓度 $\delta = 1 - \langle n_{\mathrm{e}}\rangle$。图 6.14(b) 给出了不同边界电子浓度对应的 $1/\chi(T)$ 与温度的依赖关系。在图 6.14(b) 中，比较 $U = 3.0\mathrm{eV}$ 下不同掺杂浓度 δ 所对应的结果，表明 $\chi(T)$ 随着系统偏离半满而变小。将半满 $\langle n_{\mathrm{e}}\rangle = 0.99$ 和 $\langle n_{\mathrm{e}}\rangle = 0.83$ 外延可分别在 T 轴上得到一个有限的正的截距，它们分别对应一个居里温度；相比较而言，$\langle n_{\mathrm{e}}\rangle = 0.64$ 情况下只有施加更强的相互作用才会诱导出边界铁磁性。与 6.1 节类似，临界值 U_{c} 可以看成在固定 $\langle n_{\mathrm{e}}\rangle$ 下对应 T_{c} 为正的最小相互作用。在图 6.14(c) 中，通过这种方式给出了 U_{c} 和 $\langle n_{\mathrm{e}}\rangle$ 的依赖关系。更高的掺杂需要更高的临界值 U_{c}，这表明栅电压调节边界磁性的可能性[123]。

对于有限温行列式量子蒙特卡罗法，负符号问题对低温情况有着不可避免的严重影响，例如在较大的相互作用或大晶格情况下影响数值结果的稳定性。为了验证所得数据的可信度，图 6.15(a) 和 (b) 给出了在不同相互作用 U 和不同电子浓度情况下负符号的平均值与温度的依赖关系，而蒙特卡罗参数为 30000 次。在半满情况下，图 6.13 所给出的数值结果是可靠的。可以看到，当测量次数为 30000 次时，对于 U 从 1.0eV 到 4.0 eV 不同的情况，对应的负符号平均值基本都大于 0.99。对于偏离半满的电子浓度，正如图 6.15(b) 所示，负符号平均值随着温度的降低而减小，而对所给出的最低温度大于 0.5。为了得到与 $\langle\mathrm{sign}\rangle \simeq 1$ 同样质量的数据，可通过更长的步长进行弥补。事实上，根据前面章节的介绍，

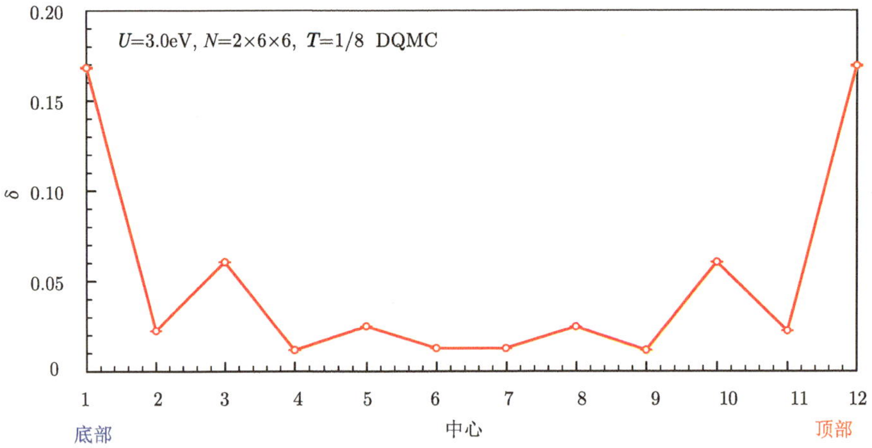

(a)

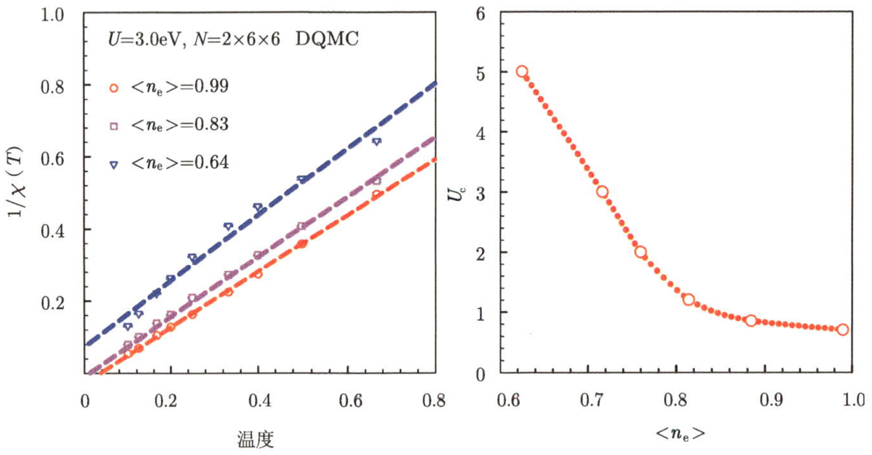

(b)　　(c)

图 6.14　(a) 平行于边界的每行掺杂浓度 δ；(b) 不同边界电子浓度，$U = 3.0\text{eV}$ 情况下，$1/\chi(T)$ 与温度的依赖关系; (c) U_c 和电子浓度 $\langle n_e\rangle$ 的依赖关系。

可以估计步长需要增长的因子阶数大概是 $\langle \text{sign}\rangle^{-2}$ [32]。为保证数值模拟数据的可靠性，一些结果是通过超过 120000 步的计算得到的。

磷烯纳米带是具有高迁移率的各向异性的直接带隙半导体，它表现出高居里温度的强边界磁性。这些性质使它们成为非常好的电子或自旋电子器件材料。边界磁性对于电子浓度的强烈依赖关系表明磷烯纳米带磁性灵活可控，这为设计制备室温下的电子和自旋电子器件开辟了新的可能。

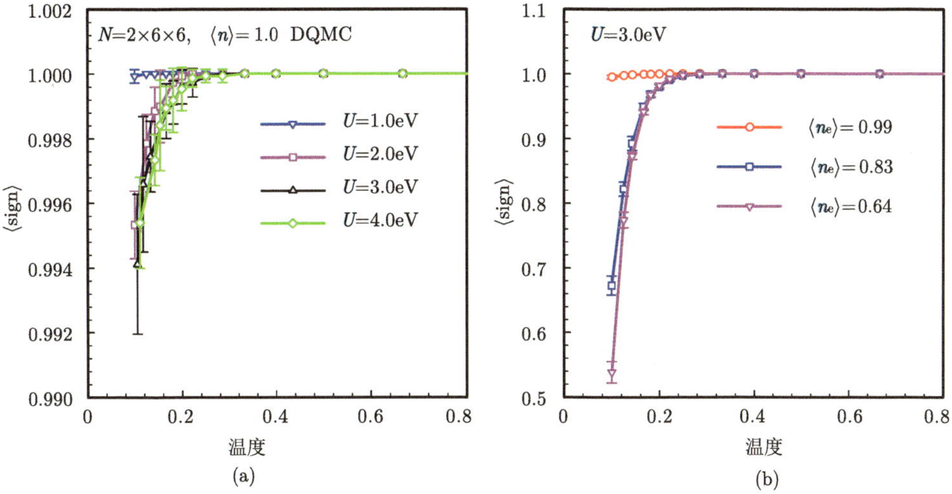

图 6.15 (a) 不同 $U, \langle n\rangle = 1.0$eV 情况下，符号 ⟨sign⟩ 与温度的依赖关系；(b) 不同电子浓度，$U = 3.0$eV 情况下，符号 ⟨sign⟩ 与温度的依赖关系

6.4 石墨烯中的磁性杂质

石墨烯是一种二维费米材料，它的典型性质是存在一个狄拉克型的赝能隙[96]。在这个赝能隙附近，电子态密度 $\rho(E)$ 随能量（$E-E_{\mathrm{F}}$) 线性变化，即 $\rho(E)=\alpha_1|E-E_{\mathrm{F}}|$，这里 E_{F} 是费米能量。这个函数形式及相应的态密度的物理特性使得石墨烯的低能行为表现出与常规材料不同的性质。例如，在普通金属和有赝能隙的材料中，磁性杂质的行为就很不同[124]。

在常规金属中，磁性杂质导致的多体关联压制了低温时杂质位置处的自旋涨落，这就是所谓的近藤效应。对于描述这种现象的两个杂质模型，即安德森模型和近藤模型，人为定标法和数值重整化群方法已经研究得比较清楚了[125]，这两种方法都定义了相同形式的定点哈密顿量作为原始哈密顿量，但是引入了重整化参数。对于安德森模型，原始参数是 ε_d、U 及 $\varGamma$，它们分别是杂质能级、两个占据该能级的电子之间的在位库仑排斥势及能级宽度。重整化主要影响的是 $\varGamma$，且所有重整化在温度 $T\to 0$ 时，$T\chi_{\mathrm{imp}}\to 0$ 和 $\chi_{\mathrm{imp}}\to$ 常数。

当只有一个电子占据杂质能级时，安德森模型在强耦合极限下的本征值和本征矢与弱交换极限下近藤模型的本征值和本征矢等价[73]。这一等价性在有效安德森模型与杂质磁矩和导带电子之间实际存在的近藤交换相互作用之间建立起了明确的联系。对于反铁磁交换 $J>0$ 的近藤模型，重整化总是从其不稳定的 $J=0$ 的点趋于局域磁矩消失的稳定的 $J=\infty$ 的点。

这两个模型都有特定的假设，即导带的电子态密度 $\rho(E)$ 是常数。经过多年的研究，基本上认为，当 $\rho(E)=\alpha_r|E|^r$（令 $E_{\mathrm{F}}=0$）及 $r>0$ 时，两个模型有各自的特点[124]。对于近藤模型，存在一个可破坏系统稳定的 J_{c}，即当 $J>J_{\mathrm{c}}$ 时有明显的近藤效应，但 $r>1/2$ 时，J_{c} 将会很大。对于安德森模型，随着 r 的增大，有效相互作用减弱，以致很难越过临界值 J_{c}。一旦稳定的强耦合点变得不稳定，且局域磁矩点趋于稳定，则 $T=0$ 时消失的磁矩又会出现，并且 ε_d 和 Γ 被重整化，自旋和电荷涨落都会被压制。所以，有些定点的稳定性和性质依赖于粒子–空穴对称性是否存在。因此，对于赝能隙材料，磁性杂质的近藤湮灭通常不存在 J_{c}。

显然，对于 $r=1$ 时的近藤问题，以上现象大多与石墨烯相关。事实上，已经有一些工作以石墨烯为契机，研究了赝能隙体系的近藤效应和近藤量子临界现象[126]。这些研究通过外电场调控石墨烯的化学势，以探测外电场对近藤效应的影响[92]。

本节将介绍从安德森杂质模型出发，利用基于 Hirsch-Fye 算法的行列式量子蒙特卡罗算法[127]，研究石墨烯体系中温度和化学势对磁性杂质效应的影响。从石墨烯导带的紧束缚模型出发，计算得到石墨烯的态密度，而不是简单地假设 $\rho(E)=\alpha_1|E|$。这里，当 $\mu\neq 0$ 时，$\rho(E)$ 由 $\rho(E-\mu)$ 代替，使用人为定标和重整化方法破坏了粒子空穴对称性。因此，除了研究态密度偏离线性的情况，将关注导带的态密度，不再关于 E_{F} 对称的情况。

研究发现，在一个相当广的参数范围内，局域磁矩 S_z^2 是一个非零的有限值。当调控 E_{F} 为小于零的值时，重整化杂质能级 ε_d^* 趋近于 E_{F}，电荷从杂质转移到导带，随之减小了杂质上磁矩的值。这一过程相当于通过改变门电压，将磁矩从相对大的值转换到相对小的值。实际上，这一转变是从相对完整的磁矩到部分屏蔽的转变。通过计算杂质的谱密度发现，不仅 ε_d^* 在转变，而且 Γ 点的谱密度也有显著的降低。这一变化与参考文献 [128] 的重整化群方法得到的结果是一致的。通过计算在杂质和导带电子之间的电荷–电荷与自旋–自旋关联函数，发现它们的值较小且是短程的关联。

单杂质的安德森杂质模型包括杂质能级 ε_d、导带电子的库仑排斥势 U 和杂质杂化强度 V，总的哈密顿量是 $H=H_0+H_1+H_2$，这里 H_0 为紧束缚哈密顿量。对于石墨烯

$$H_0=-t\sum_{<ij>,\sigma}(a_{i\sigma}^{\dagger}b_{j\sigma}+b_{j\sigma}^{\dagger}a_{i\sigma})-\mu\sum_{i\sigma}(a_{i\sigma}^{\dagger}a_{i\sigma}+b_{i\sigma}^{\dagger}b_{i\sigma}) \tag{6.12}$$

其中，$a_{i\sigma}^{\dagger}$，$b_{i\sigma}^{\dagger}$，t 和 μ 等前文已多次提到，此处不再赘述。当化学势 $\mu=0$ 时，$E_{\mathrm{F}}=0$，态密度 $\rho(E)=\alpha_1|E|$, $\alpha_1=4\sqrt{3}/(3\pi t^2)$。描述磁性杂质的哈密顿量 H_1 为

$$H_1=\sum_{\sigma}(\varepsilon_d-\mu)d_{\sigma}^{\dagger}d_{\sigma}+Ud_{\uparrow}^{\dagger}d_{\uparrow}d_{\downarrow}^{\dagger}d_{\downarrow} \tag{6.13}$$

这里，$d_{\sigma}^{\dagger}$ 是磁性杂质轨道上自旋为 σ 的电子产生算符。用来描述杂质原子和石墨烯中原子之间杂化的哈密顿量 H_2 为

$$H_2=V\sum_{\sigma}\left(a_{0\sigma}^{\dagger}d_{\sigma}+d_{\sigma}^{\dagger}a_{0\sigma}\right) \tag{6.14}$$

这里假定磁性杂质位于 A 子晶格上的格点 $\boldsymbol{R}_{0a}$ 处。

使用 Hirsch-Fye 量子蒙特卡罗算法[127] 来模拟安德森杂质模型。利用这个算法很容易得到磁性杂质的虚时格林函数 $G_d(\tau)=\sum\limits_{\sigma}G_{d\sigma}(\tau)$。利用这个格林函数，可以通过数值解 $A(\omega)=\sum_{\sigma}A_{\sigma}(\omega)$ 确定与之相关的杂质谱密度

$$G_d(\tau)=\int_{-\infty}^{\infty}\mathrm{d}\omega\frac{\mathrm{e}^{-\tau\omega}A(\omega)}{\mathrm{e}^{-\beta\omega}+1} \tag{6.15}$$

利用扩展的 Hirsch-Fye 算法[127] 还可以计算电荷–电荷之间的关联函数 $C_i=\langle n_d n_i\rangle-\langle n_d\rangle\langle n_i\rangle$，以及自旋–自旋关联函数 $S_i=\langle m_d m_i\rangle$，其中 n_i 和 m_i 分别是石墨烯中原子在 $\boldsymbol{i}$ 点的电荷和磁矩。

图 6.16(a)~(c) 中给出了不同 V 值时多种物理量随化学势 μ 的变化，包括杂质能级占据 $n_d=\langle n_{d\uparrow}+n_{d\downarrow}\rangle$、双占据 $n_{\mathrm{up}}n_{\mathrm{down}}=\langle n_{d\uparrow}n_{d\downarrow}\rangle$，以及局域磁矩的平方 $m_d^2=\langle(n_{d\uparrow}-n_{d\downarrow})^2\rangle$。从图中可以得到，$m_d=\langle n_{d\uparrow}-n_{d\downarrow}\rangle=0$，即 $\langle n_{d\uparrow}\rangle=\langle n_{d\downarrow}\rangle$。随着化学势移动到狄拉克点以下，这三个物理量的值都显著减小。还有 $m_d^2=n_d-2n_{\mathrm{up}}n_{\mathrm{down}}$，对不同的 V 值，μ 的可调区间范围不同，并且 V 值越小，影响越大，且需要的 μ 的值也越大。因为 H 和 H_0 计算得到的 $\langle S_z^2\rangle$ 不同，温度相关的杂质自旋磁化系数 χ 和 χ_{imp} 也不相等：

$$\chi(T)=\int_0^{\beta}\mathrm{d}\tau\langle m_d(\tau)m_d(0)\rangle$$

其中，$\beta=T^{-1}$，$m_d(\tau)=\mathrm{e}^{\tau H}m_d(0)\mathrm{e}^{-\tau H}$。图 6.16(d) 给出了 $T\chi$ 与 μ 的关系。显然，其行为与 m_d^2 有关。图 6.17 是 χ 值的 T^{-1} 随 μ 的变化，其中 $V=1.0t$，$T^{-1}=64t^{-1}$，$U=0.80t$，$\varepsilon_d=-0.40t$。随着 μ 降低了狄拉克点，χ 越过居里–外斯到一个屏蔽的局域磁矩。

图 6.18 给出了谱密度 $A(\omega)$ 在 $1/T=12t^{-1}$ 和 $\varepsilon_d=-U/2$ 下随 ω 的变化，在 6.18(a) 中，取 μ=0 及 V=1.0t，U 是变化的。在 $\mu=0$ 时，对称的带和

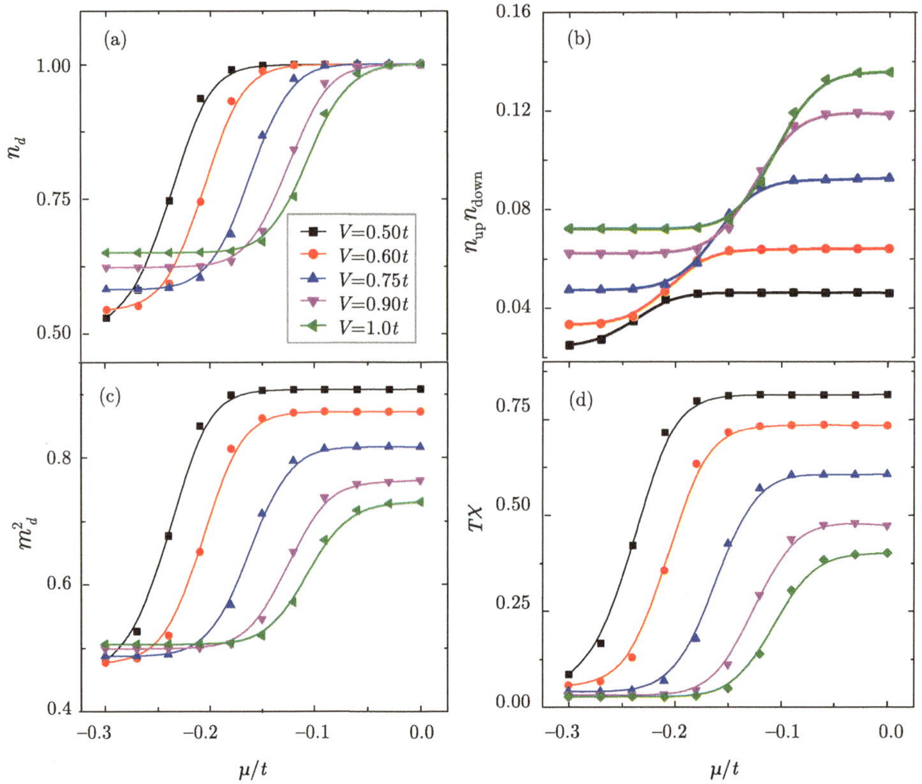

图 6.16　(a) 占据 n_d，(b) 双占据 $n_{\rm up}n_{\rm down}$，(c) 局域磁矩的平方 m_d^2，以及 (d) 磁化率 $T\chi$ 随化学势 μ 的变化。V 是杂化能量，$\varepsilon_d=-U/2=-0.40t$，温度的倒数 $T^{-1}=64t^{-1}$

$\varepsilon_d=-U/2$ 的选择使得安德森模型保持粒子–空穴对称，因而 $A(\omega)=A(-\omega)$ 是有据可循的。此外，可以看到，当 U 增加时，$A(\omega)$ 的两个峰之间的距离也会增加，随着峰距的增大，其峰高以总规律 $\int A(\omega)\,\mathrm{d}\omega=n_d$ 降低。图 6.18 中 $A(\omega)$ 的特性与常规金属的哈特里–福克解的一般特性明显不同[72]，在哈特里–福克解中谱峰的高度和宽度由 V 决定，与 U 无关，且谱峰距 $D\approx U$。而精确的结果是，峰高和峰宽随着 U 而变化，且峰距 D 在给定的 U 值时要比 U 小得多。

图 6.18(b) 给出的是 $A(\omega)$ 随着 V 变化的图像，取 $\mu=0$，$\varepsilon_d=-U/2$。由图可以看出对于常规金属的哈特里–福克解的又一不同点：当 V 增加时，$A(\omega)$ 的峰转向狄拉克点且变得更尖锐更高，这一行为与哈特里–福克线性化态密度计算的结果一致，但是相反的趋势是，哈特里–福克若是用常数态密度计算，则随着 V 的增加，谱峰变得更宽更低。此外，对于对称性模型，谱峰的位置不会改变。

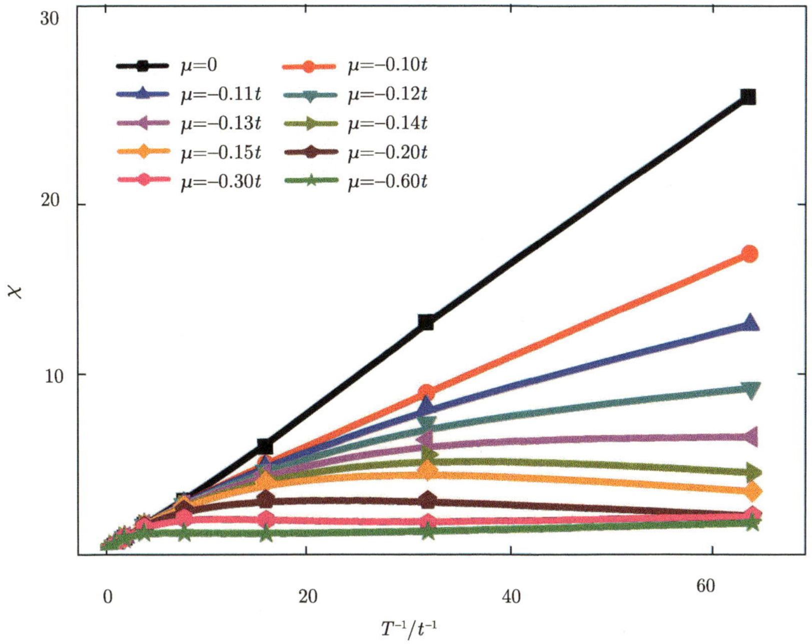

图 6.17　对于不同的化学势的值，自旋磁化率 χ 随温度倒数的变化。这里 $V=1.0t$，$U=0.80t$，以及 $\varepsilon_d=-0.40t$

在图 6.18(c) 中，我们研究了掺杂的石墨烯，即排除粒子–空穴的对称性，取 $\mu=-0.15t$。当 ω 是负数时，$\rho(E)$ 的不对称性增加，其谱峰 $A(\omega)$ 与图 6.18（b）类似；当 $\omega<0$ 时，谱峰更尖锐更高，更接近于 $\omega=0$。

最后，在图 6.18(d) 中，我们详细分析了 D 随 V 的变化，对于给定的 $\varepsilon_d=-U/2$，D 随 V 的增加而减小，V 不变时则 D 随着 $U(=-2\varepsilon_d)$ 的增大而减小。例如，当 $U=0.80t$ 和 $V=0.40U$, D 大概是 U 的 70%，而当 $U=1.6t$ 时，D 只有 U 的 28%；当 ε_d 的值和其重整化值 ε_d^* 有很大区别时，即使 ε_d 似乎超出了实际上可以理解的值域，杂质的能级仍可穿透。

我们可以将图 6.18(c) 中的 $A(\omega)$ 与 μ 和 V 的关系，与图 6.16 所示的 n_d 及 m_d^2 做对比。由图 6.16 可见，在 μ 趋于 $\varepsilon_d=-0.40t$ 之前就出现了转变；在 $\mu=-0.15t$，$V=0.50t$，$0.60t$ 和 $0.75t$ 分别对应未转变、开始转变、完全转变的情况。将图 6.19 与图 6.16 对比发现，在 $V=0.75t$ 时，系统开始转变，如 μ 开始从 $A(\omega)$ 在 $\omega\approx-0.1t$ 时的峰点下降；在 $V=0.6t$，$\mu=-0.15t$ 时，很接近 $A(\omega)$ 左边的频率分布值；在 $V=0.5t$，$\mu=-0.15t$ 时，落在谱峰位置。

在狄拉克点处，线性能量色散和态密度的消失导致了杂质不同寻常的 Friedel

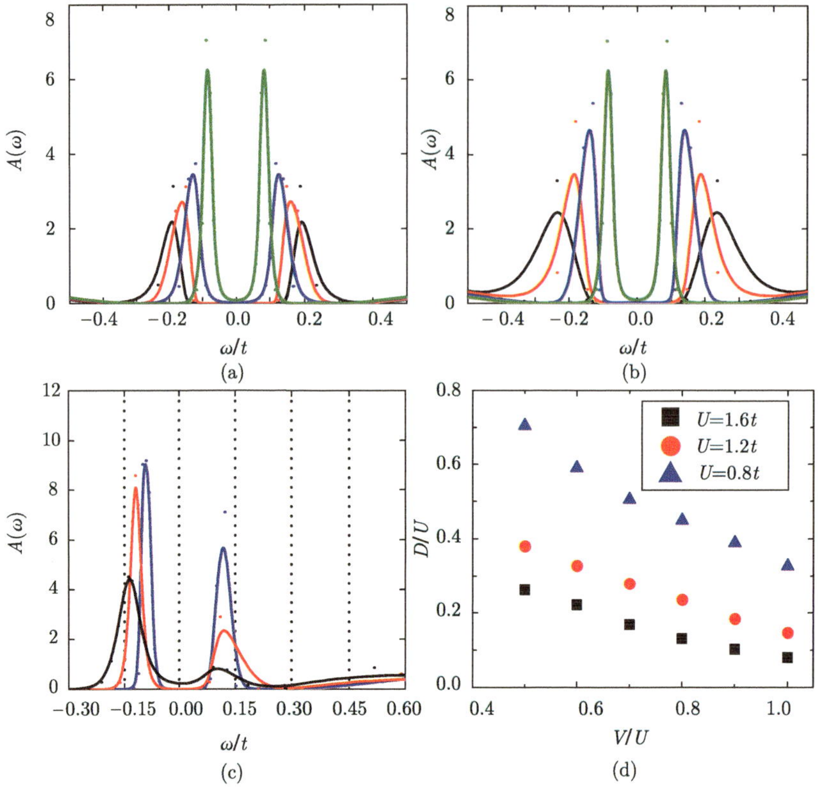

图 6.18　谱密度 $A(\omega)$ 与 ω 的函数关系。(a) 取 $\mu=0$，$V=1.0t$，以及从上到下 $U=0.8t$、$1.2t$、$1.6t$ 和 $2.0t$；(b) 取 $U=0.8t$，$\mu=0$ 以及从上到下 $V=1.0t$、$0.75t$、$0.6t$ 和 $0.5t$；(c) 取 $\mu=-0.15t$，$U=0.8t$ 以及从上到下 $V=0.75t$、$0.6t$ 和 $0.5t$；(d)$A(\omega)$ 两峰之间的距离 D 随 V/U 的变化，取 $\mu=0$，$T^{-1}=12t^{-1}$。以上数据都取 $\varepsilon_d=-U/2$

求和规则[129]、Friedel 振荡[130] 及 RKKY 相互作用[131]。杂质自旋和电荷的关联函数都反映了这些行为，例如，当 $\mu=0$ 和 $U=0$ 时，石墨烯在两个不等价的狄拉克点处有两个费米点而不是一个费米面[131]，在这两个点中存在着完美的嵌套，使得电子自旋和电荷密度没有振荡，嵌套波矢的大小是 $K=4\pi/(3\sqrt{3}a)$，a 是碳–碳间距。例如，预测 RKKY 相互作用，是由 K 波矢决定的短程局域磁矩和导带电子自旋的短程铁磁关联，而不是标准的反铁磁性的振荡模式：也就是说，如果这个杂质是在 A 子晶格上的 i 点，则振荡信号是负的；如果是在 B 晶格上的 i，则振荡信号是正的。

在图 6.19 中，固定 $V=0.75t$，给出了 C_i、S_i 在 $U\neq 0$ 时，μ=0 和 $\mu\neq$0 的结果。图 6.19(a) 的内插图给出了晶格格点的位置，杂质吸附在原子 $i=0$ 上。

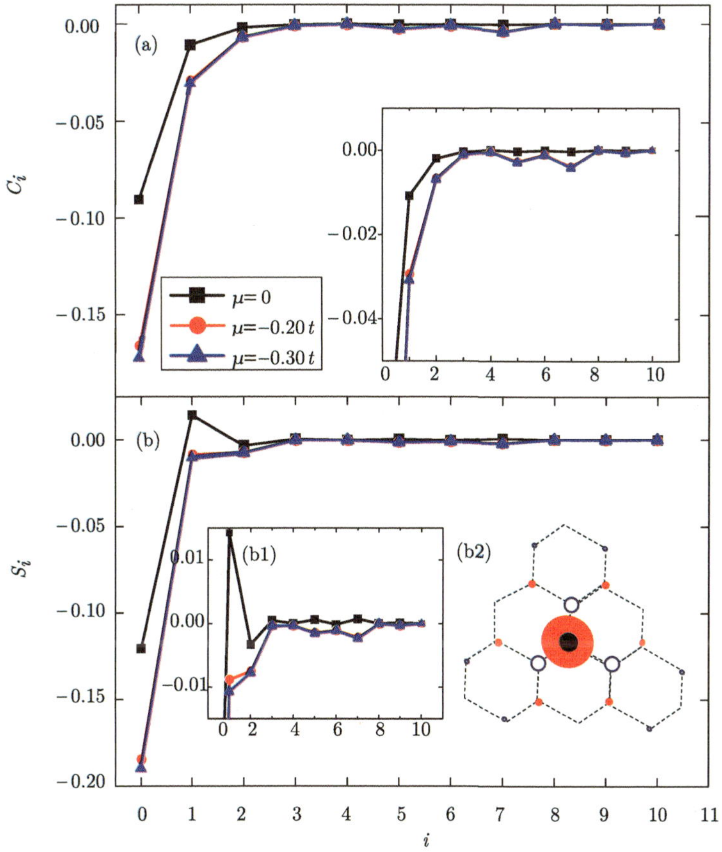

图 6.19 电荷–电荷关联函数 C_i 和自旋–自旋关联函数 S_i 随格点位置的变化曲线。$V=0.75t$，$T^{-1}=64t$，以及 $\varepsilon_d=-U/2=-0.40t$。增加的原子是在 $i=0$ 格点位置，其他格点的编号在 (a) 中也已给出，内插图给出的是 C_i 和 S_i 小尺度时的曲线；展示了曲线 C_i 和 S_i 的部分细节；(b) 中的内插图显示了 $\mu=0$ 时自旋–自旋关联函数图像。黑色的球表示 A 子晶格上的杂质原子，而距离黑色球 i 的红色实心球和蓝色空心球与其的 S_i 分别为负值和正值

当 $\mu=0$ 时，我们看到电荷关联仍很稳定，但如图 6.16 所示，局域磁矩的形成会引起振荡的自旋关联[131]，最近邻自旋关联是铁磁性的而不是标准的反铁磁性关联[125]。当 $\mu\neq0$ 时，自旋和电荷关联函数振荡的尺度是 K，而不是费米波数 k_{F} 的两倍，其中 k_{F} 由 $|\mu|=v_{\mathrm{F}}k_{\mathrm{F}}$ 定义，$v_{\mathrm{F}}=3t/2a$ 是费米速度，可预测由这个费米比例调节[131] 和控制[132] 的比例。图 6.19 给出了短程关联回到标准反铁磁关联的情况。$\mu\neq0$ 时的振荡模式，与粒子–空穴对称相比存在着相迁移。

通常，自旋和电荷关联相互作用的空间长度相对是短程的，它们的幅度也比较小。掺杂最明显的效果是杂质的关联。当 μ 在线性色散关系区域时，振荡的尺

度反映了几何结构的尺度而不是掺杂的效应。

将受 μ 影响的这些关联函数与图 6.16 中的 n_d、m_d^2、及 $n_{\mathrm{up}}n_{\mathrm{down}}$ 进行对比，从图 6.16(a) 和 (c) 中的曲线可以看出，当 $V=0.75t$ 时，$\mu=0$ 附近三个量都有最大值，而 μ 在 $-0.2t$ 和 $-0.3t$ 附近，三个量都减小。总的来说，n_d 和 m_d^2 的减小导致了关联函数的减小，$n_{\mathrm{up}}n_{\mathrm{down}}$ 的减小产生了一个强的费米–空穴效应，因此增强了在位反关联性。在 $\mu=-0.2t$ 和 $\mu=-0.3t$，这些值变化不大，关联函数变化也很小。

本节的计算说明，通过电场改变化学势可能将石墨烯表面杂质原子的磁矩从一个相对较高的值变到一个相对低的值，或者使得一个完整的磁矩部分被屏蔽。石墨烯中杂质的谱密度和关联函数与金属中杂质的行为截然不同。可以用扫描隧道显微镜来测量谱密度和电荷–电荷关联函数，用自旋–极化扫描隧道显微镜来测量自旋–自旋关联函数，以研究石墨烯中的杂质行为[133]。

第 7 章　电子关联体系的金属–绝缘体转变

7.1　掺杂引起的金属–绝缘体转变

金属–绝缘体转变是现代凝聚态物理学中一个重要的问题，一般来说，绝缘相分为三类：第一类是带绝缘相，其特征是价带被完全占据[134]，冷原子实验已经证明不同的在位交错势可以产生带绝缘相[135]；第二类是半个多世纪前提出的无序诱导的安德森绝缘相，这激发了对金属–绝缘体转变的研究[136]，在真实的材料中，无序会削弱相干干涉而引发量子转变；第三类是由电子关联作用引起的莫特绝缘相，关联作用和动能的相互竞争促使金属相转变成绝缘相，此时靠近费米能量的窄带中的电子发生局域化，系统变成了莫特绝缘相[137]。

在过去的几十年里，许多研究已经深入讨论了二维关联系统中无序驱动的金属–绝缘体转变的本质[138]。Finkel'shtein[139] 和 Castellani 等[140] 首先预测了零磁场下金属态的存在，而后金属行为和金属–绝缘体转变的可能性也得到了证实[141]。科学家们使用微扰重整化群的方法揭示了相互作用和无序之间的竞争效应，并成功预言了量子临界点，该点分隔了由电子关联稳定的金属相和无序导致的绝缘相[138]。更详细的内容可以阅读参考文献 [142]。在真实材料中，无序和电子关联作用都是真实存在且不可忽略的，因此为了更好地理解金属–绝缘体转变，现在普遍认定必须同等地考虑电子关联和无序作用[143]。这带来了理论研究上的困难，即当无序和关联效应强度都很强时，微扰方法通常会失效，并且量子蒙特卡罗模拟方法可能会受到“负符号”问题的影响。

在量子蒙特卡罗方法模拟下, 不同的物理体系中已经展现了丰富的金属–绝缘体转变现象[144]。在 1/4 电子填充的正方晶格无序哈伯德模型中，研究表明电子之间的库仑排斥作用可以显著地提高直流电导率，这为包含无序的二维电子关联系统中存在金属–绝缘体转变提供了证据[145]。通过研究塞曼磁场对输运性质和热力学性质的影响发现：在相互作用和无序共存的体系中，磁场会增强局域行为，并会诱导金属–绝缘体转变，理论预言的磁导的定性特征与实验结果一致[144]。除此之外，在费米能处态密度线性消失的六角晶格二维系统中，发现无序诱导的非磁性绝缘相从零温量子临界点出现，分割了半金属和莫特绝缘相[146]。文献 [147] 就绝缘相的真实性展开了讨论，发现闭壳效应会产生赝绝缘行为。

然而，由于量子蒙特卡罗模拟中的“负符号”问题的限制，大多数研究都集中在半满情况[148] 或者一些特定的电子填充密度[149]。实验中，对硅金属氧化物半导体效应晶体管这种有效二维电子系统的输运性质进行了测量，发现当系统的电子填充密度超过临界密度时，温度依赖的电导率 σ_{dc} 行为会发生改变，从低电子填充密度的绝缘体行为转化成导体行为[150]。另外，在二维绝缘体中也观察到了掺杂使金属相转化为自旋液体相的现象[151]。这些均说明了电子填充或者掺杂是一个驱使金属–绝缘体转变发生的很重要的物理参数。但确定掺杂依赖的金属–绝缘体转变是很大程度上未被充分研究的问题。近年来，超冷原子量子模拟研究取得了很大进展，其中超冷晶格费米子的二元自旋混合物可以连续调谐掺杂和相互作用参数，这为研究掺杂问题提供了平台[152]。

本节中我们评估了电子填充密度依赖的负符号问题，通过选择几个不同的电子填充密度，研究正方晶格上无序哈伯德模型中掺杂依赖的金属–绝缘体转变，并且还检验了该模型是否存在统一电导率的问题。在模拟中，我们选择非对角无序来减弱负符号问题，确保可以将模拟推广到更低的温度。在半满情况下仅考虑非对角无序，不受负符号问题的影响，相反，对角无序却使负符号问题严重。我们的结果表明，负符号问题行为随着一些参数的增大会恶化，如库仑相互作用强度，然而，键无序强度的增加会弱化负符号问题[153]。对于偏离半满的情况，我们选择了一些特殊的电子填充密度进行计算，这些电子填充密度所对应的负符号问题基本可控。我们给出了系统金属–绝缘体转变的临界无序强度，这里的临界无序强度是由哈伯德模型中排斥作用和电子填充密度共同确定的。

本节中采用的无序哈伯德模型的哈密顿量可表示为

$$\hat{H} = -\sum_{ij\sigma} t_{ij}\hat{c}_{i\sigma}^{\dagger}\hat{c}_{j\sigma} + U\sum_{i}\hat{n}_{i\uparrow}\hat{n}_{i\downarrow} - \mu\sum_{i\sigma}\hat{n}_{i\sigma} \tag{7.1}$$

其中，t, U 分别代表最近邻电子之间的跃迁幅度和在位库仑排斥作用，而化学势 μ 的大小可以控制系统的电子填充密度；$\hat{c}_{i\sigma}^{\dagger}(\hat{c}_{i\sigma})$ 是格点 $\boldsymbol{i}$ 处自旋为 σ 的电子产生或者湮灭算符，即在格点 $\boldsymbol{i}$ 处产生 (湮灭) 一个自旋为向上 (向下) 的电子，而 $\hat{n}_{i\sigma}=\hat{c}_{i\sigma}^{\dagger}\hat{c}_{i\sigma}$ 定义为粒子数算符。我们通过随机改变跃迁参数 t_{ij} 来引入无序，其随机分布满足 $P(t_{ij}) = 1/\Delta$，最近邻跃迁系数则为 $t_{ij} \in [t-\Delta/2, t+\Delta/2]$。这里 Δ 表征无序强度[145]。我们设置 $t=1$ 为默认能量标度，以及无序归一化次数为 20，该次数足以确保获得可靠的结果。

我们使用行列式量子蒙特卡罗方法[41] 来研究方程 (7.1) 定义的模型中的金属–绝缘体转变。行列式量子蒙特卡罗是一种非微扰方法，为研究有限温下的哈伯德模型提供了一种精确的数值模拟。首先，巨配分函数 $Z = \mathrm{Tr}\,\mathrm{e}^{-\beta H}$ 可以视为

$\Delta\tau$ 函数的路径积分，其中 $\Delta\tau = \beta/M$。此刻动能项原本就是二次项，而应用离散 Hubbard-Stratonovich 场将四次项即在位相互作用项解耦成二次项；然后对这两种二次项解析积分，将路径积分 Z 转换为自旋向上和自旋向下费米子行列式的乘积。随后采用 Metropolis 算法随机更新样本。为了使 Trotter 近似引起的误差较小，我们设置 $\Delta\tau = 0.1$。

研究系统的金属–绝缘体转变，可通过计算动量 $\boldsymbol{q}$-和虚时 τ-依赖的流–流关联函数 $\Lambda_{xx}(\boldsymbol{q},\tau)$ 获得温度依赖的直流电导率[154]，计算公式为

$$\sigma_{\mathrm{dc}}(T) = \frac{\beta^2}{\pi}\Lambda_{xx} \quad \left(\boldsymbol{q} = 0, \tau = \frac{\beta}{2}\right) \tag{7.2}$$

这里，流–流关联函数的表达式为 $\Lambda_{xx}(\boldsymbol{q},\tau)=\langle \hat{j}_x(\boldsymbol{q},\tau)\hat{j}_x(-\boldsymbol{q},0)\rangle$，$\hat{j}_x(\boldsymbol{q},\tau)$ 是通过虚时依赖的流算符 $\hat{j}_x(\boldsymbol{r},\tau)$ 在 x 方向进行傅里叶变换得到的：

$$\hat{j}_x(\boldsymbol{r},\tau) = \mathrm{e}^{H\tau/h}\hat{j}_x(\boldsymbol{r})\mathrm{e}^{-H\tau/h} \tag{7.3}$$

其中，$\hat{j}_x(\boldsymbol{r})$ 是流密度算符，由式 (7.4) 定义

$$\hat{j}_x(\boldsymbol{r}) = i\sum_{\sigma} t_{i+\hat{x},i} \times (c^{+}_{i+\hat{x},\sigma}c_{i\sigma} - c^{+}_{i\sigma}c_{i+\hat{x},\sigma}) \tag{7.4}$$

式 (7.2) 的有效性已经被多次反复检验，在众多哈伯德模型的工作中用于研究金属–绝缘体转变[145,146,154]。

当系统处于半满时，由于粒子–空穴对称性，在 $c^{\dagger}_{\mathbf{i}} \to (-1)^{\mathbf{i}}c_{\mathbf{i}}$ 变换下，哈密顿量不会发生改变，该情况下模拟不会受负符号问题困扰[155]。但当电子填充密度远离半满时，系统可能出现负符号问题，因此，在正方晶格的掺杂哈伯德模型中，臭名昭著的负符号问题会阻碍在较低温度、较高相互作用或者较大晶格尺寸下得到精确结果。为了确保模拟中数据的可靠性，我们首先在图 7.1 中给出了在 (a) 不同温度、(b) 不同相互作用强度、(c) 不同无序强度和 (d) 不同晶格尺寸下平均符号与电子填充密度的函数关系，这四张图片均基于 30000 次蒙特卡罗迭代得到，并且已有研究表明平均符号随着温度的减小和尺寸的增加呈现指数收敛[153]。

我们通过计算上下自旋行列式乘积积分与乘积绝对值积分的比值确定平均符号[156]

$$\langle \mathrm{sign} \rangle \;= \frac{\sum_{\mathcal{X}} \ \det M_{\uparrow}(\mathcal{X})\det M_{\downarrow}(\mathcal{X})}{\sum_{\mathcal{X}} \ |\det M_{\uparrow}(\mathcal{X})\det M_{\downarrow}(\mathcal{X})|} \tag{7.5}$$

其中，$\mathcal{X}$ 是由空间格点和虚时片段组成的 HS 配置；$M_{\sigma}(\mathcal{X})$ 是每个自旋种类 (自旋向上、自旋向下) 的矩阵。如图 7.1(a) 所示，我们评估了各种温度下负符号问

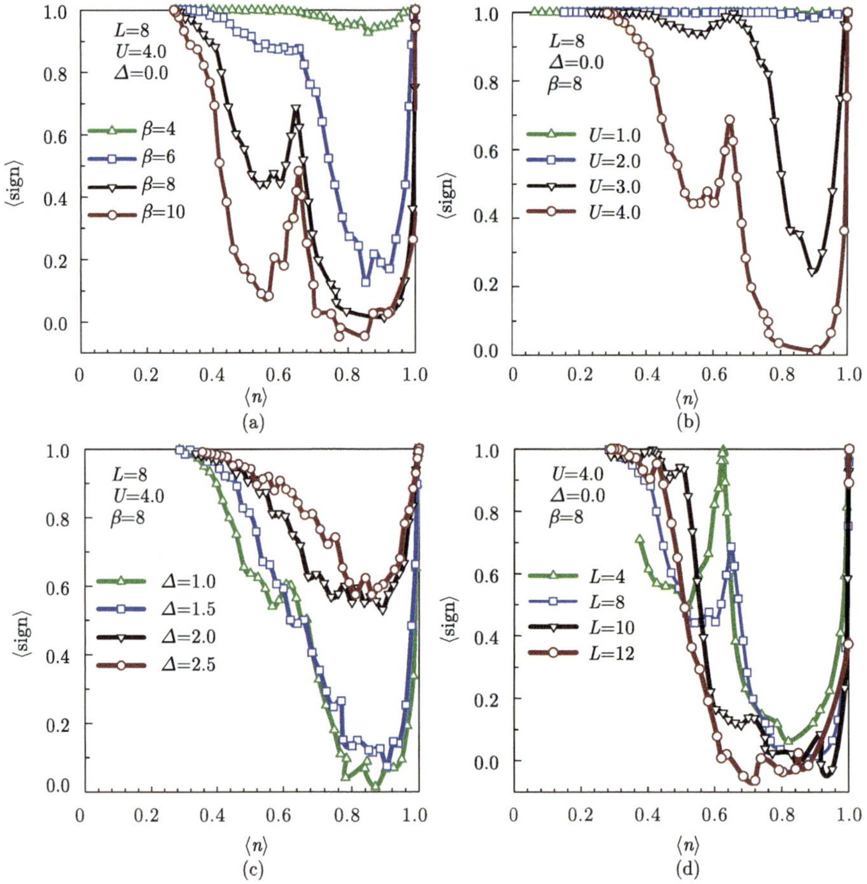

图 7.1　在 (a) 不同温度、(b) 不同相互作用强度、(c) 不同无序强度，以及 (d) 不同晶格尺寸下平均符号 ⟨sign⟩ 与电子填充密度 ⟨n⟩ 的函数关系

题随电子填充密度变化的情况。在温度较低时 ($\beta = 10$)，当系统从 $\langle n \rangle = 1.0$ 过渡到 $\langle n \rangle = 0.9$ 时，平均符号迅速下降，当 $0.68 < \langle n \rangle < 0.98$ 时，由于数据中的信噪比消失，此范围的平均符号值很小，甚至低于 0.2，使得行列式量子蒙特卡罗模拟几乎不可能实现。随着 $\langle n \rangle$ 继续减小，负符号问题减弱，然而在 $\langle n \rangle$ 从 0.64 降低到 0.56 期间内，负符号问题再次严重，之后随着电子填充密度降低再一次减弱。可以看出，负符号问题只有在某些特定电子填充密度下是可以接受的，这与闭壳效应也是相关的。另外，比较各种温度，我们也发现温度的降低的确会让负符号问题变得更加糟糕。图 7.1(b) 展现了库仑相互作用对负符号问题的影响，表明负符号问题随着相互作用强度增加变得严重，即相互作用在负符号问题中起着负作用。键无序对符号问题的作用如图 7.1(c) 所示，通过提高键无序强度，负

符号问题得到了改善，这与库仑相互作用的效应恰恰相反。虽然键无序打破了粒子–空穴对称性[157]，但是减弱了负符号问题。最后，图 7.1(d) 表明晶格尺寸大小会影响负符号问题，某些电子填充密度下 $L = 10$，12 的平均符号远低于 $L = 8$ 的平均符号。

7.1.1 金属–绝缘体转变

基于以上平均符号的结果，我们选择在 $L = 8$ 和 $U = 4.0$ 的情况下进行模拟计算，该情况下的负符号问题较温和，比较容易得到准确的结果，并且在低温下我们也可以通过增加蒙特卡罗模拟次数的方式使结果更加精确。一般地，在没有无序和阻挫的情况下，正方晶格的色散关系为 $\varepsilon_{\boldsymbol{k}} = -2(\cos \boldsymbol{k}_x + \cos \boldsymbol{k}_y)$，由于其特殊的色散形式以及半满情况，形成了一个非常独特的菱形费米表面，在动量空间 $Q = (\pi, \pi)$ 展示了完美的嵌套，将每一个费米面上的点连接到另一个相应的费米曲面上，因而其基态对于相互作用很敏感，对于任何有限相互作用强度 $U > 0$，系统均为反铁磁绝缘相[158]。先前有研究表明，在 $U = 4.0$ 半满无序情况中，低温下的绝缘行为会持续到更大的键无序强度[145]。对比之前的研究，两个基本的问题产生：在具有排斥相互作用的正方晶格上，除了半满之外，其他电子填充密度下的输运性质是否受无序影响？电子填充密度对临界无序强度又有什么影响？为了回答这些疑问，我们计算了与温度相关的直流电导率 $\sigma_{\mathrm{dc}}(T)$ 来判别绝缘相和金属相，这两个电子填充密度的负符号问题较弱，对结果几乎没有影响。图 7.2 显示了两种电子填充密度 $\langle n\rangle = 0.3$、0.4 下不同无序强度的 σ_{dc} 行为。在低温情况下，随着无序强度增加，σ_{dc} 的行为体系从金属转变为到绝缘体。例如，当 $L = 8$，$\langle n\rangle = 0.3$，$\Delta = 0.0$ 时，σ_{dc} 随着温度减小而增加 $(\mathrm{d}\sigma_{\mathrm{dc}}/\mathrm{d}T < 0)$，表示此时系统处于金属相；相反，当 $\Delta = 4.0$ 时，σ_{dc} 随着温度降低而下降 $(\mathrm{d}\sigma_{\mathrm{dc}}/\mathrm{d}T > 0)$，并且 σ_{dc} 逐渐接近 0，表示此时系统处于绝缘相。因此，从图 7.2 可以得出键无序会降低直流电导率，系统在 $\Delta_{\mathrm{c}} = 1.5 \sim 2.0$ 时发生了金属–绝缘体转变。同样地，电子填充密度改变为 $\langle n\rangle = 0.4$，临界无序强度变为 $\Delta_{\mathrm{c}} = 2.5$。很显然，不同于半满情况，在其他电子填充密度处无序可以驱动金属–绝缘体转变的发生。图 7.2(c) 和 (d) 展示了另一个晶格尺寸 $L = 12$ 的结果。虽然在 $L = 12$ 时直流电导率的值没有达到饱和，但是临界强度的值和 $L = 8$ 情况大致相同。图 7.3(a) 中进一步的数据也表明，直流电导率最后会收敛于 $L = 20$，而对这样大晶格的模拟需要大量的计算时间。

我们分别在金属相和绝缘相下研究了不同尺寸对电导率值及其行为的影响，来证明金属–绝缘转变是由键无序引起的，而非源于系统尺寸小于局域长度。图 7.3 显示，当晶格尺寸增加时，虽然收敛速度受到参数的影响，比如绝缘相中的

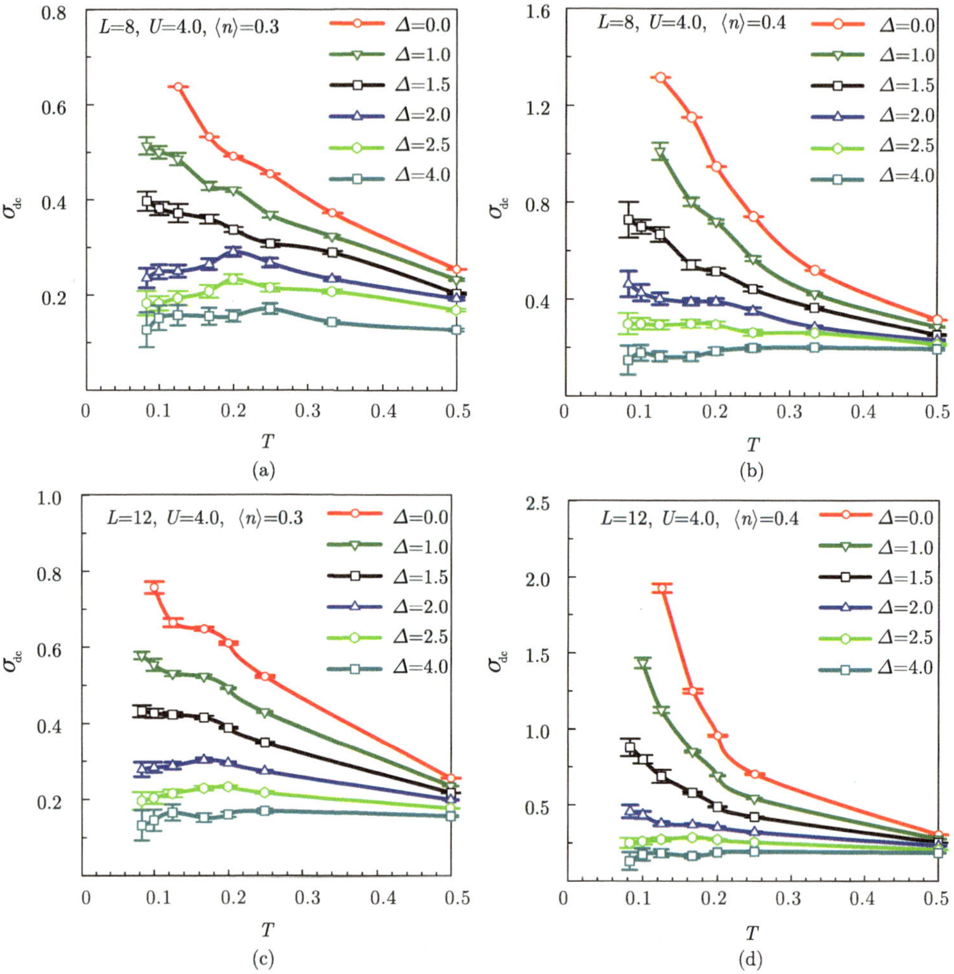

图 7.2　对于 $U=4.0$ 不同键无序强度情况下电导率与温度的函数关系。(a) 和 (b) 是在 $L=8$ 晶格尺寸中模拟的，(c) 和 (d) 是在 $L=12$ 晶格尺寸中模拟的。所有图中的误差条来自无序抽样的统计涨落

收敛比金属相中的收敛更快，或 $\langle n\rangle=0.4$ 系统的 σ_{dc} 相比于 $\langle n\rangle=0.3$ 系统的收敛更快，但是直流电导率在各种条件下都会收敛到一个有限值。

在图 7.2 的基础上，我们进一步给出了直流电导率与无序强度的函数关系，如图 7.4 所示，较准确地确定了临界无序强度和相应的直流电导率值。先前我们已经说明了金属相和绝缘相的电导率和温度的关系是相反的，因此，可以认为四条不同温度曲线的交点是金属–绝缘体转变的临界点。该交点的纵坐标描述了临界直流电导率的值，即在 $\langle n\rangle=0.3$ 时，$\sigma_{\mathrm{dc,crit}}=0.30$，以及在 $\langle n\rangle=0.4$

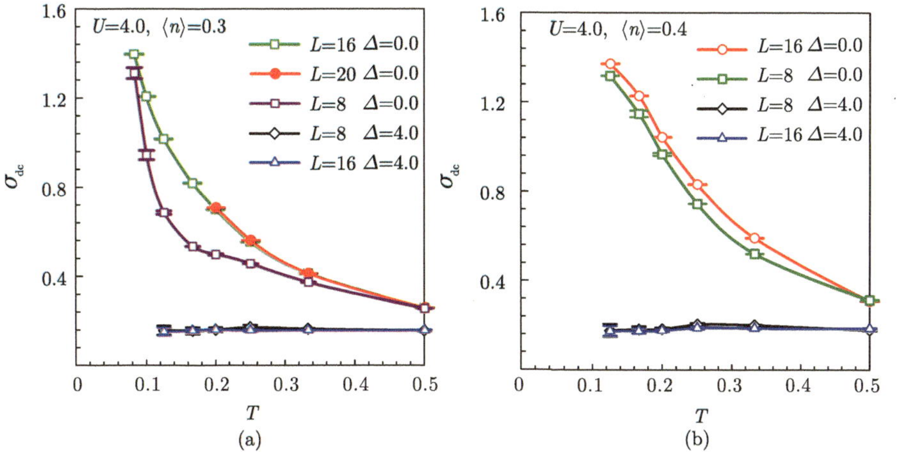

图 7.3 在 $U=4.0$，(a)$\langle n\rangle=0.3$ 和 (b)$\langle n\rangle=0.4$ 时，两种无序强度下不同晶格尺寸 $L=8$、16、20 系统中电导率与温度的函数关系，其中 $\Delta=0.0$ 系统处于金属相，$\Delta=4.0$ 系统处于绝缘相。在 (a) 中，尽管行列式量子蒙特卡罗模拟在较低温度处受到限制，但也可以看出 $L=16$ 和 $L=20$ 的电导率曲线几乎重合，表明直流电导率会在 $L\geqslant 20$ 时收敛

时，$\sigma_{\mathrm{dc,crit}}=0.30$。在这里，所有的临界直流电导率值都是在 0.01 的精度范围内确定的。通过比较这两个参数集的结果，系统表现出具有临界直流电导率通用值的可能性。为了更有力地支持这一观点，我们在不同相互作用强度下 ($U=2.0$、3.0) 绘制了相同类型的图 7.4(c) 和 (d)：虽然金属和绝缘状态下的直流电导率值以及临界无序强度不同，但是临界直流电导率依然是 $\sigma_{\mathrm{dc,crit}}=0.30$。另外，我们在表 7.1 列出了不同参数集的结果，分别包含了相互作用强度 U、电子密度 $\langle n\rangle$、临界无序强度 Δ_{c} 以及临界电导率值 $\sigma_{\mathrm{dc,crit}}$ 四个量。由于这四个物理量的单位不一样，直接比较他们是没有意义的，所以我们计算了它们在八个集合中的相对分布，其相对值的参考点是各自的平均值：对 U 的参考点为 $\bar{U}=\dfrac{1}{8}(4+4+3+4+2+3+2+1)\approx 2.88$，类似地 $\langle\bar{n}\rangle=0.45$，$\bar{\Delta}_{\mathrm{c}}\approx 2.34$，$\bar{\sigma}_{\mathrm{dc,crit}}\approx 0.30$。我们需要强调的是，这些平均值本质上没有物理意义，只是被视为计算相对差值的参考点。表 7.2 列出了各量的相对差，并把结果更加直观地展现在图 7.5中。尽管微观物理参数 U、$\langle n\rangle$ 和 Δ_{c} 变化很大，但临界电导率值基本上与这些参数无关，足够小的标准差 (0.02) 也说明了直流电导率值在平均值附近变化。以上这些结果充分说明了与 U、$\langle n\rangle$ 和 Δ_{c} 无关的通用电导率的存在，其值为 $\sigma_{\mathrm{dc,crit}}=0.30\pm 0.01$，0.01 这个误差只是通过计算列出的八个数据集的算术平均值 $\sqrt{\dfrac{1}{8(8-1)}\sum_{i=1-8}(x_i-\bar{x})^2}=0.01$ 得到的。通用电导率这一特性其实早已在量子 σ 模型[159,160] 中实现，并在石墨烯[161] 和整数量子霍尔效应[162] 中讨

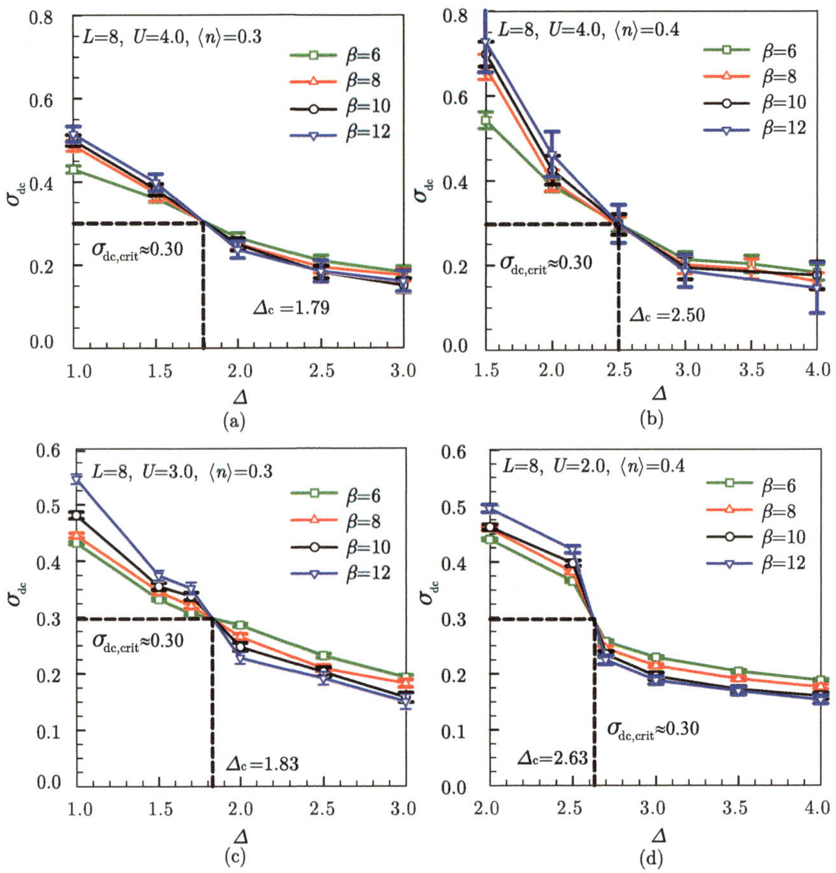

图 7.4　系统在四种不同温度 $\beta=6$、8、10、12 下直流电导率与无序强度的函数关系。曲线的交点决定了临界无序强度，并且发现临界无序处的电导率值是通用的，约为 0.30

论，充分说明了该特性的重要性和普遍性。通用电导率的存在也进一步确定了有限温度下转变临界点的存在。

为了更详细地描述掺杂对输运性质的影响，我们研究了固定无序强度下不同电子填充密度的 σ_{dc} 变化。如图 7.6(b) 所示，增加电子填充密度会提高直流电导率：在 $\Delta=2.0$ 条件下，当 $\langle n\rangle=0.3$ 时，系统表现为绝缘相；相反，当 $\langle n\rangle=0.5$ 时，系统表现为金属相。因此，我们认为掺杂能够驱动金属–绝缘体转变。将 Δ_{c} 的结果绘制在图 7.6(c) 和 (d) 中，分别展示了临界无序强度与相互作用强度和电子填充密度的关系。当 $\langle n\rangle$ 固定不变而 U 增加时，临界无序强度的值先增加后减小，这与离子哈伯德模型研究结果极为相似[157]。当 $U<3.0$ 时，库仑排斥相互作用会增强金属性，而更大的 U 会使电子局域化，电导率也随之降低。另外，在我们的模拟计算中，电子填充密度对直流电导率的影响也是非单调的。当电子

表 7.1 研究正方晶格上所采用的 8 个参数集时对应的金属–绝缘体转变的临界无序强度以及对应的直流电导率值，其中 8 个参数包括了四种相互作用强度和电子填充密度大小，所有的模拟都是在 8×8 正方晶格上进行的

U	$\langle n \rangle$	Δ_c	$\sigma_{dc,crit}$
4	0.3	1.79	0.30
4	0.4	2.50	0.30
3	0.3	1.83	0.30
4	0.5	2.77	0.30
2	0.4	1.83	0.30
3	0.6	2.70	0.26
2	0.5	2.91	0.29
1	0.6	2.42	0.32

表 7.2 四个物理量 U，$\langle n \rangle$，Δ_c，$\sigma_{dc,crit}$ 的相对差

δU	$\delta\langle n \rangle$	$\delta\Delta_c$	$\delta\sigma_{dc,crit}$
0.39	−0.33	−0.24	0
0.39	−0.11	0.07	0
0.04	−0.33	−0.22	0
0.39	0.11	0.18	0
−0.31	−0.11	−0.22	0
0.04	0.33	0.15	−0.15
−0.31	0.11	0.24	−0.03
−0.65	0.33	0.03	0.06

填充密度从 0.3 增加到 0.5 时，Δ_c 先增加，而随着电子填充密度继续增加到 0.6，Δ_c 开始减小。虽然负符号问题限制了我们计算更大的电子填充密度，但目前的结果对无序哈伯德模型中掺杂依赖的金属–绝缘体转变这一结论给予了强有力的支持。

7.1.2 自旋动力学性质

研究电子的自旋动力学有助于对电子局域化的理解。我们通过计算 $\chi = \beta S(\boldsymbol{q}=0)$，研究了自旋磁化率与温度的关系，其中 $S(\boldsymbol{q}=0)$ 定义为铁磁结构因子[163]。图 7.7(a) 显示了自旋磁化率随着温度降低而减小或随着 U 增加而增加 ($U=0$，$U=4$)，意味着相互作用可以增加铁磁磁化率。当温度趋近于 0 时，自

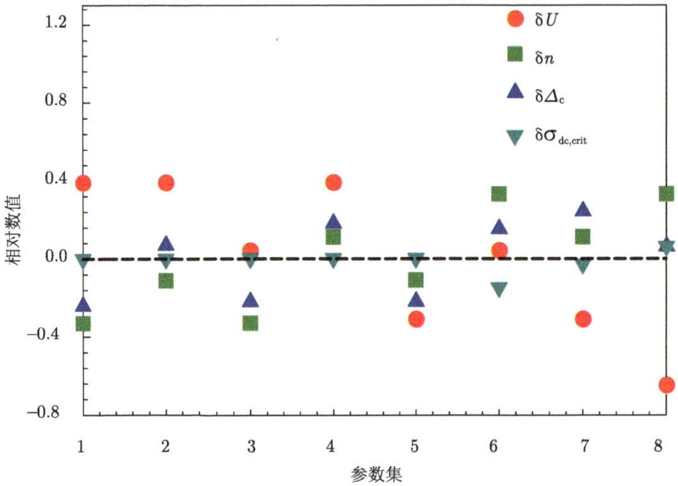

图 7.5　表 7.2 的图形展示，表现了相互作用强度 U，电子填充密度 $\langle n\rangle$，临界无序强度 Δ_c 以及临界电导率值 $\sigma_{\mathrm{dc,crit}}$ 四个参数相对于各自参考点的相对差分布

旋磁化率会发散，表明金属相 ($\Delta = 2.0$) 和绝缘相 ($\Delta = 4.0$) 中都可能存在局域磁序。在我们所讨论的模型中，铁磁磁化率随着无序的增加而降低，这与斯通纳效应一致。依据该效应，可以通过费米能处的态密度判断铁磁的性质：无序会使费米能处的态密度降低，从而压制铁磁行为。当我们比较 $L = 8$ 和 $L = 16$ 的结果时，可以看到自旋磁化率几乎不受尺寸效应的影响，说明了我们结果是可靠的。同时，从图 7.7(b) 中发现，在我们所讨论的电子填充密度范围，随着电子填充密度的增大，铁磁磁化率持续增大。

本节我们使用行列式量子蒙特卡罗方法研究了偏离半满时正方晶格的无序哈伯德模型。我们发现系统在半满以外的电子填充密度会有负符号问题，并且负符号问题会随着电子填充密度变化呈现非单调性行为，而键无序的添加会减弱负符号问题。与半满情况不同，其他电子填充密度时系统在有限 U 下为金属相，当增加无序到临界强度时会发生金属–绝缘体转变。尽管临界无序强度会受电子填充密度和相互作用的影响发生非单调变化，但临界直流电导率与这些参数集无关，这种现象也出现于在位无序情况中[164]。自旋磁化率的行为表明，在一定的电子填充密度范围内，绝缘相会伴随着局部磁矩的形成，并且随着无序强度的增加，自旋磁化率降低，符合斯通纳准则。

在固定无序下，我们证明了电子填充密度 $\langle n\rangle$ 可以用作金属–绝缘体转变的调谐参数，这可以解释为：在固定电子填充密度下改变无序强度，可视为通过费米能量调整迁移率边界，而在固定无序强度下改变电子填充密度则代表费米能量的移动。

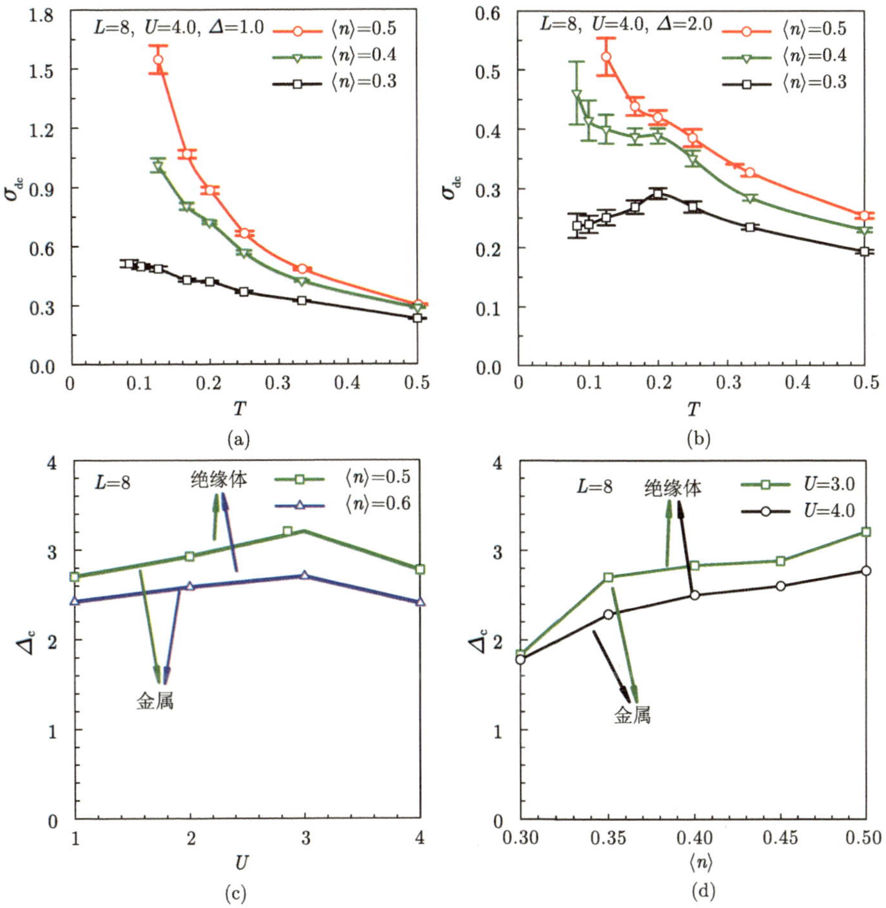

图 7.6 (a)、(b) 在 $U = 4.0$ 时不同电子填充密度下电导率与温度的函数关系；(c)、(d) 临界无序强度在不同电子填充密度时和相互作用强度 U 的函数关系，以及在不同相互作用强度 U 时和电子填充密度 $\langle n\rangle$ 的函数关系

7.1.3 归一化次数

一般情况下，无序的归一化次数需要通过具体的条件确定，并且这是一个复杂的问题，因为要考虑足够大的晶格自平均、无序强度和所研究体系在相图中的位置。在图 7.8 中，我们展示了在无序情况下，平均直流电导率随归一化次数的变化。对于给定的电子填充密度 $\langle n\rangle$，当归一化次数大于 10 时，平均电导率不会随着归一化次数的增加而变化，这证明了我们使用 20 次归一化次数是合理且有效的。

另外，还使用方差来证明我们选择的归一化次数是合适的。在图 7.8(b) 的插图中，我们计算了不同组数据的直流电导率平均值，这些数据的归一化次数分

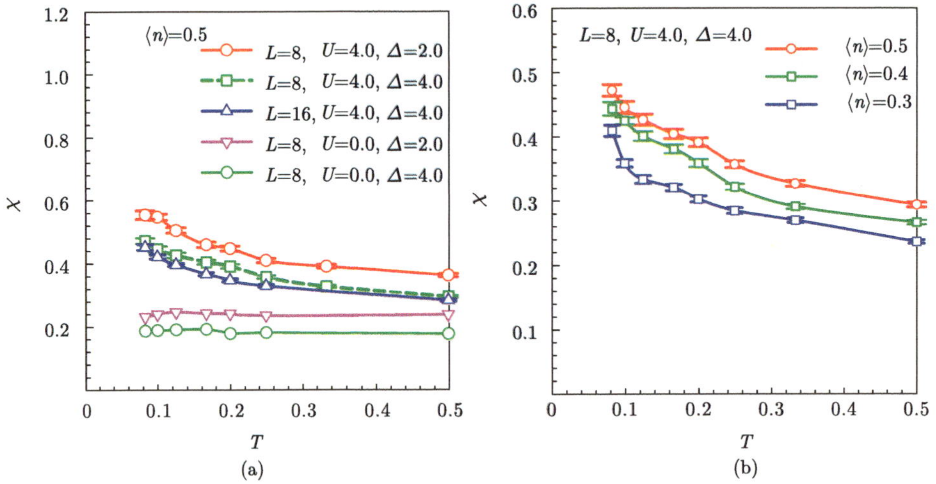

图 7.7　(a) $\langle n\rangle = 0.5$ 时系统自旋磁化率在各种相互作用强度、无序强度以及晶格尺寸的情况下与温度的函数关系；(b) 在固定相互作用强度、无序强度、$L = 8$ 的晶格尺寸下，不同电子填充密度的自旋磁化率与温度的函数关系

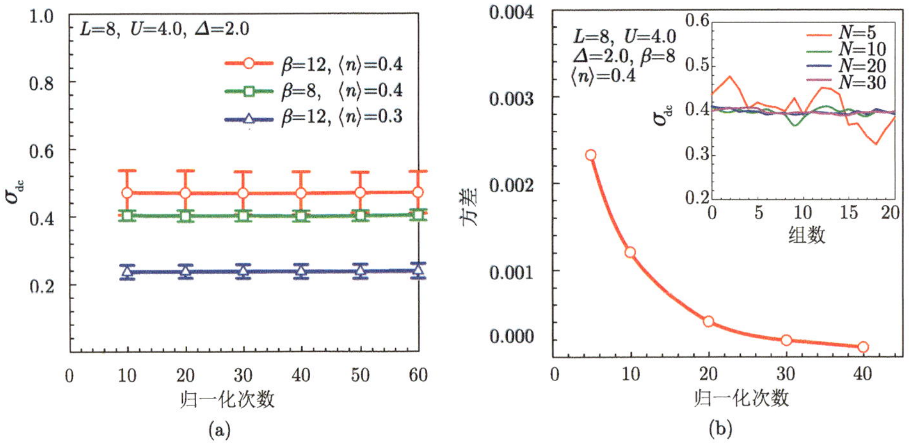

图 7.8　(a) 在 $L = 8$，$U = 4.0$，$\Delta = 2.0$ 时不同条件下平均直流电导率与归一化次数的函数关系，误差棒来自行列式量子蒙特卡罗模拟；(b) 是插图中不同组数据对应的方差。插图：平均直流电导率与组数的函数关系。N 表示一个组内归一化次数的数目

别是 $N = 5$、10、20 和 30，每种组数均执行了 20 遍。可以看出，$N = 5$ 时平均值的变化较大，曲线波动较为剧烈，说明 $N = 5$ 不能很好地消除随机误差。当 $N = 10$ 时，波动明显受到抑制，而当 $N = 20$ 时，曲线趋于稳定。这种现象也以每组曲线的方差形式显示在图 7.8(b) 中。方差曲线显示出良好的收敛性。随着每组归一化次数增加到 20，方差已经减小到 0 附近。也就是说，20 次归一化次数已经足够大，可以得到准确的无序结果。

7.2 相互作用狄拉克费米子的局域化

在低维无相互作用的无序体系中，由于背景的散射，单粒子的本征态会急剧地形成局域化分布[165]。过去的几十年中，对无序安德森绝缘体中电子的关联效应开展了大量的研究[166,167]。特别是，多体电子局域化的概念一经提出就受到了很多的关注，并且将金属–绝缘体转变的理论图像扩展到了许多基础的非平衡理论研究领域，比如说探究本征态的热化机制[167]。

人们在六角晶格上的自由费米子体系中发现了拓扑绝缘相[168]，这一发现在朗道提出的对称破缺理论基础上进一步丰富了对物理本质的理解。前沿的理论研究集中于将这一发现拓展到电子关联体系[169]。在凝聚态物理学研究领域之外，受到该理论的启发，也有了许多重要的研究成果。例如，拓扑超导体，已被证明具有时空超对称的特性[169]。

然而，在真实材料中，无序效应和相互作用都是存在的，人们很自然地就能想到，应将这两种作用机制放在一起进行研究。本节将探究无序狄拉克费米子体系中关联作用的影响。在考虑吸引相互作用力时，发现无序效应可以通过产生非零态密度来诱导超导相的出现[170]。本节将着重讨论在具有狄拉克电子结构的体系中排斥相互作用和无序效应共同驱动的物理现象。具体来说，就是在考虑无序效应的局域化作用时，探究该系统从半金属到反铁磁相的量子转变临界点的变化机制。

唯象地来看，狄拉克电子体系中的金属–绝缘体转变和反铁磁绝缘体转变，很容易让人联想到无序玻色子哈伯德哈密顿量中的物理学问题[171]：在该系统中是否存在从超流体到绝缘体直接的转变过程？还是说总是需要“玻色玻璃态”作为中间相？在这些问题得到答案之前[172]，学术界进行了非常积极的争论[173]。即便如此，这些结论的一些细节之处仍有待探索[174]。本节中的工作就是着手解决费米子体系中类似问题的第一步。研究的出发点是六角晶格上的安德森–哈伯德模型，这是一种在二维狄拉克费米子系统中可以同时描述无序和相互作用的最简化的模型。另外，使用精确的行列式量子蒙特卡罗方法对其进行数值求解，同时对无序效应和关联函数进行分析处理。本章分析了电子的输运和磁性特征，并总结得到了一个新颖的相图 7.9。对该相图进行分析，发现在没有无序的情况下，金属–绝缘体转变和反铁磁长程序的相变点几乎在一个共同的临界值处重合[175]；但在体系中引入无序时，减弱了绝缘行为的关联强度阈值，同时增强了反铁磁序的关联强度阈值，在之前的量子临界点会出现一个非磁性的绝缘体相区。在这个新颖的非磁性相中，还包含了两种不同类型的绝缘体。

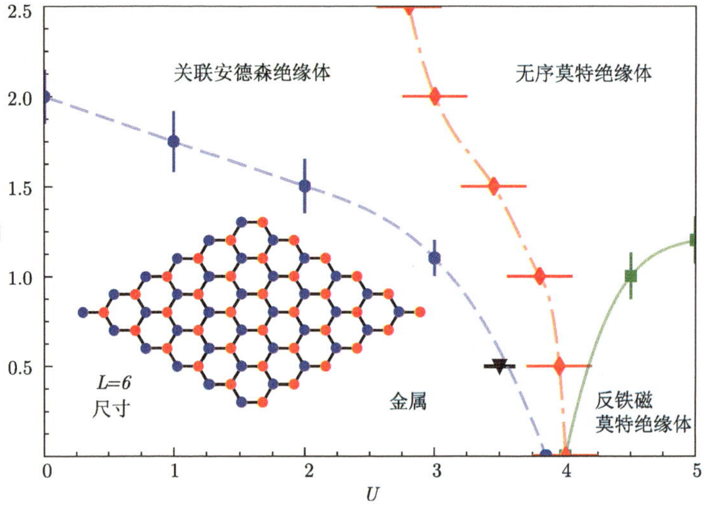

图 7.9　半满六角晶格上无序哈伯顿模型的相图。Δ 表示无序强度，U 代表局域库仑排斥相互作用。图中给出的曲线是相图的边界。金属相区由含时电导率 $\sigma_{\rm dc}$ 表征，有限尺寸的反铁磁长程序由反铁磁结构因子表征。图中黑色的倒三角点，是由补充材料中的 Drude 权重数据分析得到的。虽然这些转变在干净极限下 $\Delta=0$ 时会同时发生，但 Δ 不为零时，出现了无磁序的绝缘体相区。这个相区包含由可压缩系数 κ 表征的从无能隙类安德森绝缘体到有能隙类莫特绝缘体的过渡边界。内插图为 $L=6$ 的六角晶格结构，其中用蓝色和红色区分了两种子格点

7.2.1　模型和方法

模型是通过在哈伯顿模型中引入键无序来构建的

$$H=-\sum_{\langle ij\rangle\sigma}t_{ij}\left(c_{i\sigma}^{\dagger}c_{j\sigma}+c_{j\sigma}^{\dagger}c_{i\sigma}\right)-\mu\sum_{i\sigma}n_{i\sigma}$$
$$+U\sum_{i}\left(n_{i\uparrow}-\frac{1}{2}\right)\left(n_{i\downarrow}-\frac{1}{2}\right) \tag{7.6}$$

式中，$c_{i\sigma}^{\dagger}$ $(c_{i\sigma})$ 是 $\boldsymbol{i}$ 格点上自旋为 σ 的电子产生（湮灭）算符；$U>0$ 是在位库仑排斥势；t_{ij} 是最近邻格点 $\boldsymbol{i}$ 和 $\boldsymbol{j}$ 之间的跃迁能；化学势 μ 决定了体系的平均电子浓度；$n_{i\sigma}=c_{i\sigma}^{\dagger}c_{i\sigma}$ 是粒子数算符。在跃迁矩阵元 t_{ij} 中引入无序，使其在 $t_{ij}\in[t-\Delta/2,t+\Delta/2]$ 中满足分布 $P(t_{ij})=1/\Delta$。这里的 Δ 表征无序的强度，设置 $t=1$ 作为能量的标度。本章的研究集中在 $\mu=0$ 的半满体系，此时即使引入了无序效应，哈密顿量也能保持粒子–空穴对称性[145]。

在行列式量子蒙特卡罗方法中，哈密顿方程 (7.6) 描述了相互作用哈密顿量映射到对空间和虚时依赖的 Ising 场中的自由费米子配对。蒙特卡罗取样遍

及了所有可能的表象。这样，就可以计算给定温度 T 下静态和动态的（在虚时下）观测量。由于存在粒子–空穴对称性，可以忽略负符号问题，并且可以通过在大 $\beta = 1/T$ 时拟合得到基态。本节主要计算了周期性边界条件下，格点大小为 $2 \times L^2$ ($L = 6$, 9, 12, 和 15) 的六角晶格结构。图 7.9 的内插图展示了 $L = 6$ 的格点模型，当存在无序时，是通过对 20 组无序结果取平均得到的，如 7.1 节所述及图 7.20 所示。其误差来源于统计误差以及无序的取样误差。为了研究金属–绝缘体转变，计算了动量 $\boldsymbol{q}$ 和虚时 τ 依赖的流–流关联函数，进而得到与温度 T 有关的直流电导率[154]

$$\sigma_{\mathrm{dc}}(T) = \frac{\beta^2}{\pi} \Lambda_{xx} \quad (\boldsymbol{q} = 0, \tau = \beta/2) \tag{7.7}$$

这里，$\Lambda_{xx}(\boldsymbol{q}, \tau) = \langle \hat{j}_x(\boldsymbol{q}, \tau)\, \hat{j}_x(-\boldsymbol{q}, 0)\rangle$，$\hat{j}_x(\boldsymbol{q}, \tau)$ 是沿 x 方向的流算符。在之前的工作中它被广泛地作为标准的电导计算公式[145]。对于无序系统，如果温度低于无序强度 Δ[154] 设定的能量标度，由式 (7.7) 可以得到非常好的近似结果。

除了输运性质，还计算了电荷激发能隙和波矢 $\boldsymbol{Q} = \boldsymbol{\Gamma}$ 处的反铁磁结构因子，

$$S_{\mathrm{AF}} = \frac{1}{N_{\mathrm{c}}} \left\langle \left\langle \left(\sum_{\boldsymbol{r} \in A} \hat{S}^z_{\boldsymbol{r}} - \sum_{\boldsymbol{r} \in B} \hat{S}^z_{\boldsymbol{r}} \right)^2 \right\rangle \right\rangle_{\Delta} \tag{7.8}$$

式中，N_{c} 是原胞中的格点数；A 和 B 代表六角晶格的子格点；$\hat{S}^z_{\boldsymbol{r}}$ 是自旋算符沿着 z 方向的分量；$\langle\langle\cdots\rangle\rangle$ 表示蒙特卡罗中（无序 Δ）平均值的计算。

7.2.2 电子关联与莫特转变

首先验证了没有引入无序的体系。图 7.10(a) 是在 $L = 12$ 六角晶格上不同 U 时 $\sigma_{\mathrm{dc}}(T)$ 曲线。从图可以看出，在所有的相互作用强度 U 下，当 $T \gtrsim 0.25$ 时，电导率随着温度的降低而升高。进一步看更低的温度 T，数据显示，在 $U \lesssim 3.8$ 时，$\mathrm{d}\sigma_{\mathrm{dc}}/\mathrm{d}T < 0$，并且 $T \to 0$ 时 σ_{dc} 曲线开始发散，在低温的这种行为表明系统是金属性的。当 $U \gtrsim 4.0$ 时，σ_{dc} 的低温行为表现出绝缘态：$\mathrm{d}\sigma_{\mathrm{dc}}/\mathrm{d}T > 0$ 并且在 $T \to 0$ 时趋于 0。σ_{dc} 的这种低温行为的变化揭示了体系金属–绝缘性质的转变[145]。由计算得到的这些数据，可以分析得到预计的金属–绝缘体转变临界值是 $U_{\mathrm{c}}^{\sigma} \sim 3.9 \pm 0.1$。图 7.10(b) 给出的是归一化的反铁磁自旋结构因子 $S_{\mathrm{AF}}/N_{\mathrm{c}}$ 有限尺寸的外延结果。通过将数据外延至热力学极限，发现似乎在 $3.8 \lesssim U \lesssim 4.0$ 时出现了反铁磁序。这些结果表明，在 $U_{\mathrm{c}}^{\mathrm{AF}} \sim 4.0 \pm 0.3$ 时存在从顺磁半金属到反铁磁绝缘体的转变。这一量子临界值结果与之前的发现是一致的[176]。

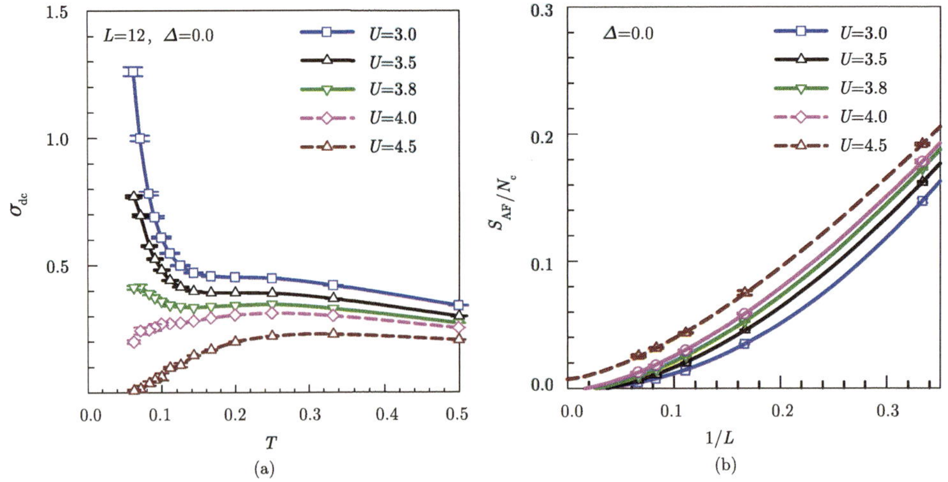

图 7.10　(a) $L = 12$ 的六角晶格上，不同关联强度在干净极限 $\varDelta = 0$ 时计算的直流电导率和温度 T 的关系；(b) 对应关联强度 U 的归一化反铁磁自旋结构因子 $S_{\mathrm{AF}}/N_{\mathrm{c}}$ 的尺寸效应。实线和虚线分别是对数据点的三次多项式拟合结果

7.2.3　无序与金属–绝缘体转变

接下来，开始研究引入无序的情况。在无序且不考虑相互作用的石墨烯中，对电子的输运性质已经有了广泛的研究[177]。为了绘制电子相互作用依赖的相图，首先研究了输运性质。图 7.11 展示的是包含了 $\varDelta = 0$ 时量子临界点 U_{c} 范围的四个关联强度下，不同无序强度的 $\sigma_{\mathrm{dc}}(T)$ 曲线。在图 7.11(a)~(c) 中，$\sigma_{\mathrm{dc}}(T)$ 的低温行为清楚地表明存在着无序驱动的金属–绝缘体转变。当 $U = 1$，$T \lesssim 0.14$，$\varDelta = 0.5$ 时，$\sigma_{\mathrm{dc}}(T)$ 随着温度的降低而增大：$\mathrm{d}\sigma_{\mathrm{dc}}/\mathrm{d}T < 0$，电导率是金属性的。然而，在 $\varDelta = 2.5$ 处，$\sigma_{\mathrm{dc}}(T)$ 随着温度的降低而减小，并在 $T \to 0$ 趋于 0，显示出绝缘体行为。这个金属到绝缘体的转变发生在 $\varDelta_{\mathrm{c}} \sim 1.7$，$U = 1.0$ 处。当增大相互作用强度时，转变点的无序强度减小：$\varDelta_{\mathrm{c}} \sim 1.5$ 和 1.0 分别对应 $U = 2.0$ 和 3.0。大概在 $U \sim 3.9$ 时，临界无序强度降低至 $\varDelta = 0$，这时系统进入关联诱导的 Mott-Slater 绝缘体区域。依据 $\mathrm{d}\sigma_{\mathrm{dc}}/\mathrm{d}T > 0$，电导率数据显示出绝缘态，并在 $T \to 0$ 时消失，与 $\varDelta$ 无关。如图 7.11(d) 所示，作为对上述发现的独立检查，在 $\varDelta = 0.5$，Matsubara 频率极限 $\omega \to 0$ 时，计算了 Drude 权重 $D(\omega_n)$。如 7.2.4 中图 7.15 给出的数据，耦合强度在 $U = 3.0$ 和 4.0 之间的金属–绝缘体转变点与正文中的运输结果给出的转变点是一致的。

由相图 7.9 中的“金属”区域总结了这些输运性质。与之前关于键无序的 1/4 填充的正方格子哈伯顿模型的研究发现[145] 相比，行列式量子蒙特卡罗计算结果表明了哈伯顿在位排斥势可以导致二维六角晶格的金属行为，即使在态密度

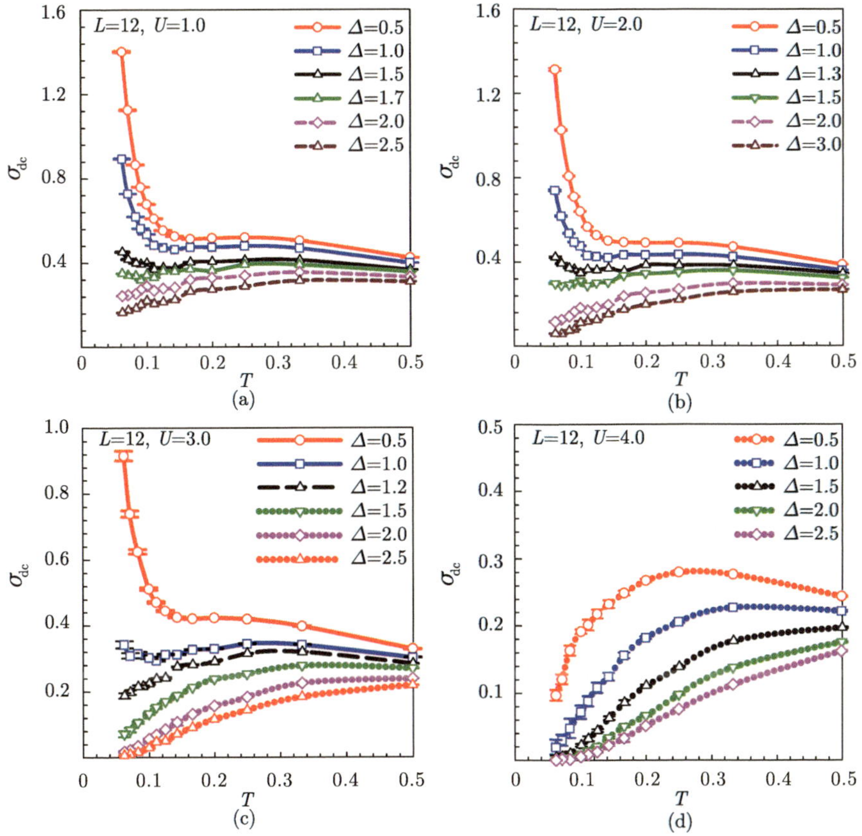

图 7.11 加上无序后 $L = 12$ 晶格上与温度有关的直流电导率 σ_{dc}。子图分别对应不同的关联强度：(a) $U = 1.0$，(b) $U = 2.0$，(c) $U = 3.0$ 和 (d) $U = 4.0$。在每个图中，线条是清晰可辨的。金属的和绝缘的行为通过实线和虚线进行了区分。在 (a)~ (c) 中，σ_{dc} 的低温行为清晰地揭示了无序效应驱动金属–绝缘体转变的过程

$N(E_F) = 0$，$U = 0$ 的狄拉克点。

另一个有趣的电子性质是单粒子能隙。不加无序时，六角晶格上半满的哈伯顿模型在足够大的 U 处呈现出一个电荷（Mott）激发带隙[176]。另外，非相互作用的安德森绝缘体在费米能级处（热力学极限下）是无能隙的[136]。虽然能隙不是与对称性破坏相关的有序参数，但它仍可用于检验莫特绝缘体的存在。

通常，单粒子能隙可以通过态密度 $N(\omega)$ 得到。在这里，我们通过计算费米能级 $\mu = 0$ 上电荷压缩系数 $\kappa = \beta\left(\langle n^2\rangle - \langle n\rangle^2\right)$ 的行为来推测能隙的信息。利用这个公式，压缩系数可以从密度–密度关联函数得到，这样利用行列式量子蒙特卡罗方法很容易进行计算。有限的 κ 表示系统是可压缩的，也就是说是无能隙的。图 7.12 给出了在不同的无序强度 Δ 和局域排斥势强度 U 下的电荷压缩系

数 κ 随着化学势 μ 变化的曲线。每个数据点都是从 $L=12$ 晶格计算结果的 20 个无序归一化结果中取平均得到的，改变化学势 $\mu=0$，破坏了粒子空穴对称性，同时会导致负符号问题。但是，负符号问题在引入无序时没有那么严峻[178]，我们依然可以得到准确的密度关联结果。

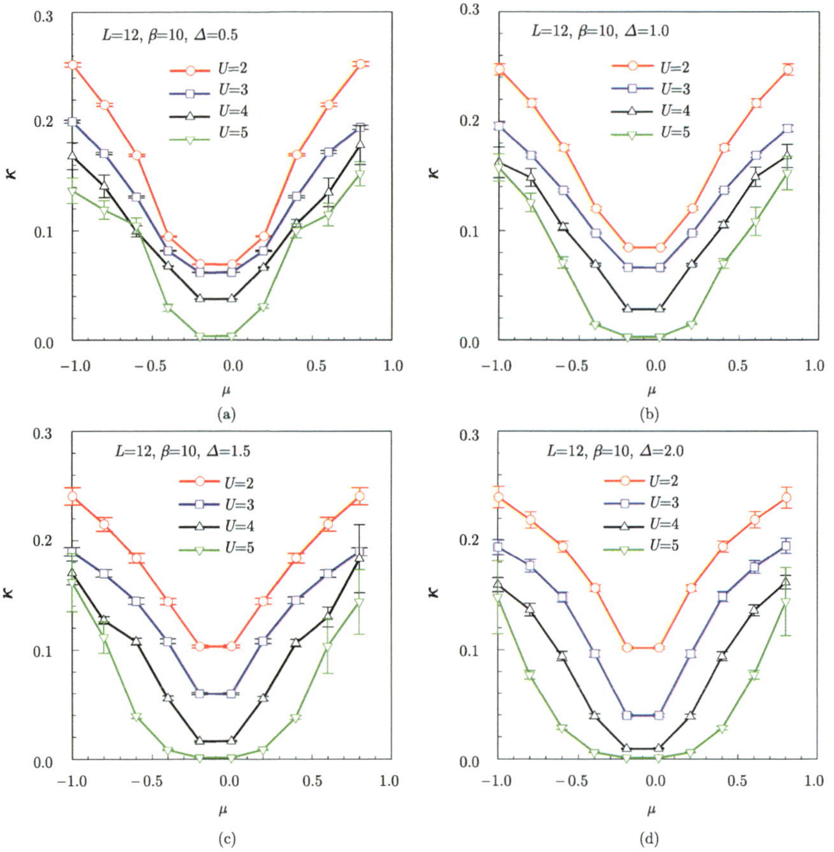

图 7.12　在 $L=12$ 的无序体系中，$\beta=10$ 时，电荷压缩系数 κ 和化学势 μ 的关系。有限的 κ 意味着系统是可压缩的，即无能隙的，然而 $\kappa=0$ 说明系统是有能隙的。我们采用判据 $\kappa\lesssim 0.04$ 来区分有能隙态和无能隙态，详细说明可见补充说明材料“直流电导率的计算”部分，图 7.14

在热力学极限中，有能隙（无能隙）系统的压缩性 κ 在 $T=0$ 时会消失（有限）。然而，在有限晶格和非零温度下，由于温度展宽效应[179]，如果要求 $\kappa=0$ 作为判据，会过高估计临界值[179]，所以我们分析认为在有限温 T，考虑无相互作用极限的影响下，使用 $\kappa\sim 0.04$ 作为判据更为科学合理。见补充材料中图 7.14。

图 7.12 表明，当 $\Delta=0.5$ 时，系统在 $U_\mathrm{c}\sim 4.0\pm 0.5$ 时变得不可压缩。随着

无序强度的增加，在较弱的相互作用强度下，会产生能隙。比如，根据计算结果，$U_c \sim 3.8 \pm 0.5$ 和 3.0 ± 0.5 能隙消失的临界点，大概分别在 $\Delta = 1.0$ 和 $\Delta = 2.0$ 处。由于数据的精度有限，我们无法确定每个无序强度下能隙打开的确切相互作用强度。尽管如此，还是能够大概在图 7.9 的相图中给出区分开类安德森绝缘体（无能隙）和类莫特绝缘体（有能隙）的粗略相边界。

接下来我们探究无序对磁序的影响。如图 7.13 所示，用有限尺寸外延的方法分析了反铁磁自旋结构因子，这里使用的格点数最多达 $2L^2 = 450$ 个。对于 $U \leqslant 2.0$ 的情况，在零温极限下是没有反铁磁长程序的，无序效应对于体系也没有影响，详见图 7.13 (a) 和 (b)。当 $U > 4.5$ 时，无序效应抑制了反铁磁长程序的形成，使得需要更强的相互作用强度实现反铁磁量子相变。无序效应抑制反铁磁长程序的机制，可能是通过抑制具有强跃迁能 t_{ij} 的格点之间配对形成单重态[180]。总之，通过基于热力学极限的外延分析 S_{AF}/N_c，我们得到了在无序效应影响下，发生反铁磁长程序量子相变的相图边界，如图 7.9 所示。

7.2.4 补充说明材料

本节是对主体研究内容的补充说明，主要是对直流电导率的计算方法，区分体系有无能隙的 κ 判据的取值，金属–绝缘转变的独立检验 Drude 权重，体系中的零温极限和尺寸效应，以及其他相关计算参数取值进行详细讨论。

1. 直流电导率的计算

本节通过计算直流电导率 σ_{dc} 来判断从金属到绝缘相区的转变过程。根据参考文献 [181] 中提供的方法，可以计算得到 σ_{dc}。详细的公式推导如下所示。根据涨落耗散定理，定义流–流关联函数 Λ_{xx} 为

$$\Lambda_{xx}(\boldsymbol{q},\tau) = \frac{1}{\pi}\int \mathrm{d}\omega \frac{\mathrm{e}^{-\omega\tau}}{1-\mathrm{e}^{-\beta\omega}} \mathrm{Im}\Lambda_{xx}(\boldsymbol{q},\omega) \tag{7.9}$$

其中，$\mathrm{Im}\Lambda_{xx}(\boldsymbol{q},\omega)$ 可以通过对 $\Lambda_{xx}(\boldsymbol{q},\tau)$ 进行数值分析延拓的方法计算得到，但在本章工作中，假设在 $\omega < \omega^*$ 能量范围内可以作近似 $\mathrm{Im}\Lambda_{xx} \sim \omega\sigma_{\mathrm{dc}}$。这样，当计算的温度 T 低于这个能量范围 ω^* 时，电导率的计算公式可以简化为式 (7.7)，即

$$\Lambda_{xx}\left(\boldsymbol{q}=0, \tau=\frac{\beta}{2}\right) = \frac{\pi}{\beta^2}\sigma_{\mathrm{dc}} \tag{7.10}$$

根据参考文献 [181] 可知，用这个公式去计算费米液体的电导率可能是不适用的。因为费米液体的本征能量大小是 $\omega^* \sim N(0)T^2$，不可能达到 $T < \omega^*$ 这个条件。但是，对于我们在本工作中研究的无序费米子体系来说，低温时，能量单位取决于与温度无关的无序强度 $\omega^* \sim \Delta$，所以式 (7.10) 适用于低温情况的电导计算。

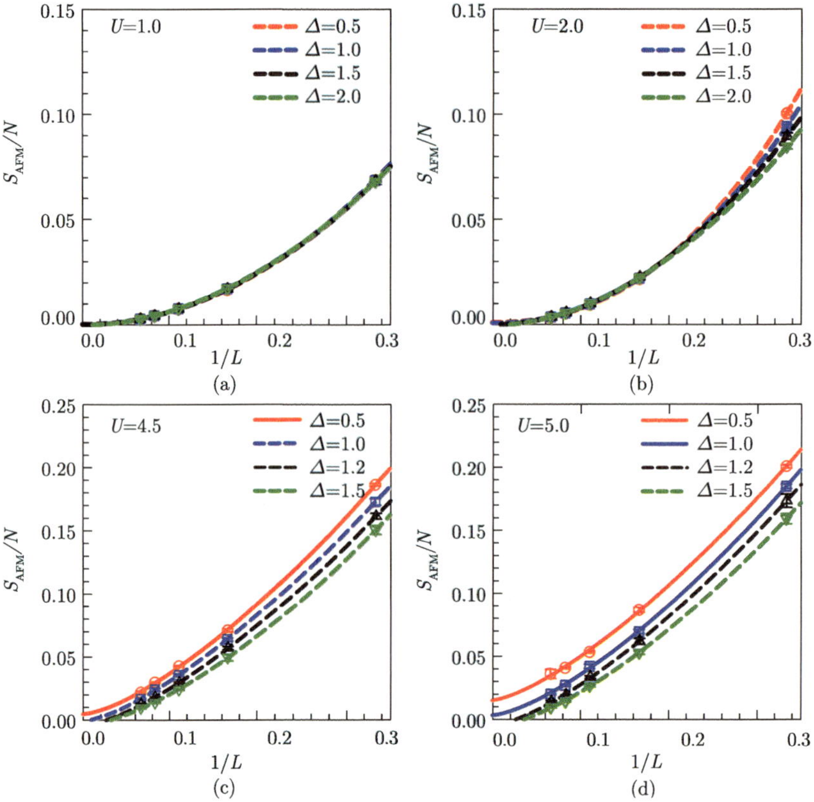

图 7.13　有限尺寸的 AFM 自旋结构因子的计算结果。行列式量子蒙特卡罗的统计计算误差比较小，在图中不是很明显。图中的曲线给出的是对 $1/L$ 的三次项拟合结果。当 L 趋于无穷大时，曲线与 y 轴若有截距，则说明此时体系具有反铁磁长程序。(c) 和 (d) 给出了在 $U=4.5$ 和 $U=5.0$ 时反铁磁自旋结构因子 S_{AFM} 和 $1/L$ 的函数关系，并通过实线和虚线来区分磁有长程序和无长程序两种相

2. 有能隙和无能隙相图的计算

对于能带有能隙的电子体系，当化学势在能隙范围内变化时，电子浓度是保持不变的。因此，正比于 $\mathrm{d}\langle n\rangle/\mathrm{d}\langle\mu\rangle$ 的可压缩率 κ 在热力学极限条件下会消失。然而，对于有限尺寸的晶格大小以及非零温条件，κ 不可能完全为 0，所以需要选择一个有限阈值作为 κ 的判据。另外，由于温度展宽效应[182]，如果要求可压缩率完全消失才判断为有能隙体系的话，就会过度估计耦合强度。参考文献 [179] 对该情况进行了类似的讨论。

因此，我们讨论了在 $U=0$ 的极限下温度展宽对 κ 的影响，并且由此得到我们选择的有限判据值。图 7.14 中的计算结果，给出的是在 $2\times2\times12\times12$ 晶

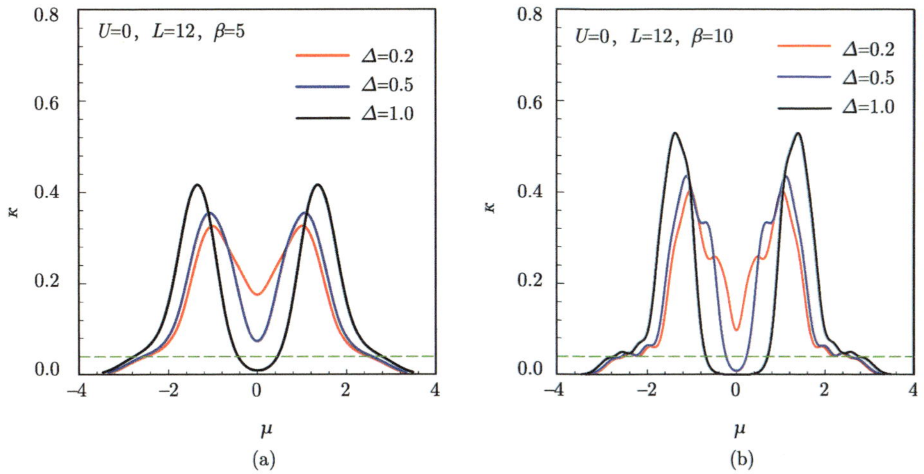

图 7.14 $L = 12$ 格点上自由电子的压缩率 κ 与化学势 μ 的函数关系。绿色的水平虚线标记的是 $\kappa = 0.04$

格中，压缩率 κ 与化学势 μ 的函数关系。我们发现，即使是在 $\beta = 10$（图 7.12 中使用的温度）时，$\kappa(\mu = 0)$ 在弱无序强度下还是有限值，并没有完全消失。这个量级大概是在 10^{-2} 的有限值，可以作为我们判断有相互作用情况下 $U \neq 0$ 时 κ 的判据。

除了 κ 和 σ_{dc} 之外，我们还计算了 Drude 权重 $D(\omega_n)$ 作为金属–绝缘体转变独立的检查方式，在低频率极限下 $\omega_n \sim 0$，Drude 权重定义为[66]

$$D(\omega_n) = \pi(-K_x - \Lambda_{xx}(\boldsymbol{q} = 0, \mathrm{i}\omega_{\boldsymbol{n}})) \tag{7.11}$$

这里，K_x 是动能项沿 x 方向上的分量；$\Lambda_{xx}(\boldsymbol{q} = 0, \mathrm{i}\omega_{\boldsymbol{n}})$ 是频率 $\omega_n = 2n\pi/T$ 下，纵向流–流关联函数的无序归一化平均值。$D(\omega_n)$ 是随着 n 单调递增的。在极端情况下，当 ω_n 区域无穷大时，$D(\omega_n) = \pi\langle -K_x\rangle$。在图 7.15 中，我们讨论了 ω_n 关于 n 的行为，当 $U = 2.0, 3.0, 4.0$ 和 5.0 时，$\beta = 6$，无序强度 $\Delta = 0.5$。我们发现，在有限温条件下，$D(\omega \to 0)$ 在 $U = 2.0, 3.0$ 时是非零值，而 $U = 4.0$ 和 5.0 时，$D = 0$，表明此时体系是绝缘的[66]。这些计算结果和我们给出的相图结果是吻合的，从相图中我们可以读出 $\Delta = 0.5$ 时，金属–绝缘体转变点是在 $U_{\text{c}} \sim 3.5$ 处，所以 $U = 4.0, 5.0$ 时，是绝缘相。

然而，我们注意到，在将其解释为金属–绝缘体过渡的判断时，必须注意一些情况。正如参考文献 [181] 中提到的，从原则上来说，不纯的金属或者绝缘体的 $\sigma(\omega)$ 在 $T = 0$ 时都不存在 δ 函数。

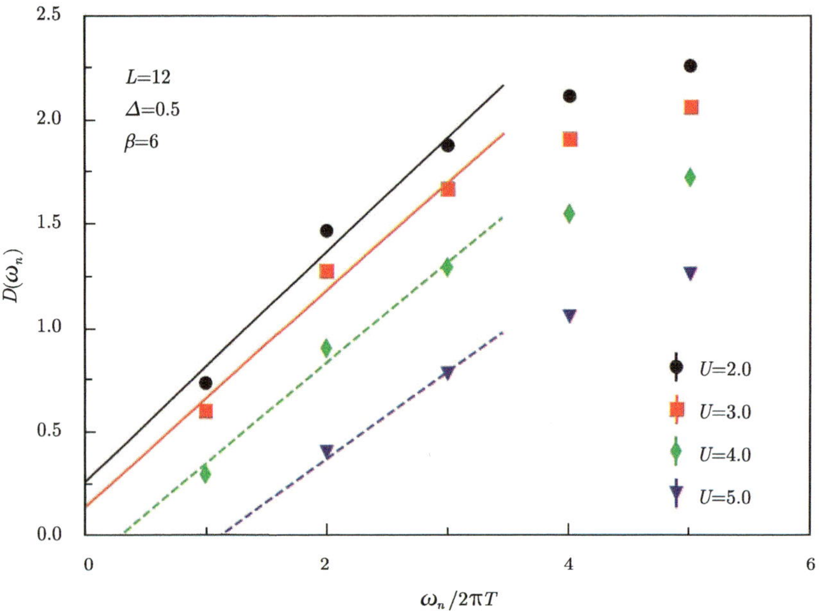

图 7.15　$L=12$ 格点上无序强度为 $\Delta=0.5$ 时，$\beta=6$，Drude 权重 $D(\omega_n)$ 和 $\omega_n/2\pi T$ 的关系。实线和虚线分别表示对 $n=1,2,3$ 数据点的线性拟合结果。在 $U=5$ 时，$D(\omega_1)<0$，没有在图中表示出来，但是在拟合时使用该值。图中给出了所有结果的拟合误差，但都比数据点小

3. 零温极限的相关讨论

在研究无序体系时，我们使用的是有限温行列式量子蒙特卡罗算法。为了研究体系的基态性质，我们仔细地挑选了进行计算的参数，并且通过测试温度，尽可能使研究的物理量达到收敛值。比如图 7.16 所示，我们测试了反铁磁自旋结构因子 $S_{\rm AF}$ 和 $\beta=1/T$ 的函数关系，并测试了不同的晶格大小，以及不同的无序强度。图中的结果清晰地显示了反铁磁序是随着温度的降低逐渐增强的，并且，无论晶格大小，$S_{\rm AF}$ 在低温下都会达到饱和，且统计误差很小。图 7.17 中给出的是压缩率的测试结果，在低温时也可以收敛达到饱和。根据这些观测量的温度测试结果，可以发现它们在低温 $\beta_0\sim 10$ 时均可以收敛，达到基态 $T=0$ 的状态，并且，当关联长度 $\epsilon(T)$ 超过 L 时，随着 T 降低，观测值并没有很显著的变化。所以，在本工作中，我们使用 $\beta_0\sim 12$ 以及 10 来计算自旋结构因子 $S_{\rm AF}$ 和压缩率 κ。所有的计算结果都是在低于达到稳态的温度 β_0 时得到的。对于直流电导率 $\sigma_{\rm dc}$ 的计算，我们通过其低温的行为模式来判断体系的输运性质。低温时发散的电导率表明体系是金属性的，而消失的电导率表明系统是绝缘的。

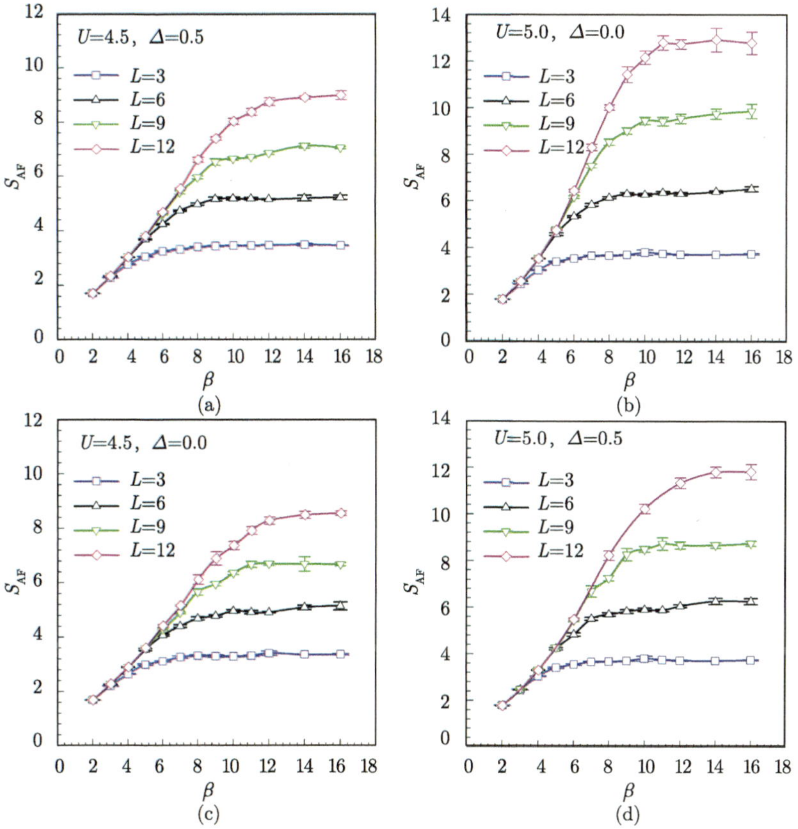

图 7.16 反铁磁自旋结构因子 S_{AF} 随 β 的变化关系。当温度足够低时，S_{AF} 达到饱和，并且在低温时趋于稳定

4. 有限尺寸效应

为了得到相图，我们必须对有限的体系尺寸进行热力学极限拟合，以使这些序参数达到基态。比如，对反铁磁自旋结构因子 S_{AF}，就仔细计算了它的尺寸效应。与此同时，我们也对直流电导和压缩率 κ 进行了尺寸效应测试。如图 7.18 所示，给出了 σ_{dc} 的尺寸效应结果。在格点大小为 $2\times L^2$ 的体系中，$L=6,9,12$，测试了不同的无序强度。在绝缘相区（$U=3.0,\varDelta=1.5$ 和 $U=4.5,\varDelta=0.0$），σ_{dc} 几乎不受尺寸效应的影响；而在金属相区（$U=3.0,\varDelta=0.0$ 和 $U=3.0,\varDelta=0.5$），尺寸效应相对明显一些。类似地，我们也测试了 κ，如图 7.17(c) 和 (d) 所示。在绝缘相区 $U=5.0,\varDelta=0.5$，κ 在不同晶格尺寸中的行为很一致，都表现为不可压缩。然而，在 7.17(c) 图中，系统是金属性的，此时不同晶格尺寸中的 $\kappa(T)$ 逐渐收敛到 $L=12$ 的低温结果。这些结果与人们的共识是一致的，即在有能隙系

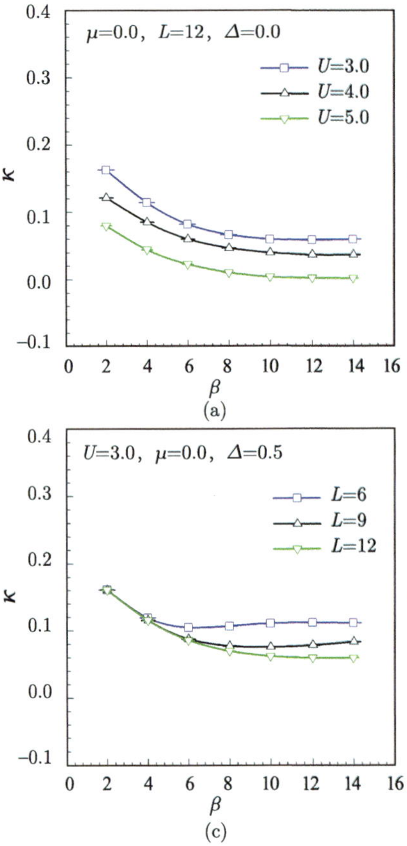

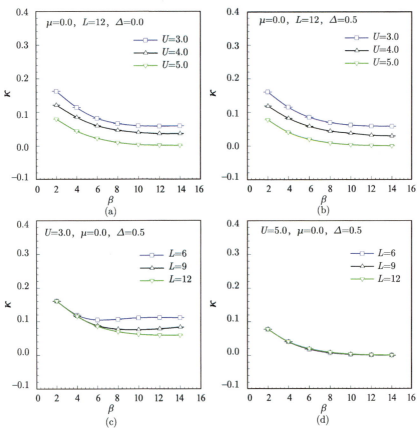

图 7.17　压缩率 κ 和 β 的关系。在任何格点大小和无序强度下，压缩率在低温时都会收敛。通过比较（c）和（d），可以看出金属和绝缘相区尺寸效应对 κ 的影响。在金属区域，尺寸效应的影响更为明显，而对于绝缘区域，几乎没有尺寸效应的影响

统中，有限尺寸效应比金属体系中要小得多。由于我们的重点是判断金属–绝缘体转变，所以 $L = 12$ 的尺寸已经足够大了，观测 $L = 12$ 上 σ_{dc} 和 κ 的行为，可以判断出低温时金属–绝缘体转变的情况。

5.　Trotter 误差校正

在行列式量子蒙特卡罗数值模拟算法中存在着所谓的 Trotter 近似，使得虚时算符可以拆为

$$\mathrm{e}^{-\Delta\tau H} \approx \mathrm{e}^{-\Delta\tau K}\,\mathrm{e}^{-\Delta\tau V} \tag{7.12}$$

这里，$\Delta\tau > 0$ 是一个足够小量。将哈密顿量写成 $H = K + V$ 的形式，K，V 分别是哈密顿量中的动能项和相互作用项。由于 K 和 V 并不对易，所以在分解这

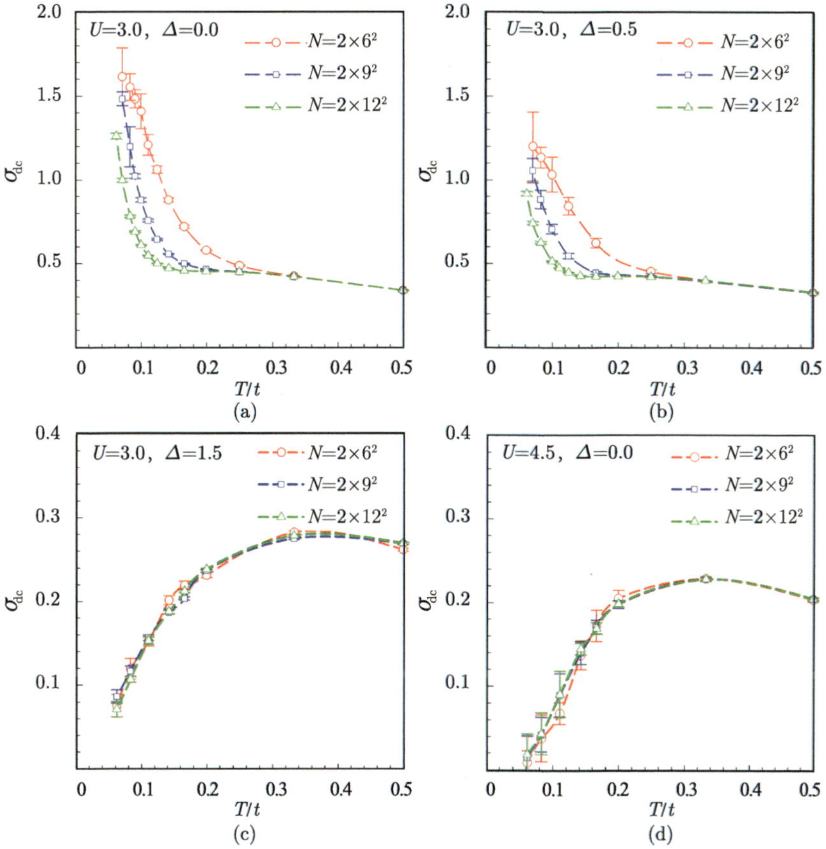

图 7.18 $U=3.0$ 和 $U=4.5$ 时直流电导率 σ_{dc} 的尺寸效应结果。(a) 和 (b) 给出了金属相区尺寸效应的影响，而绝缘相区 (c) 和 (d) 中几乎看不到尺寸效应的影响

两项时要用到近似，从原则上来看，这里引入的误差是 $(\Delta\tau)^2$ 数量级的。这一误差是系统误差，并且可以通过对不同切片步长的结果外延拟合来得到 $\Delta\tau=0$ 的结果，从而消除这一误差。在图 7.19 中，给出了 $L=12$ 晶格尺寸上，当 $U=3.0$ 时，直流电导率的测试结果。图中的测试结果表明，无论无序强度和温度参数是多少，不同的切片步长下的 σ_{dc} 计算结果都基本相同，误差在可接受范围内。在其他的观测量的测试中，也得到了同样的结论。所以，在统计误差精度可接受的范围内，Trotter 带来的误差是可以忽略不计的。

6. 无序归一化次数的讨论

一般情况下，做模拟计算时，考虑无序效应体系的归一化次数是需要根据具体情况来确定的。并且，这是一个复杂的问题，要考虑足够大格点体系中的平均、

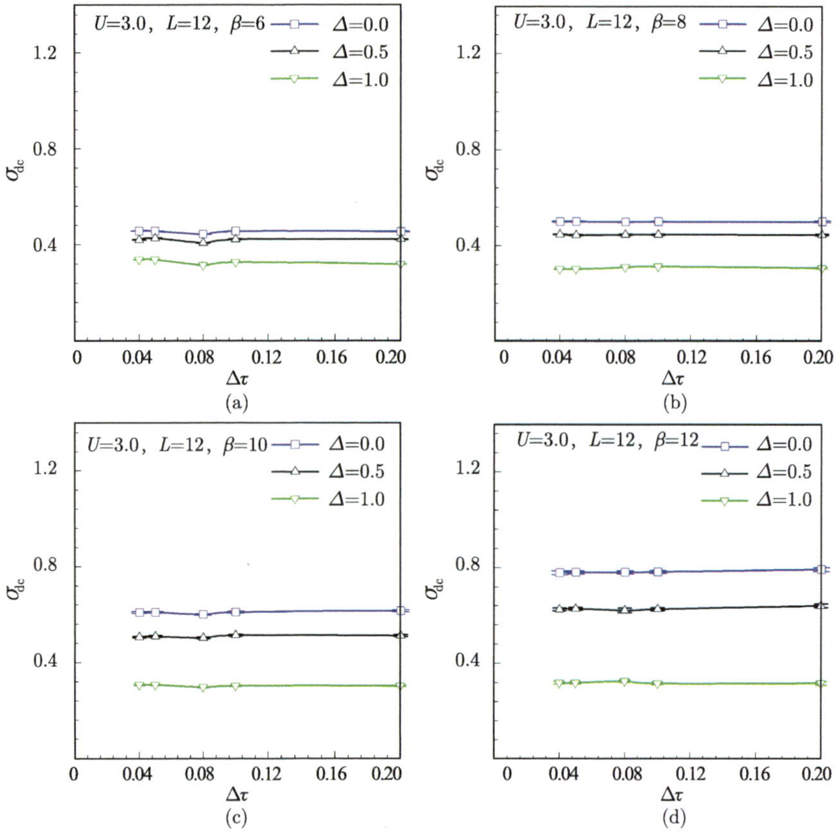

图 7.19　虚时切片步长 $\Delta\tau$ 对直流电导率 $\sigma_{\rm dc}$ 的影响。该结果是在 $2\times12\times12$ 的格点上计算得到的，给出了 $U=3.0$ 时不同无序强度和温度下的情况。对于计算中使用的 $\Delta\tau$ 参数，引入的 Trotter 误差对于我们的计算结果没有显著影响

无序强度的大小以及研究的体系处于相图中的哪个部分。在图 7.20 中，我们给出了 $\sigma_{\rm dc}$ 在无序效应下不同归一化次数的结果。对于任一给定的 U，$\sigma_{\rm dc}$ 在不同的归一化次数后的结果几乎是一致的。所以，我们的模拟结果中使用的是 20 次的归一化，来消除无序的影响。更确切地说，我们的测试结果表明，在晶格大小为 $2L^2=288$ 的尺度下，20 次的归一化已经足够大。

我们使用行列式量子蒙特模拟计算研究了基于六角晶格的无序哈伯顿模型的电子和磁学性质。当没有无序的时候，我们证实了这个结构在 $3.8\lesssim U\lesssim4.0$ 时存在一个区分半金属和莫特绝缘相的量子临界点，这个结果和之前的发现（更高精确度）非常吻合[176]。

在 $U=0$ 条件下，系统从半金属相进入了无能隙的安德森绝缘相。加上局域库仑排斥势 U 后，金属–绝缘体转变的临界无序强度会减小，也就是说无序和相

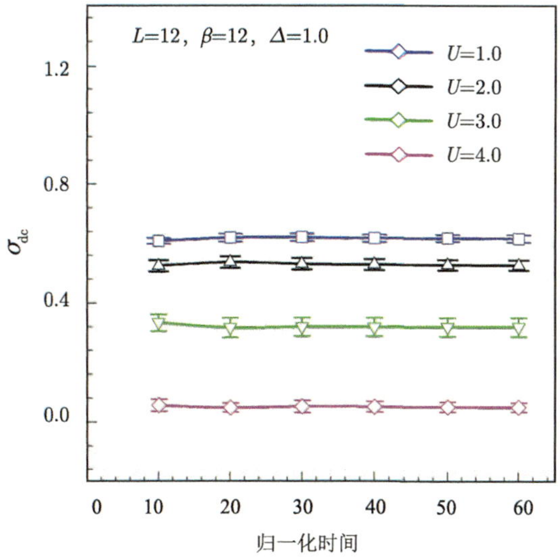

图 7.20 在 $L=12$ 的晶格上，$\beta=12$，$\Delta=1.0$ 时的直流电导率。这里给出了不同次数无序归一化后的结果，表明 20 次的无序归一化次数足以消除无序次数的影响

互作用同时出现更加有效地促进了电子的局域化。在 $U \gtrsim 4.5$ 时，电子在没有无序作用的情况下被强库仑相互作用局域化：在干净极限下反铁磁转变和金属–绝缘体转变同时存在。我们重要的发现是，加上随机键无序后降低了进入绝缘态的 U 阈值，但增加了进入反铁磁态的 U 阈值。于是，反铁磁性和金属–绝缘体转变不再同时发生，出现了非磁绝缘相。进一步分析，在无序的绝缘相中存在着从 $\kappa \neq 0$ 的类安德森区域到压缩系数 $\kappa = 0$ 的类莫特区域的转变过程。

至此，在狄拉克分布模型中，无序和相互作用之间的耦合特性已经呈现出来，包括无序可能增强吸引相互作用模型的超导能力[183]。本节的介绍，进一步将该理论拓展到了排斥的相互作用体系中，发现了常规晶格中类似于已知的无序可以增强奈耳（Neel）温度[184] 的非常规效应。此外，我们还发现，当引入无序时，金属–绝缘体转变的临界关联强度会减小，这可能与六角晶格结构材料的实际应用相关，比如低能耗莫特晶体管。最近的研究工作[185] 表明，在石墨烯中电荷中性点附近，强耦合电子空穴的等离子体（称为狄拉克流体）违反了费米液体理论。虽然我们的工作没有直接解决这个问题，但这是对狄拉克流体中非费米液体行为进行数值研究的一次尝试。最后，我们注意到，在使用光学晶格的实验中，也对电子关联体系中的无序效应进行了探究。这种超冷原子的系统可以精确地控制无序和相互作用参数，从而可能实现实验数据与理论预测之间的直接比较[186]。所以，本节的研究结果或许可用作未来冷原子实验的理论指导。

7.3　相互作用狄拉克费米子体系的中间相

自从 21 世纪初学者发现石墨烯[96] 和拓扑绝缘体[168] 以来，构建在六角晶格结构中的狄拉克费米子体系，不能由朗道的对称破缺理论来描述，这进一步加深了人们对凝聚态物理学的认知。朗道的费米液体理论是将一个典型金属中具有相互作用的电子描述为由没有相互作用的准粒子构成的理想气体，但由于狄拉克费米子具有线性色散的能带且最小限度地屏蔽了库仑相互作用，因此，朗道的这种描述注定不会成功[96]。半满时，石墨烯是一个服从相对论流体力学的狄拉克流体[187]。最近几年，有科研人员在转角双层石墨烯中发现了超导现象[188–190]，受这些工作启发，相互作用狄拉克费米子体系中由电子关联效应引起的新奇物理现象也得到了广泛关注。

强电子关联效应在众多有趣的物理现象中均有体现，并起着至关重要的作用，比如非常规超导电性[20]、分数量子霍尔效应[191]、量子自旋液体[175] 和金属–绝缘体转变[146,157] 等。上述这些物理现象也都与离子型哈伯德模型[192] 有关。离子型哈伯德模型同时包含在位库仑相互作用和存在于复式晶格（具有 A-B 两套子晶格）中的错位势。一般来说，在像六角晶格这样的复式晶格的两个子晶格之间引入能量差，就会打破晶格的空间反演对称性，对称性破缺会导致在电子半满时产生能带绝缘相，而库仑相互作用减慢了电子的移动速度，甚至使电子局域化在莫特绝缘相，莫特绝缘相的特征是谱函数会出现能隙[193]。有关在位库仑相互作用和错位势之间相互竞争的研究表明，在两个或多个竞争相位之间可能会出现“中间相”。

中间相是一个引人关注的问题[135,192]。Garg 等使用动力学平均场理论，研究了在正方晶格上强关联效应对能带绝缘体的影响，他们的研究结果表明，在中间耦合区域存在着由库仑相互作用引发的金属相[194]。随后，元胞动力学平均场模拟在中间区域发现了一个键有序相[195]，而行列式量子蒙特卡罗方法计算得到的电导率结果却表明中间相是一个金属相[157]。除了金属相和键有序绝缘相之外，在其他复式晶格上，研究人员发现还有更多取决于晶格结构的相，如电荷–密度–波绝缘体[195]、超流体[196]、半金属 (semimetal)[197] 和半–金属 (half-metal)[198]。最近，超冷原子实验取得了巨大进展，离子型哈伯德模型可以在光学六角晶格中实现[199]。但遗憾的是，实验中仅观测到了能带绝缘相和莫特绝缘相，并没有看到理论预测的中间相存在的痕迹。因此，确定中间相到底是否存在和研究中间相的性质是一个值得探讨和研究的问题。于是，由于受到已有研究的启发，也为了推动后续实验的开展，我们将研究重点集中在六角晶格上的离子型哈伯德模型。该模型是二维狄拉克系统中同时包含相互作用和错位势的最简单模型之一。这个理论模型不仅可以在冷原子系统中实现，也可以在氢吸附石墨烯上实现[200]。此外，一种新的二维层状氮化物，即 $Li_xMNCl(M=Hf,Zr)$，可能也是一个能够实现离子型哈伯德模型的实验材料[201]。

我们的数值模拟是使用行列式量子蒙特卡罗方法在电子填充为半满的条件下完成的。通过改变在位相互作用 U、错位势 Δ、晶格大小和温度，计算不同情况下的电导率 $\sigma_{\rm dc}$ 来确定体系是金属相还是绝缘相。我们还做了有限晶格尺寸拟合来检测热力学极限下的反铁磁长程序。我们的计算结果表明，在能带绝缘相和莫特绝缘相之间存在一个中间金属态，并且随着 U 的增加，在第二次金属–绝缘体转变之后出现了反铁磁序。在取足够大的错位势数值和相互作用强度下，我们使用精确的数值方法成功地捕捉到了几乎所有的量子态，并得到了如图 7.21 所示的完整相图。我们得到的相图和以前的模型相比，有几个关键的不同之处。首先，我们发现的中间态更加稳定，在相图中占据了很大一部分。例如，在参考文献 [157] 计算的正方晶格离子型哈伯德模型中，在较小的 Δ 处，随着 U 的增加，中间相迅速消失；在我们所研究的模型中，直至 $U_{\rm c}$ 增大到 3.9，中间相都一直稳定存在。其次，我们计算得到的相位转变临界值 $U_{\rm c}$ 是在实验可以探测的合理范围内。正方晶格里的中间绝缘相在 U=11 左右消失[195]；而在 Haldane-Hubbard 模型中，当 U=11 时，中间绝缘相依然存在[202]。除了这些结果以外，当 Δ 取较大值时，中间金属态将消失，体系直接从能带绝缘相过渡到莫特绝缘相，我们给出了完整的相图。

7.3.1 模型和方法

引入错位势的相互作用狄拉克费米子体系的哈密顿量为

$$\begin{aligned}\hat{H} =& -t\sum_{i\in A,j\in B,\sigma}(\hat{c}_{i\sigma}^{\dagger}\hat{c}_{j\sigma}+H.c.)+U\sum_{i}\hat{n}_{i\uparrow}\hat{n}_{i\downarrow}\\&+\Delta\sum_{i\in A,\sigma}\hat{n}_{i\sigma}-\Delta\sum_{i\in B,\sigma}\hat{n}_{i\sigma}-\mu\sum_{i\sigma}\hat{n}_{i\sigma}\end{aligned}\tag{7.13}$$

其中，t, U 和 μ 分别表示最近邻电子跃迁幅度、在位库仑排斥相互作用和化学势，系统的电子填充密度由化学势 μ 调控；$\hat{c}_{i\sigma}^{\dagger}(\hat{c}_{i\sigma})$ 是产生（湮灭）算符，表示在格点 $\boldsymbol{i}$ 处产生（湮灭）一个自旋为 σ 的电子，且有 $\hat{n}_{i\sigma}=\hat{c}_{i\sigma}^{\dagger}\hat{c}_{i\sigma}$。具体来说，$\Delta$ 是加在 A 和 B 两个子晶格的对应格点之间大小相等、符号相反的错位势，也称为离子势。由于引入的错位势打破了子晶格 A 和 B 的对称性，能隙 2Δ 是非零的。我们取 t=1，作为默认的能量标度。

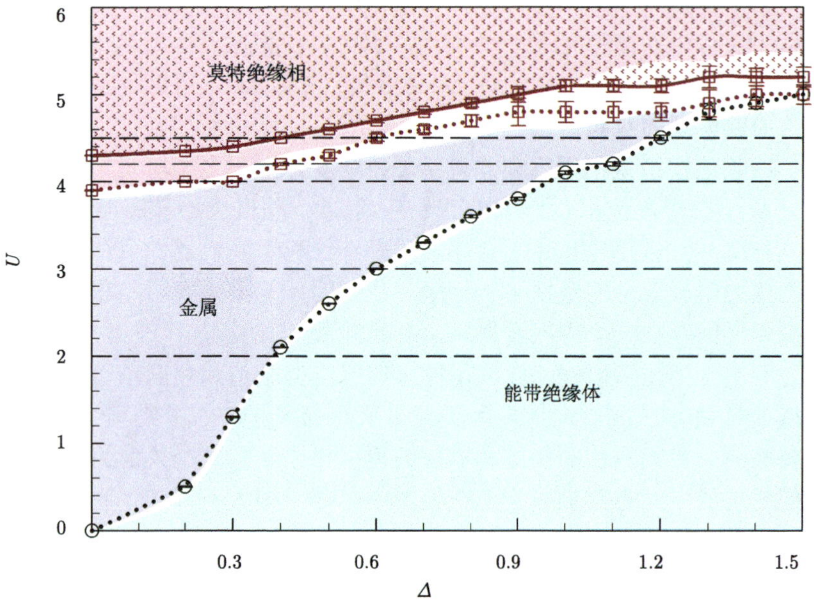

图 7.21　L=12 六角晶格离子型哈伯德模型的 U-Δ 相图。相位的边界是根据电导率 σ_{dc} 随温度变化的关系和反铁磁结构因子的有限尺寸拟合结果确定的。红色实线上方被小红点覆盖的区域代表具有反铁磁序的莫特绝缘相。红色实线和红色虚线之间是没有反铁磁序的莫特绝缘相。红色虚线是莫特绝缘相和金属相之间的边界线，绿色虚线是金属相和能带绝缘相之间的边界线。沿着两条边界线分布的三个彩色区域表示不同的相位（绿色: 能带绝缘体，紫色: 金属，粉色: 莫特绝缘相）。白色区域表示由于计算误差产生的相位并不十分明确的区域

我们采用精确的行列式量子蒙特卡罗方法[41] 研究由式 (7.13) 定义的模型里可能发生的金属–绝缘体转变。在六角晶格上的半满离子哈伯德模型中，由于粒子–空穴对称性，该系统没有负符号问题，这使我们能够实现较大的 β 的计算，以更好地收敛到基态。

为了研究系统的金属–绝缘体转变，我们计算了随温度 T 变化的直流电导率。电导率公式是根据波矢 $\boldsymbol{q}$ 和随虚时 τ 变化的流–流关联函数[154,181] $\Lambda_{xx}(\boldsymbol{q},\tau)$ 计算得到的:

$$\sigma_{\mathrm{dc}}(T)=\frac{\beta^2}{\pi}\Lambda_{xx}\quad(\boldsymbol{q}=0,\tau=\frac{\beta}{2})\tag{7.14}$$

其中，$\Lambda_{xx}(\boldsymbol{q},\tau)=\langle\hat{j}_x(\boldsymbol{q},\tau)\hat{j}_x(-\boldsymbol{q},0)\rangle$, $\beta=1/T$, $\hat{j}_x(\boldsymbol{q},\tau)$ 是随 $(\boldsymbol{q},\tau)$ 变化的 x 方向电流算符。另一种方法是对拉普拉斯变换取倒数，提取谱函数

$$G(\boldsymbol{q}=\boldsymbol{0},\tau)=\int\mathrm{d}\omega\frac{\mathrm{e}^{-\omega\tau}}{1+\mathrm{e}^{-\beta\omega}\boldsymbol{A}(\omega)}\tag{7.15}$$

其中 $G(\boldsymbol{q}=\boldsymbol{0},\tau)$ 可以通过空间傅里叶变换 $G(\boldsymbol{R},\tau)=\langle \boldsymbol{c}_{\boldsymbol{r}+\boldsymbol{R}\sigma}(\tau)\boldsymbol{c}_{\boldsymbol{r}\sigma}(\boldsymbol{0})\rangle$ 得到，$A(\omega)$ 可以通过解析延拓方法求解。

我们还计算了反铁磁自旋结构因子来研究系统的磁学性质[175,176]，

$$S_{\mathrm{AFM}}=\frac{1}{N_{\mathrm{c}}}\left\langle\left(\sum_{\boldsymbol{r}\in A}\hat{S}_{\boldsymbol{r}}^{z}-\sum_{\boldsymbol{r}\in B}\hat{S}_{\boldsymbol{r}}^{z}\right)^{2}\right\rangle \tag{7.16}$$

其中，N_{c} 代表晶格的格点数，$\hat{S}_{\boldsymbol{r}}^{z}$ 是自旋结构因子算符的 z 分量，$\langle\cdots\rangle$ 代表蒙特卡罗模拟。为了进一步研究体系不同相位的性质，我们计算了局部磁矩 m[203]，

$$m=\frac{1}{N_{\mathrm{c}}}\sum_{\boldsymbol{i}}\left\langle(\hat{S}_{\boldsymbol{i}}^{z})^{2}\right\rangle=1-\frac{2}{N_{\mathrm{c}}}\sum_{\boldsymbol{i}}\left\langle\hat{n}_{\boldsymbol{i}\uparrow}\hat{n}_{\boldsymbol{i}\downarrow}\right\rangle \tag{7.17}$$

7.3.2 相互作用和错位势调控的金属–绝缘体转变

首先，我们计算了取固定的 $\varDelta$ 值为 0.3，相互作用 U 逐渐增加时，电导率 σ_{dc} 对温度的依赖性。根据电导率在低温处的变化情况可以判断体系处于金属相还是绝缘相，低温时 $\mathrm{d}\sigma_{\mathrm{dc}}/\mathrm{d}T>0$ 代表绝缘相，低温时 $\mathrm{d}\sigma_{\mathrm{dc}}/\mathrm{d}T<0$ 代表金属相。图 7.22(a) 中可以清楚地看到，在 $U=0.0$ 和 $U=1.0$ 时，σ_{dc} 曲线随温度降低呈现出下降趋势且趋于零。这种低温时随温度降低下降的行为说明系统表现出绝缘行为。当相互作用强度增加到 $U=1.8$ 时，曲线随着温度降低上升，此时体系具有金属性。相互作用强度进一步增加到 $U=2.5$，体系的金属性增强，当 U 增加至 4.5 时，则彻底破坏了体系的金属态，此时这个体系进入到莫特绝缘相。当相互作用强度 $U=2.5$ 时，若将错位势增加到 $\varDelta=0.6$，增加的 $\varDelta$ 会抑制体系的金属行为，转变为绝缘相，这也意味着 $U=2.5$ 的相互作用强度并不足以与错位势强度 $\varDelta=0.6$ 竞争，无法使体系维持在金属相。

在图 7.22(b) 中，我们提供了更多数据来强调和突出错位势的改变对体系的影响。对于 $\varDelta=0$，在 $U=1.0$ 和 $U=3.5$ 时，随着温度 T 降低，电导率 σ_{dc} 增加。当相互作用强度 U 取更大的值时（$U=4.0$ 和 $U=4.5$），σ_{dc} 随 T 的降低而降低，这表明在没有错位势时体系是一个绝缘体。在 $U=4.0$ 时，当 $\varDelta$ 从 0 增大至 0.6，体系从绝缘相转变成了金属相。

图 7.22 揭示了一种有趣的现象，即电子关联可能会驱动能带绝缘体转变成金属，并且在更大的相互作用强度下存在着体系的第二次转变：从金属转变成莫特绝缘体。为了进一步探讨这个问题，我们绘制了图 7.23。如图 7.23(a) 所示，对于固定的 $\varDelta=0.0$，从金属到莫特绝缘体的转变发生在 $U_{\mathrm{c}}=3.9$ 处。在图 7.23(b) 中，所有曲线相交于两个点，即 $U_{\mathrm{c1}}=1.4$ 和 $U_{\mathrm{c2}}=4.2$。在 $0<U<U_{\mathrm{c1}}$

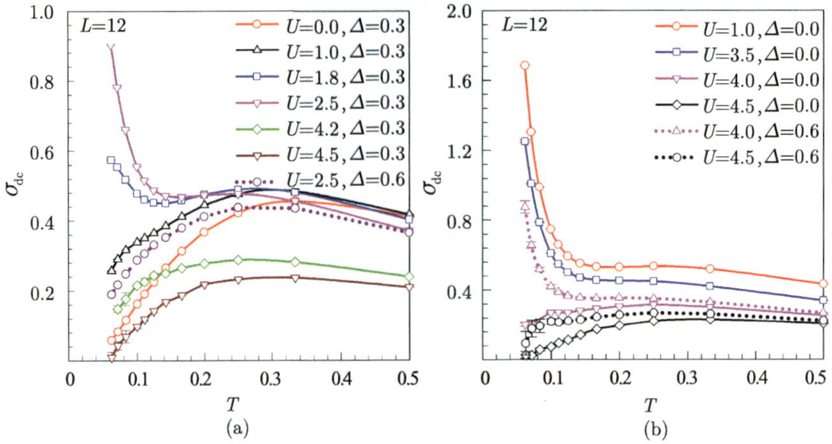

图 7.22　电子填充密度为半满时，取不同的固定 Δ 值，增加相互作用强度 U，电导率 $\sigma_{\rm dc}$ 随温度变化的关系

和 $U_{\rm c2} < U < 5.0$ 的范围内，U 值相同时，较高温度下的电导率 $\sigma_{\rm dc}$ 值超过了较低温度的 $\sigma_{\rm dc}$ 值，系统处于绝缘态；在 $U_{\rm c1} < U < U_{\rm c2}$ 的范围内则出现了相反的情况，电导率随温度降低而增加，这是金属行为。在 $\Delta = 0.3$ 时，温度 T 值不同时，电导率的最大值都保持在 $U_{\rm p} = 3.0$ 附近。图中的两个曲线交点代表从能带绝缘体到金属再到莫特绝缘体的转变。图 7.23(c) 是 Δ 取 0.5 时的情况，两个交点分别是 $U_{\rm c1} = 2.6$ 和 $U_{\rm c2} = 4.3$，这也证实了能带绝缘体–金属–莫特绝缘体的转变，并且最大电导率出现在 $U_{\rm p} = 3.5$ 附近。

在图 7.23(d) 中值得注意的一点是，随着 Δ 的增加，电导率取最大值时对应的 U 值变大，大致遵循 $U_{\rm p}(\Delta) = 2.5 + 2\Delta$ 的规律。这一结果与正方晶格上离子型哈伯德模型的结果大不相同，正方晶格上离子型哈伯德模型的电导率最大值保持在 $U_{\rm p}(\Delta) = 2\Delta$ 附近，这是可以根据 $t = 0$ 分析预测到的[157]。在正方晶格哈伯德模型中，电荷密度波和局域磁矩在 $t = 0$ 的 $U = 2\Delta$ 线上达到完美平衡，因此该系统最有可能是金属的。在 $t = 1$ 处，正方晶格的反铁磁点也位于该线上，也就是 $\Delta = 0$ 时 $U_{\rm c} = 0$，但是对于六角晶格来说，由于电子半满填充时的狄拉克费米子的特性，反铁磁点位于该线上方较高的位置。因此，很可能是反铁磁点将 $\sigma_{\rm dc}$ 最大值点“拉”高了，偏离了 $U = 2\Delta$ 线，这样就给中间相的出现留下了较大空间。

为了进一步证实我们对图 7.21 ~ 图 7.23 中所示的中间相的分析，我们计算了当 $\Delta = 0.5$ 且 U 分别等于 0.5，3.5 和 5.0 时的谱函数 $A(\omega)$，这里取的三个不同的 U 值分别对应三个不同的相。如图 7.24 所示，当 $U = 0.5$ 和 $U = 5.0$ 时，分别对应能带绝缘相和莫特绝缘相，若 $A(\omega)$ 在 $\omega = 0$ 附近有一个能隙，则说明

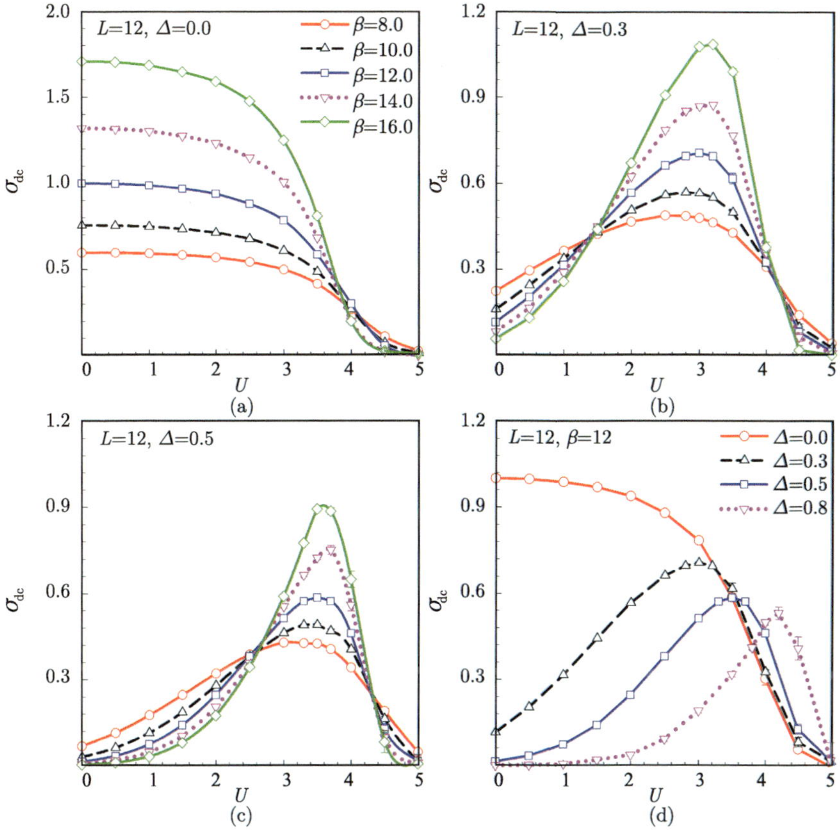

图 7.23 (a)~(c) 是半满时分别取不同的错位势 $\Delta=0.0$，$\Delta=0.3$ 和 $\Delta=0.5$，在不同的温度下，电导率 $\sigma_{\rm dc}$ 随相互作用 U 的变化关系。(d) 温度 $\beta=12$ 且取不同的固定 Δ 时电导率 $\sigma_{\rm dc}$ 与相互作用 U 的关系表明，随着 Δ 增加，每条曲线代表的电导率取最大值处对应的 U 值也在变大

此时体系表现为绝缘体行为。相反，当 $U=3.5$ 时，$\omega=0$ 处的 $A(\omega)$ 没有消失，并且出现一个准粒子峰，这表明体系是金属相。我们关于谱函数的计算结果与电导率的结果是一致，即当 $\Delta=0.5$ 且 U 不断增大时，谱函数先是显示出由相互作用引起的能带能隙的闭合，随着 U 继续变大，又出现了莫特能隙。

7.3.3 热力学极限下的反铁磁长程序

图 7.25 给出了尺寸为 L=3、6、9、12、15 的晶格上反铁磁结构因子的有限尺寸拟合结果。我们通过将计算数据外推到热力学极限估计出，当 $\Delta=0$ 时，出现反铁磁的 U 值的临界点为 $U=4.0\sim4.3$，这个结果与以前关于反铁磁序的研究一致[175,176]。从图 7.25 中可以看到，Δ 会抑制反铁磁结构因子，而 U 的作用

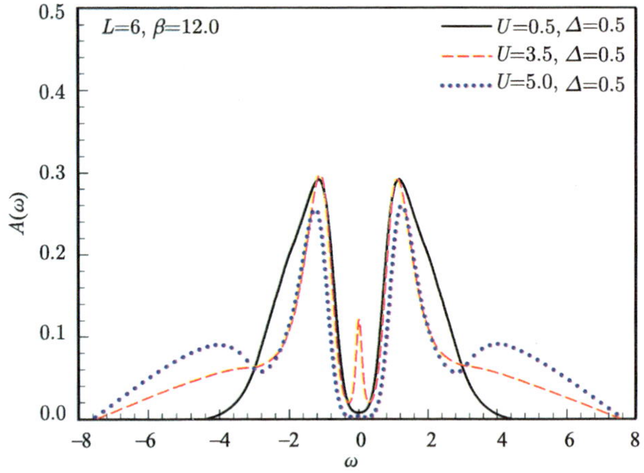

图 7.24　L=6 的六角晶格在温度 $\beta=12.0$，$\Delta=0.5$ 时，取不同的在位相互作用强度 U 下的谱函数 $A(\omega)$。黑色实线和蓝色虚线分别代表能带绝缘体和莫特绝缘体，两者在 $\omega=0$ 处都显示出明显的能隙。红色短虚线表示金属行为，因为 $A(\omega)$ 在 $\omega=0$ 时不为零

则相反，即 U 会增强反铁磁结构因子。当 $\Delta=0.3$，U 增加到 4.5 时，才出现反铁磁序，继续增加 U 至 5.0 时，系统在所有的 Δ 值都出现了反铁磁序。

7.3.4　莫特绝缘相的电子行为

一些研究发现，莫特绝缘行为开始出现时，局域磁矩会变得不连续[204]。图 7.26(a) 绘制出了在 L=12 和 β=12 时，取一系列 Δ 值为参数的 $\partial m/\partial U$-U 图。我们发现，金属–莫特绝缘体转变与 $\partial m/\partial U$ 的最大值的出现有关系。$\partial m/\partial U$ 出现最大值处的 U 值非常接近图 7.21 中用电导率在低温时的行为辨别出的金属–绝缘体转变临界值 U_c。误差的存在使 $\partial m/\partial U$ 出现极大值处的 U 值有些不确定，但是 $\partial m/\partial U$ 的不连续性毫无疑问地预示了转变的发生。$\partial m/\partial\Delta$ 随 Δ 变化的行为在图 7.26(b) 中给出。在较小的相互作用强度下 (U=2.0, 3.0)，体系表现为非常稳健的金属相，随着 Δ 变大，体系变为能带绝缘体相，当相互作用强度较大时 ($U=4.0, 4.2, 4.5$)，体系进入了莫特绝缘体相，此时不同 U 值对应的 $\partial m/\partial\Delta$ 几乎重合在了一起，这与小 U 时的 $\partial m/\partial\Delta$ 曲线有着较为明显的区分。

局域磁矩 m 与电子的双占据数 d 有关，$m=1-2d$，d 的变化可以在某种程度上解释体系的金属–绝缘态转变。在 $T=U=0$ 且 $\Delta>0$ 的情况下，该体系是一个绝缘体，由于存在能隙，此时的体系里有一些原子轨道是电子双占据的。如果增加 U，电荷会重新排列，减少双占据的轨道，体系的金属性增强。如果 U 增加得足够大，所有的电子双占据轨道都会被消除，每个轨道（格点）一个自旋 1/2 电子，并且该模型具有长程反铁磁序，对应莫特绝缘相。

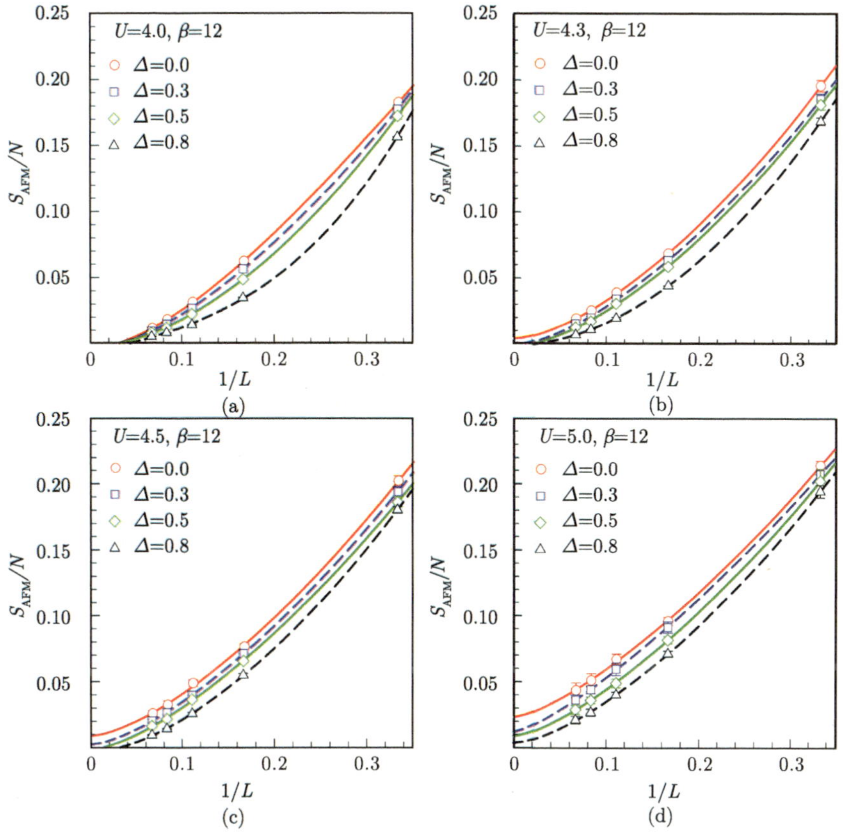

图 7.25 热力学极限下的归一化反铁磁自旋结构因子 S_{AFM}/N 随 $1/L$ 变化的函数，(a) $U = 4.0$，(b) $U = 4.3$，(c) $U = 4.5$ 和 (d) $U = 5.0$，每幅图都计算了 $\beta = 12$ 和不同的错位势强度下的情况。散点是反铁磁计算结果，曲线是散点的三次多项式拟合值。在 $L \to \infty$ 极限下，有限的 y 轴截距表明体系存在反铁磁长程序

我们还将以上的数值计算结果与一个实验研究结果[135] 进行了对比。在这个实验工作中，作者得到的莫特绝缘体图像位于我们计算得到的莫特绝缘体相内，他们的电荷密度波有序相位于我们的能带绝缘体相内。他们得到的金属相的噪声关联图像略微超出我们的金属相（我们计算的金属相在临界点 $U_c = 3.9$ 结束）。但是，我们基于电导率的计算得出的 U_c 值，与 Otsuka 等使用非常精确的数值模拟方法得到的结果一致[175]，Otsuka 等根据磁结构因子的计算得出了临界值为 $U_c = 3.9$。除了这些一致性以外，我们还通过计算得到了相图精确的数字边界，从而为实验工作提供了更多的信息。

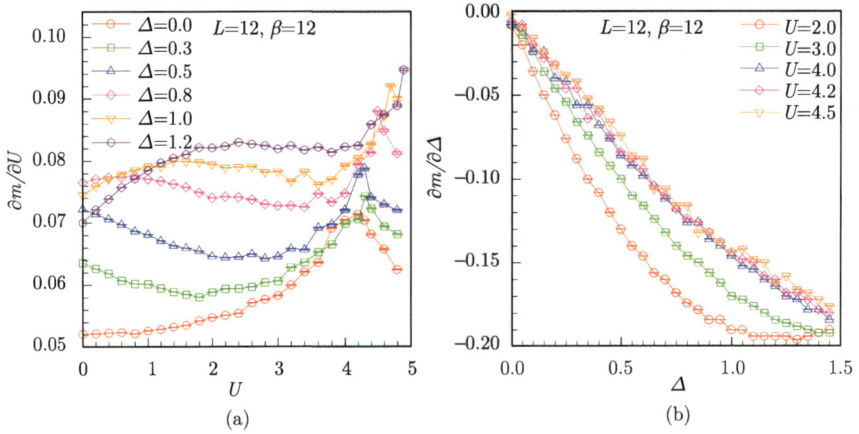

图 7.26　(a) 局域磁矩 m 相对于 U 的一阶导数 $\partial m/\partial U$ 随 U 的变化关系，当 Δ 较小时，$\partial m/\partial U$ 在从金属到莫特绝缘相转变的临界点处有一个局部的最大值；(b) 取不同的 U 值，m 相对于 Δ 的一阶导数 $\partial m/\partial\Delta$ 作为 Δ 的函数的曲线

为了与这个实验结果进行更直接的比较[135]，我们在图 7.27 中针对不同的 Δ 值绘制出了电子双占据 d 随在位相互作用 U 变化的曲线。对于较大的吸引相互作用，可以观测到此时体系内很大一部分格点是电子双占据的，随着 U 的增加，双占据数不断减少。当在位相互作用为 $\Delta \gg U$ 的弱排斥相互作用时，双占据数仍然很高，这与能带绝缘体的预期相同。当在位相互作用为 $U \gg \Delta$ 的强吸引相互作用时，随着 U 增大，双占据数不断减小，当 U 在计算参数范围内最大时 (U=10.0)，双占据趋于消失，这与莫特绝缘相的预期保持一致。我们计算得到的双占据的变化趋势和物理特性与参考文献 [135] 中图 2 所示的实验结果基本上相符。

7.3.5　小结

在本节中，我们在六角晶格离子型哈伯德模型的能带绝缘体相和莫特绝缘体相之间发现了金属相。在正方晶格上[157,194,205]，库仑相互作用在无穷小 U 处产生反铁磁绝缘相，并且，库仑相互作用与错位势的竞争会诱发产生金属相[205]。相比之下，在六角晶格上，即使没有错位势，体系也会在有限的 U 处转变成莫特绝缘体，并且金属相能够存在的 U 和 Δ 的变化范围相当大。

总的来说，在本章中，我们通过行列式量子蒙特卡罗方法研究了六角晶格上的离子型哈伯德模型。我们发现，在两个绝缘相之间的中间相是金属的。错位势使金属相转变成能带绝缘体相，而库仑排斥作用的影响却与错位势大不相同，库仑排斥作用首先将金属相转变为无磁性的莫特绝缘体相，然后又转变为有反铁磁性的莫特绝缘体相。随着库仑排斥作用 U 的增加，能带绝缘体相和金属相之间错

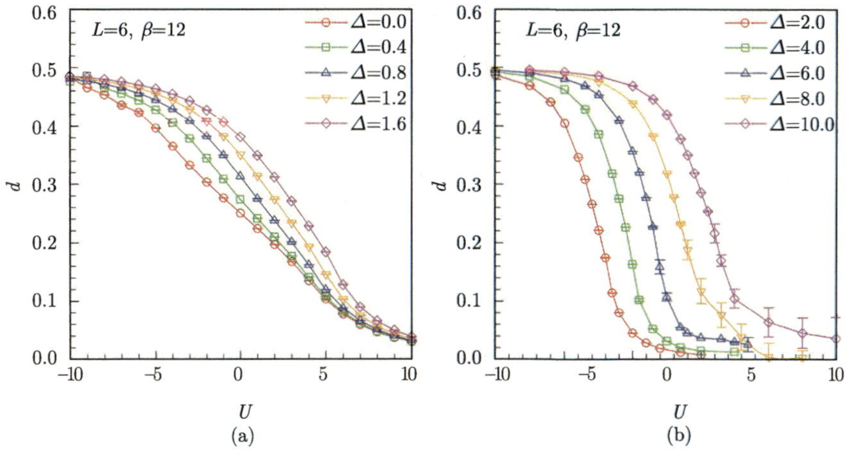

图 7.27 在温度 β=12 时，对于 L=6 六角晶格，不同的 Δ 值对应的电子双占据 d 随在位相互作用 U 变化的曲线

位势的临界值 Δ_c 也增加，这说明这两种能量尺度之间存在竞争关系。但是，在金属–莫特绝缘体转变的边界线附近，因为较大的 U 使电子被“困”在莫特绝缘体相中，因此此时错位势对体系的影响较弱。与先前在其他模型上的理论研究相比，我们使用包含了大量计算的数值研究方法成功地获得了一个完整的相图。在我们得到的相图中，中间相的表现坚固、稳健，并且占据了相图的很大一部分，这也为通过实验探测中间相的存在提供了便利。

7.3.6 补充说明内容

1. 有限尺寸效应

以上的研究结果都是在有限尺寸晶格上计算得到的，为了使相图更加精确可信，在有限尺寸晶格上计算的序参数必须外推至热力学极限。在前文中，我们已经仔细研究了有限尺寸效应对自旋结构因子 S_{AFM} 的影响，接下来，我们讨论直流电导率的尺寸效应。

在图 7.28 中，我们绘制了最大至 L=15 尺寸的晶格在金属态 (a) 和绝缘态 (b) 下电导率 σ_{dc} 随温度 T 变化的关系。图 7.28(a) 和 (b) 都说明，当 $U \leqslant 3.0$ 时，晶格大小对电导率有明显的影响。不过，因为有限尺寸效应对弱耦合作用具有显著影响，因此这样的结果是可以预测到的。在 $U = 3.0$ 和 $\Delta = 0.3$ 的情况下，随着 T 降低，体系的 σ_{dc} 增加；同时，随着晶格尺寸增加，体系的金属性减弱。尽管电导率 σ_{dc} 随晶格尺寸的增加而减小，但其金属行为的特征 $\mathrm{d}\sigma_{\mathrm{dc}}/\mathrm{d}T < 0$ 始终保持不变。在 $U = 1.0$ 且 $\Delta = 0.3$ 时，体系在低温下显示出绝缘行为，在较大

尺寸晶格上的结果也证实了这个结论。当相互作用强度提高至 $U = 4.5$ 时，体系呈绝缘态，这时电导率几乎不受晶格大小的影响。

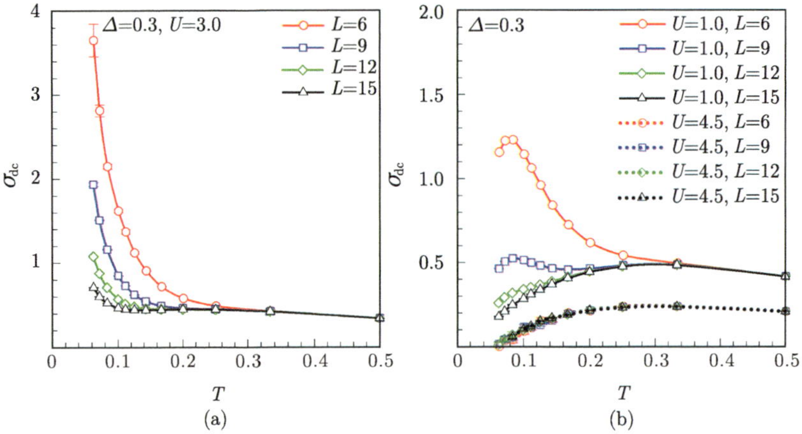

图 7.28　在 $\Delta = 0.3$ 且电子填充为半满时，不同尺寸晶格上的电导率 σ_{dc} 和温度 T 的关系曲线：(a) 金属态；(b) 绝缘态

通常来说，有限尺寸效应对有能隙系统的影响比对金属性系统的影响要小得多。我们对有限尺寸效应的研究结论与这个观点是一致的。我们的目的是通过计算低温时的电导率 σ_{dc} 来辨别出体系的绝缘相，因此 L=12 的晶格已经足够大了。

2.　零温极限

我们采用的数值方法是有限温行列式量子蒙特卡罗方法，只能在有限温度下进行计算，无法计算零温时的情况。但是，我们发现，数值计算结果在某个足够低的温度下会收敛，那么在这个温度下的体系状态就可以被视为基态（零温）。图 7.29 是一个详细的示例，在此图中，我们绘制了在不同的晶格尺寸和错位势的条件下，反铁磁自旋结构因子 S_{AFM} 随着温度的倒数 β=1/T 变化而变化的曲线。

从图 7.29 中可以看出，随着温度降低，反铁磁序增加。当 T 低于某个临界值时（该温度临界值的大小取决于晶格大小），S_{AFM} 变得饱和，并逐渐趋于平稳，在可接受的统计误差范围内，β 对 S_{AFM} 几乎没有影响。因此，我们可以合理地得出这样的结论：如果物理量的观测值在某个低于 $\beta_0 \simeq 10$ 的温度下收敛，则可以认为其已达到 T=0 的基态。在本工作中，我们估计自旋结构因子趋于饱和的温度临界值为 $\beta_0 \simeq 12$。本章中提供的所有数据都是在低于 β_0 的温度下计算得到的。因此，我们获得的结果可以视为在相应条件下的 $T = 0$ 基态结果。有了这些作为铺垫，我们就可以做 $1/L \to 0$ 的尺寸拟合，将结果外延至热力学极限条件。

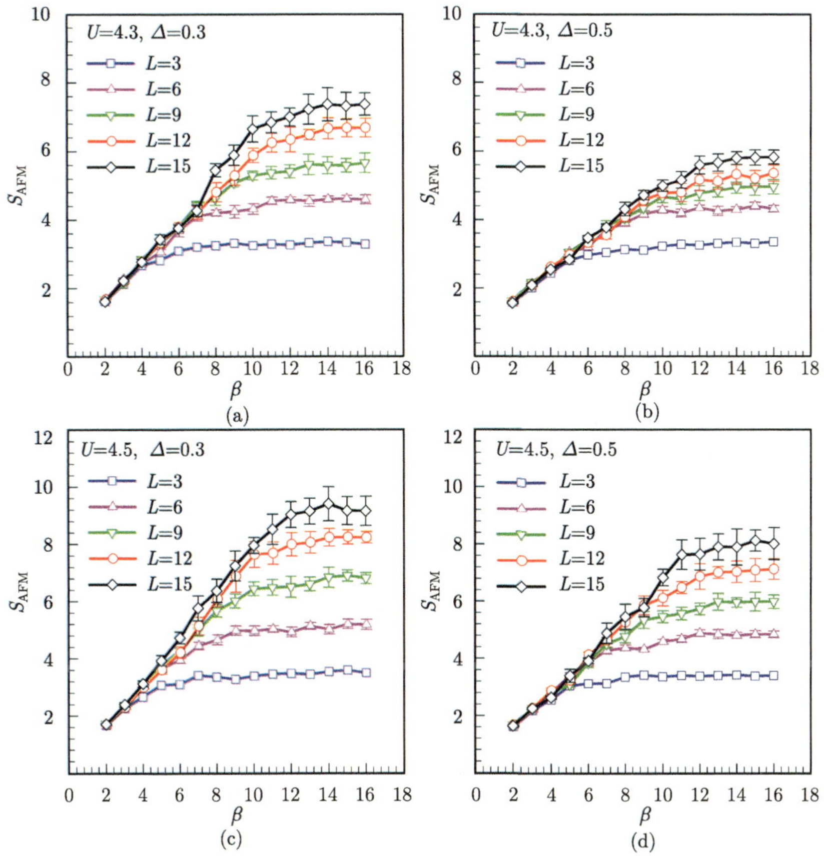

图 7.29 反铁磁自旋结构因子 S_{AFM} 对温度的依赖性。在某个足够低的温度下，S_{AFM} 会趋于饱和，并且在合理的统计误差范围内，S_{AFM} 几乎不受温度的影响

3. 直流电导率公式

在本节中，我们通过观测直流电导率 σ_{dc} 在低温下的行为来区分此时体系是处于金属相还是绝缘相。我们参考了 Trivedi 等在文献 [181] 中使用的方法，下面对此方法的原理稍加阐述。

根据涨落耗散定理，我们定义流–流关联函数为

$$\Lambda_{xx}(\boldsymbol{q},\tau)=\frac{1}{\pi}\int \mathrm{d}\omega\frac{\mathrm{e}^{-\omega\tau}}{1-\mathrm{e}^{-\beta\omega}}\mathrm{Im}\Lambda_{xx}(\boldsymbol{q},\omega) \tag{7.18}$$

$\mathrm{Im}\Lambda_{xx}(\boldsymbol{q},\omega)$ 可以通过对 $\Lambda_{xx}(\boldsymbol{q},\tau)$ 的数据进行数值解析延拓得到。在本工作中，我们假定，当 ω 低于某个能量尺度，即 $\omega<\omega*$ 时，可以认为 $\mathrm{Im}\Lambda_{xx}$ 约等于 $\omega\sigma_{\mathrm{dc}}$，记为 $\mathrm{Im}\Lambda_{xx}\sim\omega\sigma_{\mathrm{dc}}$。这样一来，如果我们取足够低的温度 T，使 $T<\omega*$，

来进行计算，则上式可以简化为

$$\Lambda_{xx}(\boldsymbol{q}=0,\tau=\frac{\beta}{2})=\frac{\pi}{\beta^2}\sigma_{\mathrm{dc}} \tag{7.19}$$

也就是 7.3.1 节中的电导率计算公式 (7.14)。

我们注意到，这个方法应用于费米液体时可能是无效的[181]。因为费米液体的本征能量满足 $\omega* \sim N(0)T^2$，不可能出现 $T < \omega*$ 的情况。但在我们研究的狄拉克费米子体系中，能量尺度是由与温度无关的错位势 Δ 决定的，$\omega* \sim \Delta$，因此式 (7.19) 在低温下仍然有效。

值得一提的是，前文是在无序系统中计算电导率，而我们研究的体系是有序的；在有序体系中，这个电导率计算公式仍然适用。在式 (9.12) 中，如果将 τ 设置为最大值，即 $\tau=\beta/2$（β 取较大数值），则因子 $\mathrm{e}^{-\omega\tau}=\mathrm{e}^{-\omega\beta/2}$ 将迅速衰减消失，只有当 ω 取很小值时，这个因子才对积分有贡献。所以，我们期望出现低频的情况（即 ω 较小），$\mathrm{e}^{-\omega\tau}$ 才是有效的。因为存在 $\mathrm{Im}\Lambda_{xx} \sim \omega\sigma_{\mathrm{dc}}$ 的关系，我们就可以用 $\omega\sigma_{\mathrm{dc}}$ 替代 $\mathrm{Im}\Lambda_{xx}$，然后对 ω 积分，这样就产生了近似后的式 (7.19)。需要注意的是，对于费米液体来说，存在 $\Omega \sim 1/\tau_{\mathrm{e-e}} \sim N(0)T^2$ 的关系，因此不可能满足 $T \ll \Omega$，所以我们不能使用式 (7.19)。只有当存在另外一种能量尺度时（散射机制），比如无序作为能量尺度 Ω，我们才可以使用式 (7.19)。具体地说，如果体系内有强度为 V 的无序，且有 $\Omega \sim V$，就可以将 T 减小至 $T \ll \Omega$，然后就可以放心地使用式 (7.19)。

现在，即便体系内不含无序，但在我们研究的体系中也有一个与错位势 $V(-1)^l n_l$ 有相关的能量尺度 V。如果对 V 进行傅里叶变换，就会在 $\boldsymbol{q}$ 和 $\boldsymbol{q}+\pi$ 之间散射费米子，而随机势（无序势）则会打乱所有的波矢 $\boldsymbol{q}$。

第 8 章　单层石墨烯的超导配对

在电子关联体系中，磁性和超导电性的竞争是凝聚态物理领域的中心问题，对凝聚态物理基础理论和应用研究的意义重大。其中，不同磁序和超导电性的竞争是科学家们最关心的问题。这一竞争广泛存在于重费米子材料[9] 和高温超导材料（如铜氧化物超导体[6] 和铁基超导体[206]，以及有机超导材料[207] 等）中。

为了研究石墨烯中电子关联可能驱动的超导电性，我们从 t–U–V 哈伯德模型出发，采用量子蒙特卡罗方法系统研究了六角晶格中的超导配对关联。当 $V=0$，接近半满时，有限温的行列式量子蒙特卡罗结果说明 $\mathrm{d}+\mathrm{id}$ 波（$d_{x^2-y^2}+\mathrm{i}d'_{xy}$ 的特殊形式）相对于扩展的 s 波配对对称性占据主导地位。进一步使用基态的约束路径量子蒙特卡罗方法发现，$\mathrm{d}+\mathrm{id}$ 波超导配对关联的长程部分随着体系尺寸或库仑相互作用的增加而减小，且在热力学极限下趋于零。包含排斥和吸引的最近邻相互作用 V 对扩展的 s 波配对关联影响很小，但抑制了 $\mathrm{d}+\mathrm{id}$ 波超导配对关联。

8.1　自旋单态 d + id 超导配对

最近，石墨烯受到了实验和理论学家的极大关注[96]。石墨烯的一个重要性质是可以通过外电场作用调控它的化学势，从而可以在体系中引入电荷载流子，并能使用外电场控制电荷载流子的类型。这一性质奠定了石墨烯电子学的基础。在欠掺杂的石墨烯中存在着有限的态密度，并且系统呈现反铁磁自旋涨落[208]，这意味着电子关联可能驱动非常规超导电性。实验上，已在石墨烯中通过邻近效应实现超导态[209]，这表明库珀对可以在石墨烯中相干传播。基于以上的发现，一个有趣的问题是：掺杂的石墨烯是否能成为一个本征的超导体系？

已经有很多的理论工作研究了石墨烯相关体系中可能的超导电性[210]。Uchoa[211] 等基于石墨烯的晶格结构特征，在平均场近似下预言石墨烯中很可能是扩展的 s 波超导配对。另外，Honerkamp 等使用弱耦合泛函重整化群研究方法[212], 发现当掺杂远离半满时，最近邻自旋-自旋相互作用 J 可以导致 $\mathrm{d}+\mathrm{id}$ 波超导态[213]，这与三角晶格中的超导态相似。在唯象哈密顿量的平均场研究中也发现稳定的 $\mathrm{d}+\mathrm{id}$ 波超导态[214]。最近采用排斥相互作用的哈伯德模型，变分蒙特卡罗模拟结果倾向于进一步支持 d + id 波超导态[215]。

虽然基于平均场理论和其他近似方法的结果令人鼓舞，但是在石墨烯相关体系中超导态是否存在还有待确认。经过多年的研究，已经确知可以使用定义在六角晶格上的哈伯德模型描述石墨烯的低能性质[96]。在中等关联强度的石墨烯相关体系中，在位的哈伯德排斥相互作用约为带宽的一半，在这样的电子关联区域内，平均场近似的方法将不再可靠，需要进一步使用非微扰的数值技术给出可信的物理结果。因而，我们综合采用有限温的行列式量子蒙特卡罗和零温的约束路径量子蒙特卡罗方法，进一步系统地研究石墨烯中电子关联可能驱动的超导电性。

我们通过严格的数值结果发现，在半满附近，d + id 波超导配对对称性相对于扩展的 s 波超导配对对称性占据主导地位。进一步做尺寸分析发现，d + id 波超导配对关联的长程部分在热力学极限下趋于零，这表明电子关联不足以在低掺杂的石墨烯体系驱动非常规超导电性。我们还发现最近邻排斥和吸引相互作用对 d + id 波和扩展的 s 波超导配对关联的影响很小。

石墨烯结构可以看成是两套三角子晶格 A 和 B 的交叠，其形成的六角晶格体系低能时的电学和磁学性质可以由如下扩展的哈伯德模型来描述：

$$
\begin{aligned}
H = & -t\sum_{i\eta\sigma}\left(a_{i\sigma}^{\dagger}b_{i+\eta\sigma}+h.c.\right)+U\sum_{i}(n_{ai\uparrow}n_{ai\downarrow}+n_{bi\uparrow}n_{bi\downarrow}) \\
& +V\sum_{i\eta}n_{ai}n_{bi+\eta}-\mu\sum_{i\sigma}(n_{ai\sigma}+n_{bi\sigma})
\end{aligned}
\tag{8.1}
$$

这里，$a_{i\sigma}(a_{i\sigma}^{\dagger})$，$b_{i\sigma}\,(b_{i\sigma}^{\dagger})$，$n_{ai\sigma}=a_{i\sigma}^{\dagger}a_{i\sigma}$，$t$，$\mu$ 及 U 等和前文所述一样。新增的 V 表示最近邻相互作用。除了特殊说明，在本书中我们使用 $U=3.0t$ 和 $V=0$。

我们使用有限温的行列式量子蒙特卡罗方法和零温的约束路径量子蒙特卡罗方法，采用周期性边界条件，研究了 2×48，2×75，2×108，2×147 的晶格体系。图 8.1(a) 是 2×48 石墨烯的晶格示意图，其中蓝（灰）圈和黄（浅灰）圈分别代表 A 和 B 子晶格。在该体系中，行列式量子蒙特卡罗方法的基本思想是将配分函数表示成一系列随机辅助场的高维积分，积分采用蒙特卡罗方法。在约束路径量子蒙特卡罗方法中，在约束 Slater 行列式组成的过完备空间中，初始波函数通过随机游走分支投影得到基态波函数。大量精准计算表明约束引起的系统误差在百分之几以内，且基态观测量对试探波函数的选取不敏感。在我们的约束路径量子蒙特卡罗方法中，采用闭壳层电子填充和相应的自由电子波函数作为试探波函数。

在电子关联系统中，磁激发在理解超导电性中扮演着重要角色，我们首先研究石墨烯的磁关联性质。为研究体系的磁关联，我们定义了最近邻自旋关联

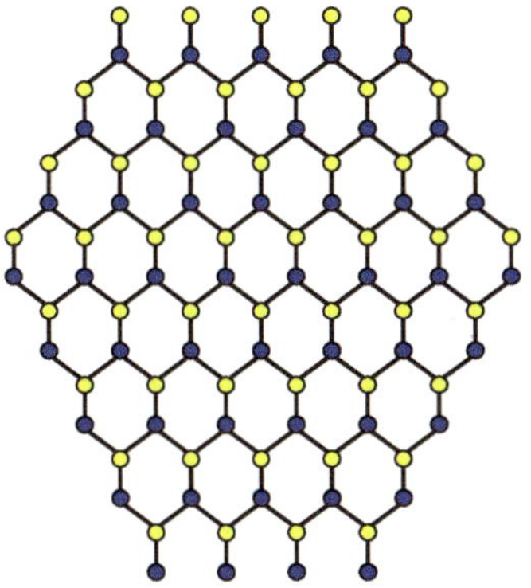

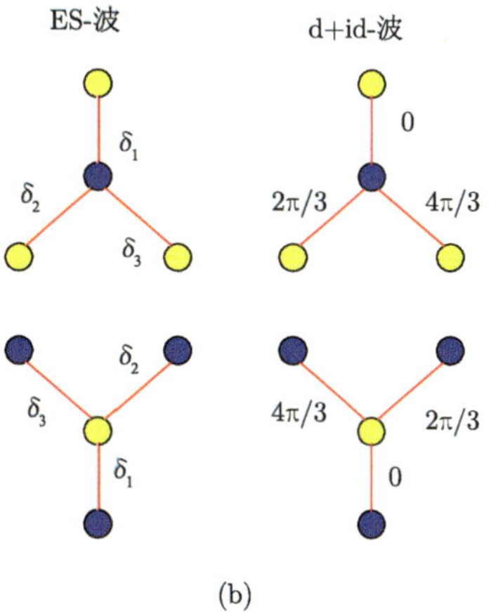

图 8.1 (a) 2×48 石墨烯的晶格示意图；(b) 六角状晶格中 d + id 和 ES 配对对称性的相位。为了更加清楚，省略了对所有 δ_l 都为零的 ES 对称性的相位

$S^{zz}_{\langle \boldsymbol{i},\boldsymbol{j}\rangle}=\langle S^z_{\boldsymbol{i}}\cdot S^z_{\boldsymbol{j}}\rangle$ 和自旋结构因子 $S(\boldsymbol{q})$，它具有如下形式：

$$S(\boldsymbol{q})=\frac{1}{N_{\mathrm{s}}}\sum_{d,d'=a,b}\sum_{\boldsymbol{i},\boldsymbol{j}}\mathrm{e}^{\mathrm{i}\boldsymbol{q}\cdot(\boldsymbol{i}_d-\boldsymbol{j}_{d'})}\langle m_{\boldsymbol{i}_d}\cdot m_{\boldsymbol{j}_{d'}}\rangle \tag{8.2}$$

其中 $m_{\boldsymbol{i}_a}=a^{\dagger}_{\boldsymbol{i}\uparrow}a_{\boldsymbol{i}\uparrow}-a^{\dagger}_{\boldsymbol{i}\downarrow}a_{\boldsymbol{i}\downarrow}$，$m_{\boldsymbol{i}_b}=b^{\dagger}_{\boldsymbol{i}\uparrow}b_{\boldsymbol{i}\uparrow}-b^{\dagger}_{\boldsymbol{i}\downarrow}b_{\boldsymbol{i}\downarrow}$，$N_{\mathrm{s}}$ 表示子晶格数。

为了研究石墨烯的超导电性，我们定义了超导配对磁化率

$$P_\alpha=\frac{1}{N_s}\sum_{\boldsymbol{i},\boldsymbol{j}}\int_0^\beta \mathrm{d}\tau\langle \Delta^{\dagger}_\alpha(\boldsymbol{i},\tau)\Delta_\alpha(\boldsymbol{j},0)\rangle \tag{8.3}$$

和超导配对关联

$$C_\alpha(\boldsymbol{r}=\boldsymbol{R}_{\boldsymbol{i}}-\boldsymbol{R}_{\boldsymbol{j}})=\langle \Delta^{\dagger}_\alpha(\boldsymbol{i})\Delta_\alpha(\boldsymbol{j})\rangle \tag{8.4}$$

其中，α 代表不同的超导配对形式。由于方程 (8.1) 中在位库仑相互作用的约束，两子晶格间易于配对，与其相关的序参数 $\Delta^{\dagger}_\alpha(\boldsymbol{i})$ 为

$$\Delta^{\dagger}_\alpha(\boldsymbol{i})\ =\sum_l f^{\dagger}_\alpha(\delta_l)(a_{\boldsymbol{i}\uparrow}b_{\boldsymbol{i}+\delta_l\downarrow}-a_{\boldsymbol{i}\downarrow}b_{\boldsymbol{i}+\delta_l\uparrow})^{\dagger} \tag{8.5}$$

其中，$f_\alpha(\delta_l)$ 为配对函数形式因子。矢量 δ_l $(l=1,2,3)$ 表示最近邻内子晶格的关系，如图 8.1(b) 所示。考虑到石墨烯的晶格对称性是 $D6$ 点群，最近邻配对的两个形式因子为 A_1 和 E_2，在 $D6$ 点群的不可约表示为[216]

$$\text{ES 波}\ :\quad f_{\mathrm{ES}}(\delta_l)=1,\ l=1,2,3 \tag{8.6}$$

$$\text{d+id 波}\ :\quad f_{\mathrm{d+id}}(\delta_l)=\mathrm{e}^{\mathrm{i}(l-1)\frac{2\pi}{3}},\ l=1,2,3 \tag{8.7}$$

图 8.2 是当 $T=|t|/6$ 时，不同电子浓度时的自旋结构因子 $S(\boldsymbol{q})$ 和最近邻自旋关联 $S^{zz}_{\langle i,j\rangle}$。由图 8.2(a) 可知，自旋结构因子在 M 和 K 之间出现峰值，且图 8.2(b) 中最近邻自旋关联为负值，表明低掺杂的石墨烯体系中反铁磁自旋涨落占据主导地位。从图 8.2 还可以发现，当电子填充 $\langle n\rangle$ 偏离半满时，K 点附近的 $S(\boldsymbol{q})$ 减小，$S^{zz}_{\langle i,j\rangle}$ 仍然为负但绝对值更小，表明当体系远离半满时反铁磁自旋关联受到压制，这与高温超导体系很类似。在铜氧化物高温超导体系中，未掺杂的母体为反铁磁长程序的莫特绝缘体。当掺杂之后，反铁磁长程序很快被破坏掉，

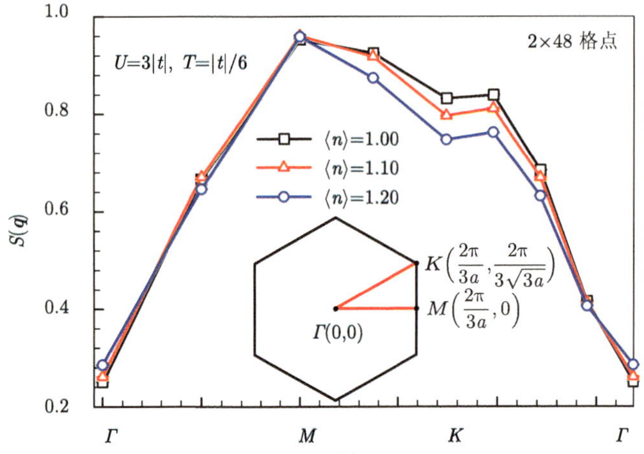

(a)

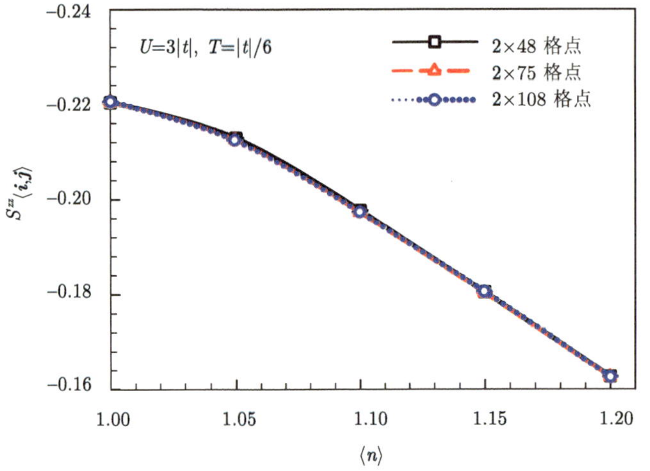

(b)

图 8.2　(a) 在 2×48 晶格中，沿着第一布里渊区（BZ）最高对称线方向的自旋结构因子 $S(\boldsymbol{q})$，其中电子填充度 $\langle n\rangle=1.00, 1.10, 1.20$。(b) 不同晶格中最近邻自旋关联 $S^{zz}_{\langle i,j\rangle}$ 与 $\langle n\rangle$ 的关系。(a) 中内插图为第一布里渊区，其中 a 表示最近邻格点距离。温度 $T=t/6$

取而代之是短程的反铁磁涨落。当掺杂大到一定的程度，体系进入超导态。因而，从图 8.2 所示的磁关联变化，自然可以提出一个问题：在石墨烯中电子关联是否能驱动非常规超导电性？接下来，我们通过计算体系低掺杂区域的超导配对磁化率和配对关联函数随温度、晶格尺寸的变化来回答这一问题。

图 8.3 是在 2×48 晶格中不同超导配对对称性的配对磁化率在不同电子填充时随温度的变化。从图 8.3(a) 可以清楚看到，d + id 和扩展的 s 波配对对称性的超导配对磁化率随着温度的降低而增大，尤其是在低温时，$P_{\text{d+id}}$ 比 P_{ES} 增大得更快。这说明在欠掺杂区域，d + id 的超导配对磁化率比扩展的 s 波更占优势。从图 8.3(a) 还可以看到，在整个温度区域，$U = 3|t|$ 时的 $P_{\text{d+id}}$ 比无相互作用时 $P_{\text{d+id}}$ 小，这说明电子关联导致了准粒子权重的减少（自能效应），因而对超导配对磁化率有抑制的作用。

为了在不同超导配对渠道中更好提取出有效配对相互作用，我们将方程 (8.3) 中 $\langle a_{i\downarrow}^{+} a_{j\downarrow} b_{i+\delta_l\uparrow}^{+} b_{j+\delta_{l'}\uparrow}\rangle$ 代替为 $\langle a_{i\downarrow}^{+} a_{j\downarrow}\rangle\langle b_{i+\delta_l\uparrow}^{+} b_{j+\delta_{l'}\uparrow}\rangle$ 近似得到 $\widetilde{P}_{\alpha}(\boldsymbol{i},\boldsymbol{j})$。图 8.3(b) 对比了 $P_{\text{d+id}}$ 与 $\widetilde{P}_{\text{d+id}}$，很明显它们随温度的变化趋势相似。通过 $P_{\text{d+id}}$ 与 $\widetilde{P}_{\text{d+id}}$ 之差，可以近似得到有效配对相互作用，从插图中可以看出有效配对相互作用为正，且温度越低值越大。有效配对相互作用为正值说明 d + id 波超导配对确实存在吸引力。

根据有限温行列式量子蒙特卡罗方法计算得到的配对磁化率，$P_{\text{d+id}}$ 在一定温度下的发散预示着温度足够低时，体系可能进入 d + id 波超导态。然而在更低的温度区域，由于量子蒙特卡罗方法不可避免的负符号问题，数值模拟存在一定的困难，不能确定超导配对磁化率在低温是否一直保持增长并趋于发散。为了确定低温时 d + id 波超导态是否存在这一关键问题，接下来我们使用基态的约束路径量子蒙特卡罗方法进一步研究零温时超导配对关联函数。

图 8.4 是在 2×75 和 2×108 晶格中，我们比较了 d + id 和扩展的 s 波超导配对对称性的关联与距离的关系，电子填充度 $\langle n\rangle$ 约为 1.1。可以看出，在所给出的超导配对关联部分，$C_{\text{d+id}}(r)$ 大于 $C_{\text{ES}}(r)$，相似的趋势也出现在 $\langle n\rangle = 1.095$ 的 2×147 晶格中。这进一步证实了在欠掺杂区域，d + id 超导配对关联占据主导地位。

要说明超导态是否存在，一个关键问题是，超导配对关联是否在热力学极限下趋于非零的有限值。我们研究了 $C_{\text{d+id}}$ 随着晶格尺寸的变化关系。图 8.4(b) 中的内插图是 d + id 超导配对关联函数的长程部分的平均值 $\overline{C}_{\text{d+id}} = \dfrac{1}{\sqrt{N'}}\sum_{r>4a} C_{\text{d+id}}(r)$ 与 $\dfrac{1}{\sqrt{N_{\text{s}}}}$ 的关系，其中 $U = 0,\ 2.0t,\ 3.0t,\ 4.0t$，$N'$ 是 $r > 4a$ 时的配对电子数。可以看出，$\overline{C}_{\text{d+id}}$ 随着晶格尺寸增加而减小，当 $U = 0$ 时，它

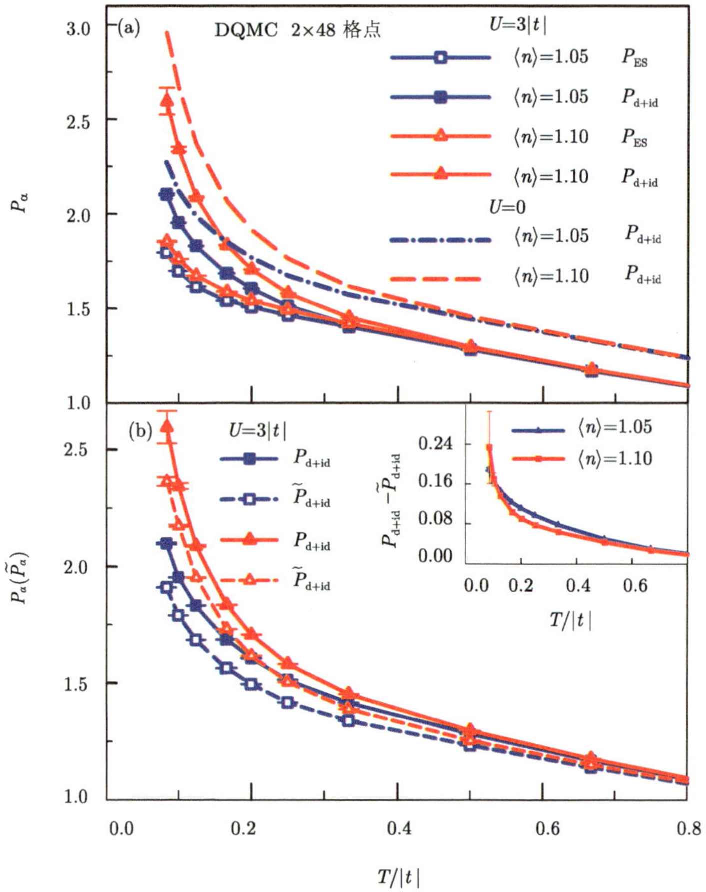

图 8.3　(a) 不同配对对称性和电子填充时配对磁化率 P_α 与温度 T 的关系；(b) 当 $\langle n\rangle = 1.05$ 与 $\langle n\rangle = 1.10$ 时，$\tilde{P}_{\mathrm{d+id}}$ 与 $P_{\mathrm{d+id}}$ 随温度的关系。(a) 中虚线和虚线-点表示当 $U = 0$ 时的 d + id 配对磁化率；(b) 中插图为有效配对相互作用 $P_{\mathrm{d+id}} - \tilde{P}_{\mathrm{d+id}}$ 与温度的关系

在热力学极限 $\left(\dfrac{1}{\sqrt{N_{\mathrm{s}}}} \to 0\right)$ 下趋于零。此外，随着 U 的增加，$\overline{C}_{\mathrm{d+id}}$ 逐渐减小，这些结果说明在研究的参数范围内没有长程 d + id 超导序。这与泛函重整化群研究得到的掺杂 Hubbard 模型中没有稳定超导态的结果一致[212]。相似地，变分蒙特卡罗方法也得到 $\overline{C}_{\mathrm{d+id}}$ 随着格点尺寸增加而减小的结果[214]。因此，虽然反铁磁涨落可以诱导出最近邻的单重态超导配对，但是超出平均场的量子涨落将会破坏电子配对的相位相干性。

长程相互作用在石墨烯的物理性质中也十分重要，特别是在低掺杂区，费米

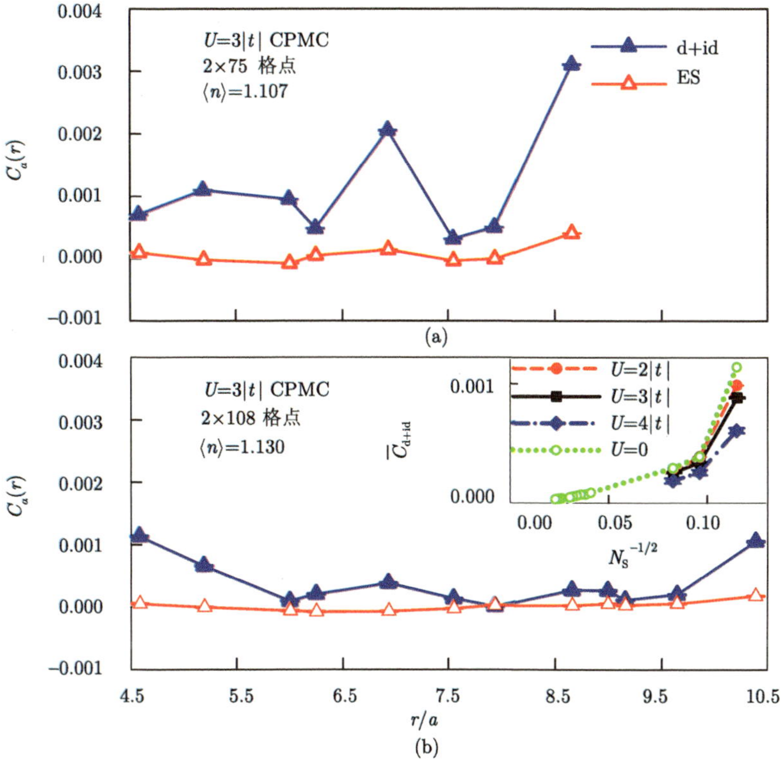

图 8.4 d + id 和扩展的 s 波超导配对对称性的关联 $C_\alpha(r)$ 与距离的关系。(a) 在 2×75 晶格中电子填充度 $\langle n \rangle = 1.107$，(b) 在 2×108 晶格中电子填充度 $\langle n \rangle = 1.130$；(b) 插图为填充度为 $\langle n \rangle \approx 1.1$ 时，d + id 超导配对关联函数的长程部分的平均值 $\overline{C}_{d+id}$ 与 $\dfrac{1}{\sqrt{N_s}}$ 的关系

能级附近的电子态密度很小，不能有效屏蔽长程库仑相互作用。我们研究了最近邻相互作用对超导配对关联的影响。图 8.5 是在 2×75 晶格中，不同最近邻相互作用 V 下的 d + id 波和扩展的 s 波超导配对关联随距离的变化关系，这里同时考虑了排斥和吸引相互作用。从图中可以看出，最近邻相互作用对扩展的 s 波超导配对关联几乎没有影响，而 d + id 波超导配对关联却受到最近邻排斥和吸引相互作用的抑制。此结果与 Uchoa 等[211] 在平均场下得到的最近邻相互作用可稳定 ES 超导态的结论相反。另外，最近邻相互作用没有增强 d + id 波超导配对关联的趋势。因此，可以预测，在欠掺杂的石墨烯体系中，电子关联不足以驱动非常规超导电性。

我们从扩展的哈伯德模型出发，使用量子蒙特卡罗方法研究了六角晶格体系的超导配对关联。有限温的行列式量子蒙特卡罗方法和基态的约束路径量子蒙特

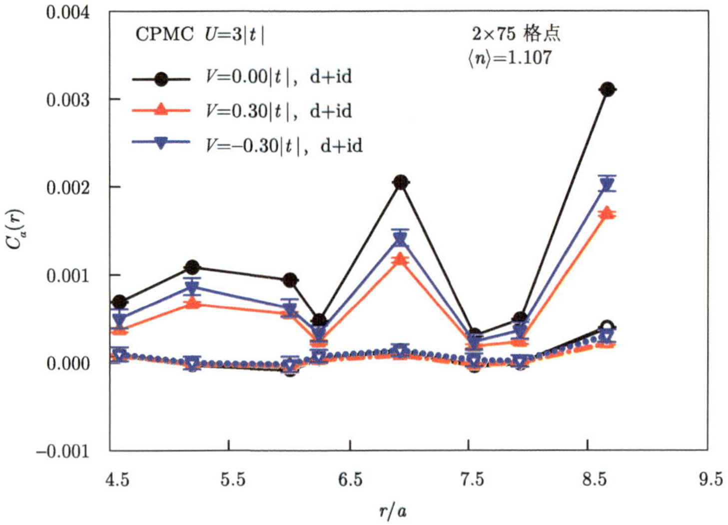

图 8.5　在 2×75 晶格中，当填充度 $\langle n\rangle = 1.107$ 时 d + id 波（实心点）和 s 波（空心点）超导配对关联与距离的关系，点表示最近邻相互作用 V 的值

卡罗方法都说明，在欠掺杂区域，d + id 波超导配对关联比 ES 超导配对关联占优势，这与先前平均场和泛函重整化群的研究结果一致。另外，反铁磁自旋关联有利于 d + id 超导配对对称性，这与三角晶格情况相似[217]。然而，热力学极限下 d + id 波超导配对关联趋于零的现象表明石墨烯中电子关联不足以产生本征超导。

8.2　自旋三重态 p+ip 超导电性

接下来，我们研究六角晶格中包含有最近邻（$t>0$）和次近邻（$t'<0$）跃迁项的哈伯德模型。当 $t'<-t/6$ 时，单粒子能谱在能带的底部是连续分布的范霍夫鞍点，其态密度呈幂级数发散。我们采用无规相近似和行列式量子蒙特卡罗方法研究了在费米能级接近能带底部的情况，并得出体系可能的非常规超导。研究表明在适当的相互作用强度下，体系中可能存在着自旋三重态的 p + ip 超导电性。我们的结果提供了一种在重度掺杂石墨烯及相关体系中寻找转变温度较高的自旋三重态超导电性的方法。

单层碳原子可以形成六角晶格材料石墨烯。自石墨烯被成功合成后受到了很多研究领域的关注。科学家们主要关注了其能带结构为狄拉克锥的物理特性[96]。电子浓度接近半满的石墨烯，其费米能级附近的态密度几乎为零，因此，低温时较弱或中等的短程排斥相互作用一般不能引起相变[123]。但是，当费米能级远离狄拉克点时，排斥相互作用可能会导致新奇的相。例如，重整化群计算表明在接近半满的六角晶格哈伯德模型中，弱排斥相互作用力有可能导致非常规或拓扑超导[218]。最近，理论不断预言了 1/4 电子或空穴掺杂时的 I 型范霍夫奇点（时间反演不变的范霍夫奇点）附近新奇的相，如 d + id 波[218] 拓扑超导态[168]、Chem-band 绝缘体[219] 及自旋密度波等。范霍夫奇点附近态密度呈对数发散可能会显著提高超导转变温度。最近，重整化群分析表明，在 II 型范霍夫奇点（鞍点不是时间反演不变动量点）体系一般会出现拓扑的自旋三重态的 p + ip 波超导态[220]。

在二维情况下，因费米面是分立的范霍夫鞍点，费米能级态密度呈对数发散。研究态密度呈幂律发散体系中的相将非常有趣。在六角晶格中，当跃迁参数满足 $t' < -t/6$ 时，态密度在低频带的带底附近呈平方根倒数发散，如图 8.6（b）所示，在带底一条闭合线取代了分立点。在石墨烯中，跃迁参数可以满足 $t' < -t/6$ 这样的条件[221]，最近的实验也表明，过掺杂石墨烯中 $t' < -t/6$[222]。需要注意的是，只有不考虑第三近邻或更长程的跃迁项时，才会在带底出现闭合曲线。这种带底闭合曲线被看作是一组连续分布的范霍夫鞍点。最近的行列式量子蒙特卡罗研究已经揭示了在此体系中的类铁磁自旋关联[223]，这意味着排斥相互作用可能导致体系自旋三重态的非常规超导电性。

本节中，我们将使用无规相近似和行列式量子蒙特卡罗方法，研究过掺杂石墨烯体系中弱或中等电子关联强度驱动的超导电性的配对对称性。在过掺杂石墨烯体系中，能带底部费米面附近的电子态密度呈幂指数发散。在不同的参数范围，两种方法都说明了自旋三重态的 p + ip 波配对对称性的超导态占据主导地位。当 $t' = -0.2t$，$U/t = 3.0$ 和电子填充 $n = 0.2$ 时，自旋三重态的超导转变温度 $T_{\mathrm{c,triplet}}$ 的量级大约是 $10^{-2}t$。对于石墨烯，$t \sim 2.0\mathrm{eV}$，这表明当将费米能级调整到接近带底时，其 $T_{\mathrm{c,triplet}}$ 将高达 200K。这些结果提供了在低电子浓度的石墨烯中寻找高转变温度的自旋三重态超导电性的思路。

我们采用和前面类似的哈密顿量

$$H = -t\sum_{\langle i,j\rangle} c_{i\sigma}^{\dagger} c_{j\sigma} - t'\sum_{\langle\langle i,j\rangle\rangle} c_{i\sigma}^{\dagger} c_{j\sigma} + U\sum_{i} n_{i\uparrow} n_{i\downarrow} \tag{8.8}$$

其中，$c_{i\sigma}^{\dagger}$ 是电子在 i 点自旋方向 $\sigma =\uparrow,\downarrow$ 的产生算符，U 为在位排斥相互作用。这里的 t 和 t' 项分别表示最近邻和次近邻跃迁项。根据最近的第一性原理计算[224] 和实验的结果[225]，我们取 $t > 0$，$t' < 0$。在不同实验中，$|t'/t|$ 的变化范围是 $0.1 \sim 0.3$[225]，在我们的计算中，除非特殊说明，取 $t' < -t/6$，并主要选取

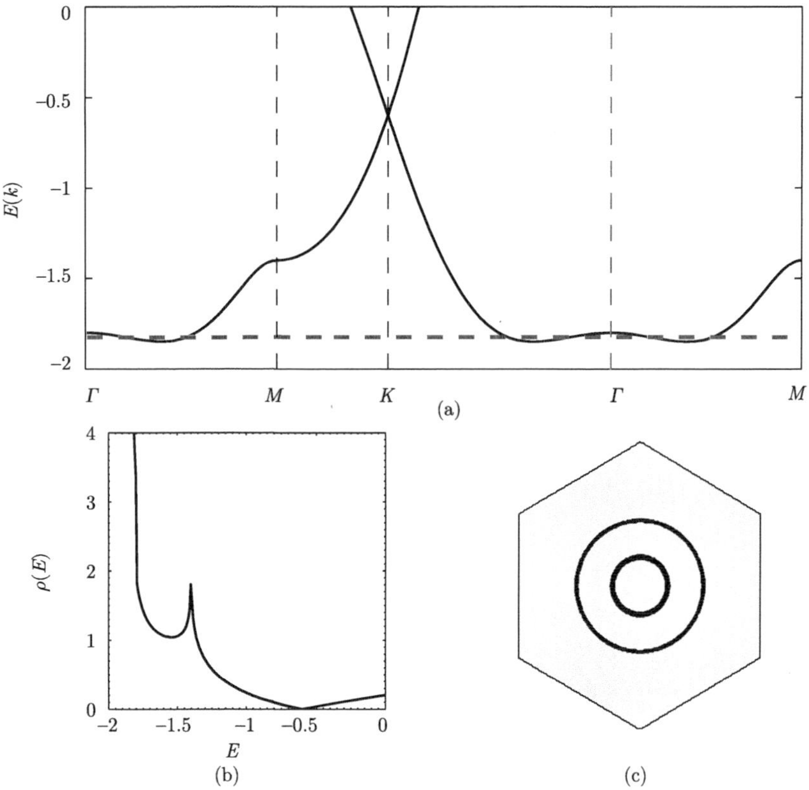

图 8.6　(a) 沿着第一布里渊区最高对称性方向的能带结构；(b) $t' = -0.2t$ 时态密度与能量的关系；(c) $\langle n\rangle = 0.2$ 时体系的费米面

$t' = -0.2t$。

图 8.6(a) 为能带结构和费米能级,其中平均每个格点的电子填充为 $\langle n\rangle = 0.2$。从能带结构可以发现一个重要特征：体系的带底不在 Γ 点，而在 Γ 点附近出现两条封闭曲线，结果在带底附近的态密度呈平方根倒数发散，如图 8.6(b) 所示。图 8.6(c) 是 $\langle n\rangle = 0.2$ 时体系的费米面（FS），其中内圈是空穴带，外圈是电子带。因为其费米面发散的态密度会导致非常强烈的库仑屏蔽相互作用，所以采用只考虑在位库仑相互作用的哈伯德模型来描述掺杂石墨烯在范霍夫奇点附近的物理性质。

接下来，我们分别采用适用于弱相互作用的无规相近似和适用于较强相互作用的行列式量子蒙特卡罗方法，分析过掺杂（低电子填充）石墨烯体系中电子关联可能驱动的超导电性及其超导配对对称性。

在研究小 U $(=0.1t)$ 的情况时，我们采用标准的多轨道无规相近似方法。在不考虑电子相互作用的体系中，磁化率可表述为

$$\chi_{l_3,l_4}^{(0)l_1,l_2}(\boldsymbol{q},\tau)\equiv\frac{1}{N}\sum_{\boldsymbol{k}_1,\boldsymbol{k}_2}\left\langle T_\tau c_{l_1}^{\dagger}(\boldsymbol{k}_1,\tau)c_{l_2}(\boldsymbol{k}_1+\boldsymbol{q},\tau)c_{l_3}^{+}(\boldsymbol{k}_2+\boldsymbol{q},0)c_{l_4}(\boldsymbol{k}_2,0)\right\rangle_0 \quad (8.9)$$

其中，l_i $(i=1,2,3,4)$ 表示轨道（子晶格）数，磁化率矩阵 $\chi_{l,m}^{(0)}(\boldsymbol{q})\equiv\chi_{m,m}^{(0)l,l}$ $(\boldsymbol{q},\mathrm{i}\nu=0)$ 最大本征值如图 8.7 所示，其中 $\langle n\rangle=0.1$，它主要分布在 Γ 点附近的小圆上。这表明体系具有强铁磁内子晶格自旋涨落。一般地，在低填充时圆的半径决定填充度，磁化率矩阵的本征矢表明外子晶格的自旋涨落也是类铁磁，虽然它比内子晶格弱。这样的类铁磁自旋涨落与行列式量子蒙特卡罗方法计算结果一致[223]。

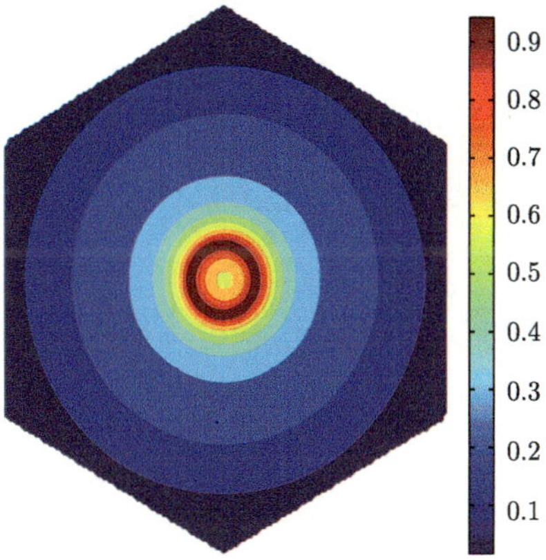

图 8.7 在第一布里渊区中无相互作用时，磁化率矩阵的最大本征值

在 U 较弱时，无规相近似的自旋磁化率 χ^s 和电荷磁化率 χ^c 为

$$\chi^{s(c)}(\boldsymbol{q},\mathrm{i}\nu)=\left[I\mp\chi^{(0)}(\boldsymbol{q},\mathrm{i}\nu)\bar{U}\right]^{-1}\chi^{(0)}(\boldsymbol{q},\mathrm{i}\nu) \quad (8.10)$$

$\bar{U}_{\mu'\nu'}^{\mu\nu}(\mu,\nu=1,2)$ 是 4×4 的矩阵，它只有两个非零矩阵元 $\bar{U}_{11}^{11}=\bar{U}_{22}^{22}=U$。很明显 U 抑制 χ^c，提高了 χ^s。因此，在相互作用系统中，库珀对主要由自旋涨落作为媒介[226]。在无规相近似中，费米面附近的库珀对通过交换自旋涨落获得有效相互作用 V_{eff}[227]。在超导临界温度 T_{c} 附近，从有效相互作用可以得到线性能隙方程，进而得出体系的主导配对对称性。

当 $\langle n\rangle$=0.1 和 $\langle n\rangle$=0.2 时，在低电子填充下体系的主导配对对称性是简并的 p_x 和 p_y 双重态，如图 8.8(a) 和 (b) 所示，为使基态能量最小，它们进一步混合成 $\mathrm{p}_x\pm\mathrm{p}_y$，这与我们采用平均场计算有效哈密顿量的结果一样。图 8.9 是在体

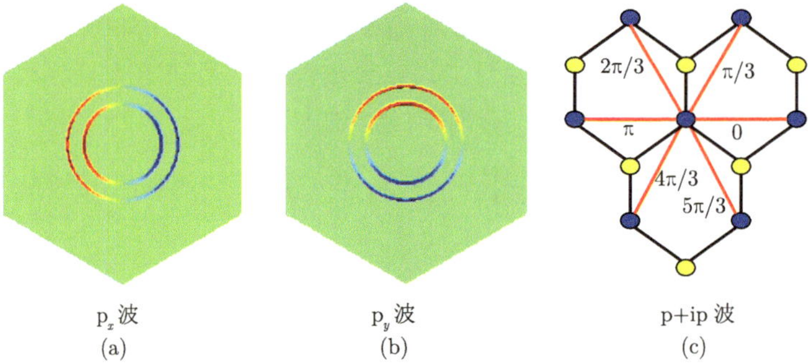

图 8.8　(a) 和 (b) p_x 和 p_y 在 k 空间的配对对称性；(c) 六角状晶格在实空间中 p + ip 配对对称性的相位

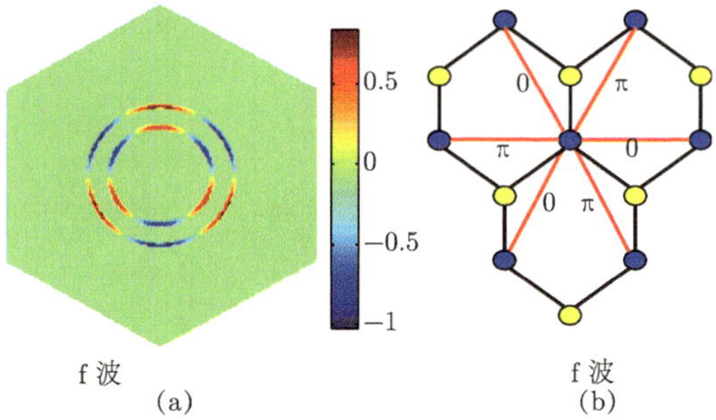

图 8.9　(a) k 空间中 f 配对对称性；(b) 实空间中 f 配对对称性的相位

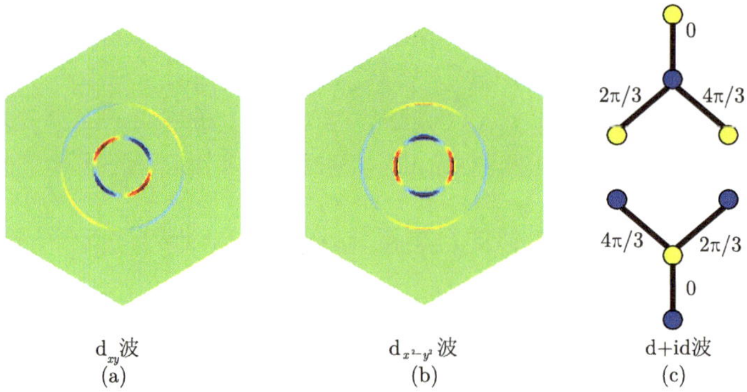

图 8.10　(a) 和 (b) k 空间中 d_{xy} 和 $d_{x^2-y^2}$ 配对对称性；(c) 实空间中 d + id 配对对称性的相位

系中通过类铁磁自旋涨落调节三重态配对。图 8.9(a) 是当 $\langle n\rangle = 0.1$ 时，在低电子浓度体系中次主导配对对称性的三重态 f 波，图 8.10(a) 和 (b) 是当 $\langle n\rangle = 0.2$ 时，单重态 d_{xy} 和双重态 $d_{x^2-y^2}$（进一步混合成 $d_{xy} \pm id_{x^2-y^2}$ 以使能量较低）。

在无规相近似计算中，U 的取值最大到 $U = 0.1t$。因为当 U 超过其临界值 U_c 时，自旋磁化率的发散使得无规相近似无法进一步研究超导的性质。如图 8.7

所示，在特定动量下，磁化率没有出现尖锐的峰，所以当 $U > U_c$ 时自旋磁化率的发散在物理上可能不足以说明磁有序态的存在，而不同波矢间的竞争可能会导致顺磁行为或提供短程自旋关联以作为形成库珀对的媒介。接下来我们将采用适用于处理强电子关联体系的行列式量子蒙特卡罗方法研究 $U > U_c$ 的情况。

为了使用行列式量子蒙特卡罗方法研究体系超导的性质，与前文类似，我们定义配对磁化率为

$$P_\alpha \equiv \frac{1}{N_s}\sum_{\boldsymbol{i},\boldsymbol{j}}\int_0^\beta \mathrm{d}\tau\langle \Delta_\alpha^\dagger(\boldsymbol{i},\tau)\Delta_\alpha(\boldsymbol{j},0)\rangle \tag{8.11}$$

其中，α 表示不同的配对对称性，而对应的配对序参量 $\Delta_\alpha^\dagger(\boldsymbol{i})$ 为

$$\Delta_\alpha^\dagger(\boldsymbol{i}) \ \equiv \sum_l f_\alpha^*(\delta_l)(c_{\boldsymbol{i}\uparrow}c_{\boldsymbol{i}+\delta_l\downarrow} \pm c_{\boldsymbol{i}\downarrow}c_{\boldsymbol{i}+\delta_l\uparrow})^\dagger \tag{8.12}$$

这里 $f_\alpha(\delta_l)$ 为配对函数的形式因子，δ_l 表示键连接，“+”（“−”）表示单重态（三重态）对称。

根据无规相近似的结果，行列式量子蒙特卡罗方法着重研究三种不同的超导配对对称性，即 $\mathrm{p}+\mathrm{ip}$，f 和 $\mathrm{d}+\mathrm{id}$，其形式因子分别如图 8.8(c)、8.9(b)、8.10(c) 所示。当其相位每移动 $\pi/3$，即分别为 $\pi/3$，$2\pi/3$，π 时，可以区分这些配对对称性。次近邻 $\mathrm{p}+\mathrm{ip}$ 和自旋三重态配对 f 波的因子具有如下形式：

$$f_{\mathrm{p+ip}}(\delta_l) = \mathrm{e}^{\mathrm{i}(l-1)\frac{\pi}{3}}, \quad f_{\mathrm{f}}(\delta_l) = (-1)^l,\ l = 1,\cdots,6 \tag{8.13}$$

而最近邻单重配对 d+id 的形式因子为

$$f_{\mathrm{d+id}}(\delta_l) = \mathrm{e}^{\mathrm{i}(l-1)\frac{2\pi}{3}}, \quad l = 1,2,3 \tag{8.14}$$

需要注意的是，在 f 波配对中，禁止最近邻配对。而对于 $\mathrm{p}+\mathrm{ip}$ 和 $\mathrm{d}+\mathrm{id}$ 波配对，虽然允许最近邻和次近邻配对，但是我们的行列式量子蒙特卡罗计算结果表明，对于 $\mathrm{p}+\mathrm{ip}$（$\mathrm{d}+\mathrm{id}$）波对称，最近邻比次近邻弱（强），这表明最近邻的类铁磁自旋涨落小于次近邻，与无规相近似的计算结果一致。通过在前因子增加比最近邻和次近邻弱得多的三级和四级配对，我们进一步研究了长程超导配对关联。

在有限温度下，我们使用周期性边界条件，采用量子蒙特卡罗方法数值模拟了 2×48，2×75 和 2×108 晶格体系。这里模拟的六角晶格是由两套相互交叠的三角子晶格组成的，我们采用的晶格保留了三角晶格的最高几何对称性。如图 8.11 所示，晶胞总数为 $3L^2$，总格点数为 $2\times3L^2$，其中图 8.11(a)~(c) 分别表示 L =6, 5, 4。

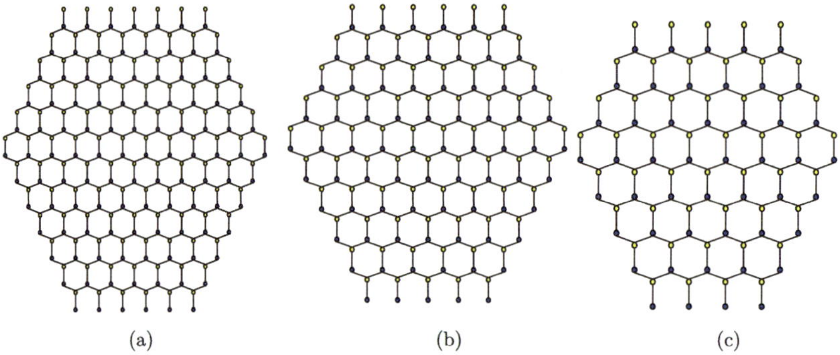

图 8.11　(a) 2×108，(b) 2×75 ，(c) 2×48 六角晶格的几何结构

图 8.12(a)、(b) 分别表示电子填充为 $\langle n\rangle$=0.2 和 $\langle n\rangle$=0.1 时，不同配对对称性的配对磁化率与温度的关系，其中 $U=3.0t$。从图中可以看出，各种对称性的配对磁化率随着温度的增加而减小，温度较低时，p + ip 波配对对称性起主导作用，这与无规相近似的结果一致。图 8.12(a) 是 2×48，2×108 晶格中配对磁化率 $P_{\mathrm{p+ip}}$ 与 2×75 晶格中其他配对磁化率的比较，由结果可知尺寸效应基本上可以忽略。

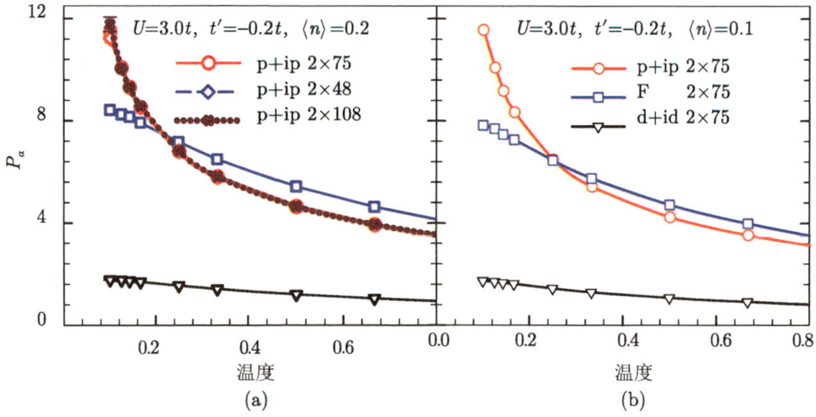

图 8.12　当 $U=3.0t$ 时，在 2×75 晶格中 (实线) 不同配对对称性的配对磁化率 P_α 与温度的关系：(a)$\langle n\rangle$=0.2；(b)n=0.1。(a) 当 n=0.2 时，2×48 和 2×108 晶格的 $P_{\mathrm{p+ip}}$ (红色虚线)。这里温度的单位为 t

当配对磁化率趋于发散时出现超导转变。然而，行列式量子蒙特卡罗方法在掺杂系统中存在不可避免的负符号问题，即温度越低，误差越大。图 8.13 是尽可能模拟到的最低温的情况，并将误差控制在可允许的范围内。2×75 晶格的结果最低温是 $t/12$，2×12 晶格的结果最低温是 $t/15$。如图 8.13 所示，我们采用公式 $P=a/(T-T_{\mathrm{c}})+b$ 拟合量子蒙特卡罗的数值结果，外推得到可能的 T_{c}。模拟结果与量子蒙特卡罗结果吻合，从中可以看出，T_{c} 大约为 0.01t，即约为 200K。

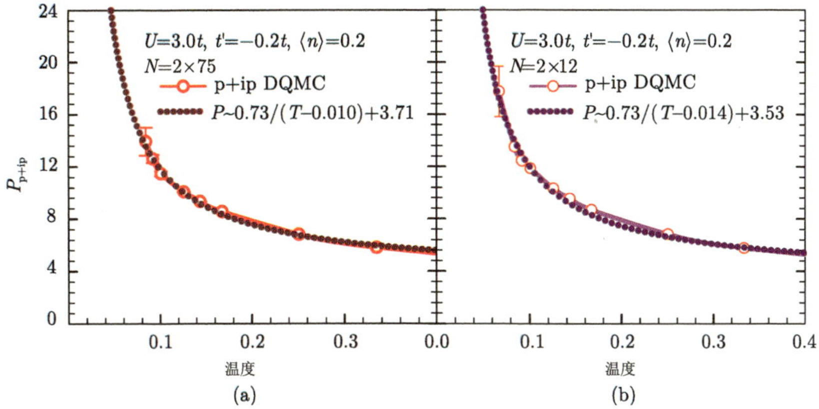

图 8.13 当 $U = 3.0t$，$\langle n\rangle = 0.2$ 时配对磁化率 $P_{\rm p+ip}$ 与温度的关系：(a) 2×75 晶格，(b) 2×12 晶格 (实线)，虚线表示拟合

为了在有限体系中提取本征配对相互作用，需要从 P_α 减去非关联单粒子的贡献 $\widetilde{P}_\alpha$，即将方程 (8.11) 中的 $\langle c_{i\downarrow}^\dagger c_{j\downarrow} c_{i+\delta_l\uparrow}^\dagger c_{j+\delta_{l'}\uparrow}\rangle$ 代替为 $\langle c_{i\downarrow}^\dagger c_{j\downarrow}\rangle\langle c_{i+\delta_l\uparrow}^\dagger c_{j+\delta_{l'}\uparrow}\rangle$。从图 8.14 可以定性看出，本征配对相互作用 $P_{\rm p+ip}-\widetilde{P}_{\rm p+ip}$ 为正值，且与 $P_{\rm p+ip}$ 随温度变化趋势相同，随着温度的增加而减小。$P_{\rm p+ip}-\widetilde{P}_{\rm p+ip}$ 随温度的变化表明，在低温时体系超导配对的电子之间产生有效的引力。此外，图 8.14(a) 中，$\rm p+ip$ 波对称的有效配对相互作用随着 U 的增加而增强，这表明本征配对强度随着电子关联的增大而增强。而对于其他两种超导配对对称性，量子蒙特卡罗结果给出的有效配对相互作用是负值，这表明在低温时，$\rm p+ip$ 波超导对称会抑制其他配对称性的配对通道。

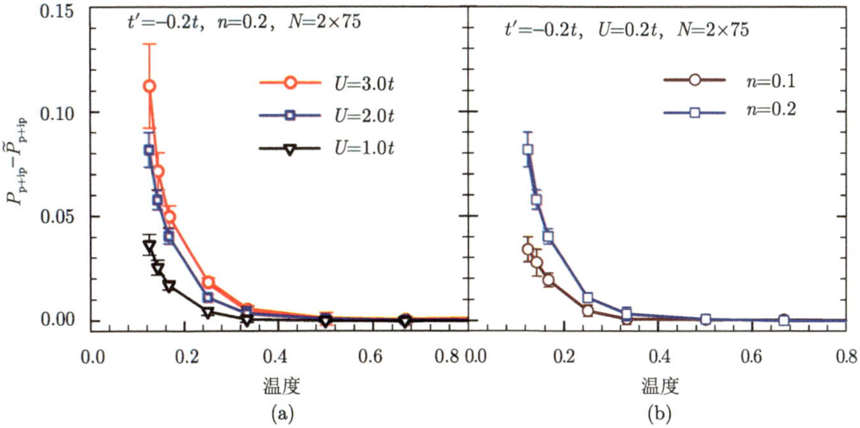

图 8.14 在晶格 2×75 中，本征配对磁化率 $P_{\rm p+ip}-\widetilde{P}_{\rm p+ip}$ 与温度的关系：(a) U 不同；(b) n 不同

综合使用无规相近似和行列式量子蒙特卡罗方法，我们分析了弱相互作用和强相互作用的情况下，低电子填充的六角晶格哈伯德模型的可能的超导态。两种方法所得到的结果都表明，在过掺杂的石墨烯体系中可能出现自旋三重态的 p + ip 波超导相。除了石墨烯，也可以应用于其他类似的六角晶格体系，如硅烯[228]、锗烯[229] 等。此外，我们的理论预言也可能在冷原子系统中实现自旋三重态的 p + ip 波超流。通过俘获费米冷原子转变为光学晶格，在调节参数和掺杂的六角状晶格中模拟哈伯德模型[99]，这样有望实现自旋三重态的 p + ip 波超流。

第 9 章　魔角双层石墨烯的磁关联与超导配对

9.1　魔角双层石墨烯的莫特绝缘相和 d+id 超导

近年来，研究石墨烯中奇异关联电子相开辟了凝聚态物理领域中一项新的前沿。在这些令人感兴趣的研究领域中，大量理论提出了实验上在石墨烯中实现新奇超导的可能[169]。石墨烯中狄拉克锥的能带结构使得在电中性的狄拉克点附近的态密度非常低，大量研究表明，在石墨烯狄拉克点附近引入超导是一项非常具有挑战性的工作。通过深度掺杂，将电子费米面移动到范霍夫奇点附近，可以产生不同配对对称性的非常规超导，但是这样的高掺杂水平实验上难以达到[230]。

最近，一系列在魔角石墨烯超晶格中的突破性实验引起了研究者们广泛的兴趣[231,232]。通过排列双层旋转石墨烯，在特殊魔角范围内，其能带结构几乎变平，并且在费米能附近的费米速度减小到零。令人感兴趣的是，这个系统在电荷中性点处可被解释成关联莫特绝缘体[231]；当掺杂少许电子，浓度约为 $10^{11}\,\mathrm{cm}^{-2}$ 时，系统在 1.7K 时由绝缘体转变为超导体[232]。

除了超低的掺杂浓度，1.7K 的超导转变温度相对于其费米能则相当高，因而被类比为高温超导。关于该体系的超导机制，有观点认为是电声耦合，也有观点认为该体系的超导源自电子关联，与掺杂铜氧化合物[6]、重费密子[9]、铁基[233]和有机超导体[207] 的超导机制相似。因此，在旋转双层石墨烯中实现非常规超导可以提供一个相对简单、高度可调的平台来研究关联电子的物理性质。这为解决长期存在的问题重新点燃了希望，如理解非常规超导、寻找室温超导[231,232]。另外，理解高温超导体中各种磁序和超导的量子临界点也存在困难。这些问题在凝聚态物理领域是巨大的挑战[227]，而旋转双层石墨烯系统可能提供一个有趣的路径来研究这些重要的未知物理问题。

旋转双层石墨烯中超导和关联绝缘相的本质目前仍存在巨大争议[231,232]。特别是对于已经观测到的超导机制和配对对称性仍然是主要的理论挑战，通过各种理论方法提出了不同的配对机制[232,234–236]。为了应对这些挑战，本章中，我们利用精确的数值方法即量子蒙特卡罗方法，研究了旋转双层石墨烯中的莫特物理性质和超导配对机制。我们通过数值结果发现了半满时的反铁磁序莫特绝缘体[231,232] 低掺杂时存在超导[227]。这些性质与掺杂铜氧化合物和其他非常规超导的特性一致。

9.1.1　原始晶格模型

角度分别为 $\theta = 1.08^\circ$ 和 $\theta = 9.43^\circ$ 的旋转双层石墨烯的六角示意图如图 9.1(a) 和 (b) 所示，其中 θ 与 (m,n) 有关，且满足如下关系 $\cos\theta = \dfrac{m^2+n^2+4mn}{2\left(m^2+n^2+mn\right)}$。图中角度对应的 (m,n) 值分别是旋转双层石墨烯中最优结构 $(31,30)$ 和 $(4,3)$[237]。参数 (m,n) 与双层石墨烯旋转角 θ 相关，其中第一层基矢 $\boldsymbol{v}_1 = m\boldsymbol{a}_1 + n\boldsymbol{a}_2$，第二层基矢 $\boldsymbol{v}_2 = n\boldsymbol{a}_1 + m\boldsymbol{a}_2$ 。其中 $\boldsymbol{a}_1$ 和 $\boldsymbol{a}_2$ 分别为每个子格子的晶格矢量。

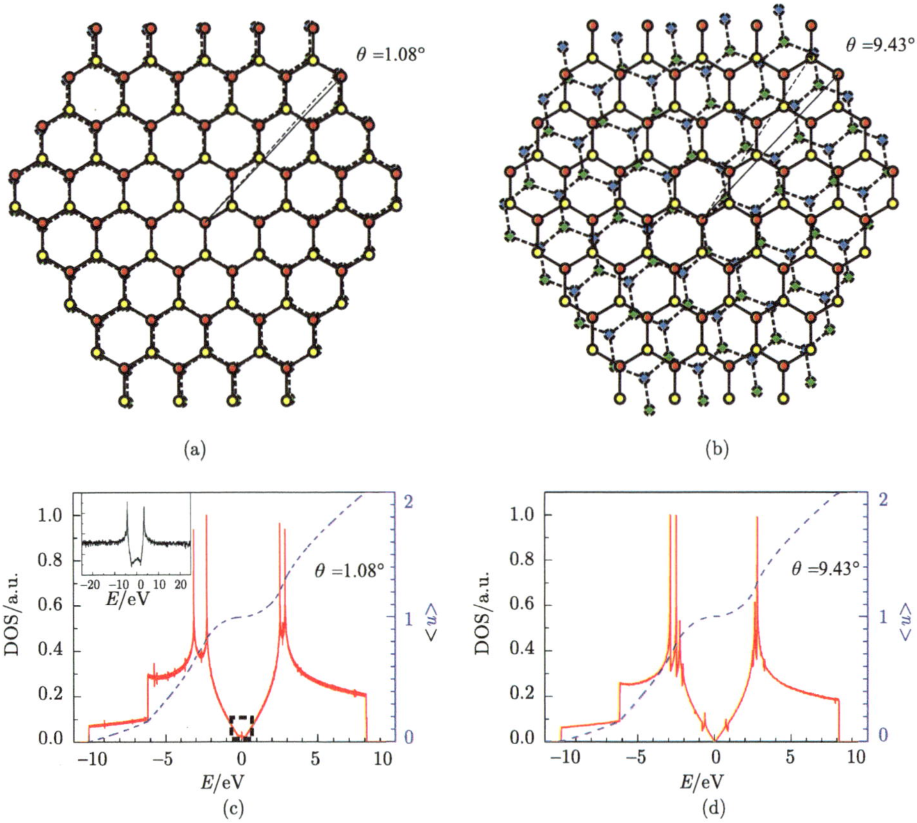

图 9.1　晶格总数 $N_s = 192$ 的旋转双层石墨烯中，角度分别为 (a) $\theta = 1.08^\circ$ 和 (b) $\theta = 9.43^\circ$ 时的六角示意图。(c)，(d) 分别为紧束缚理论计算得到的态密度及相应的电子填充 $\langle n\rangle$。(c) 中的内插图是在狄拉克点附近态密度的放大图

在这种结构中，每个晶格由两层构成，每层包括两组相互嵌套的三角晶格，

因为石墨烯本身是六角晶格，所以我们选择六角形结构以保持石墨烯的大部分几何对称性[210,223,238]。该体系中每个子晶格中格点的数目为 $3L^2$，因而总格点数 $N_{\rm s}$=2×2×3L^2。文献 [237] 提到，旋转双层石墨烯中存在临界角度 $\theta_{\rm c}=5°$，当小于临界角度时，在费米能级处，电子的费米速度急剧下降至零，电子会聚于此，从而形成平带。当晶格总格点数 $N_{\rm s}=192$，旋转角度 $\theta=1.08°$ 时，从图 9.1(c) 中可以看出，系统半满时的态密度具有范霍夫奇点。上述模型包含了所有的层间跃迁，并且由于每层都考虑了周期性边界条件，所以上述模型中包含了 AA 和 AB 两种方式堆叠的区域。这两个区域的相互作用使得在狄拉克点附近出现范霍夫奇点，其性质与实际总格点数 $N_{\rm s}=11166$ 的超晶格得到的态密度相似。为了对比，在图 9.1(d) 中，我们给出了体系角度 $\theta=9.43°$ 时的态密度，可以看出，此时只会在能量更高的地方出现劈裂的范霍夫奇点。当低掺杂后，魔角双层旋转石墨烯（$\theta=1.08°$）的费米面会移动到范霍夫奇点附近，这样电子更容易相互配对，进而出现超导现象。

当考虑电子关联时，旋转双层六角格子的哈密顿量为[239–241]

$$\begin{aligned} H= & -t\sum_{l\langle i,j\rangle\sigma}(a_{li\sigma}^{\dagger}b_{lj\sigma}+b_{li\sigma}^{\dagger}a_{lj\sigma}) \\ & -\sum_{i,j,l\neq l'\sigma}t_{ij}(a_{li\sigma}^{\dagger}a_{l'j\sigma}+a_{li\sigma}^{\dagger}b_{l'j\sigma}+b_{li\sigma}^{\dagger}a_{l'j\sigma}+b_{li\sigma}^{\dagger}b_{l'i\sigma}) \\ & -\mu\sum_{i,l,\sigma}(a_{li\sigma}^{\dagger}a_{li\sigma}+b_{li\sigma}^{\dagger}b_{li\sigma}) \\ & +U\sum_{i,l}(n_{lai\uparrow}n_{lai\downarrow}+n_{lbi\uparrow}n_{lbi\downarrow}) \end{aligned} \tag{9.1}$$

其中，$a_{li\sigma}$ ($a_{li\sigma}^{\dagger}$) 表示在第 l 层位移为 $\boldsymbol{R}_{li}^{a}$ 的子晶格 A 处湮灭 (产生) 自旋为 σ (σ=↑,↓) 的电子，$b_{li\sigma}$ ($b_{li\sigma}^{\dagger}$) 则表示作用于子晶格 B，粒子数 $n_{lai\sigma}=a_{li\sigma}^{\dagger}a_{li\sigma}$，$n_{lbi\sigma}=b_{li\sigma}^{\dagger}b_{li\sigma}$。$t\approx 2.7$eV 为最近邻跃迁积分，$\mu$ 为化学势，U 为在位哈伯德相互作用，这里仍以 t 为单位。在位置 $\boldsymbol{R}_{1i}$ 和 $\boldsymbol{R}_{2j}$ 之间的层间跃迁能具有如下表达式：

$$t_{ij}=t_{\rm c}{\rm e}^{-[(|\boldsymbol{R}_{1i}^{d}-\boldsymbol{R}_{2j}^{d'}|)-d_0]/\xi} \tag{9.2}$$

式中参数分别为 $t_{\rm c}=-0.17t$，$d_0=0.335$nm，$\xi=0.0453$nm[240]。这里 d_0 为两层石墨烯间的垂直距离。此结构考虑了所有的层间跃迁，并且它随着位移 $|\boldsymbol{R}_{1i}^{d}-\boldsymbol{R}_{2j}^{d'}|$ 的增加而呈指数减小，当层内的位移大于 $3a$ 时，层间跃迁积分趋于零。这里，$\boldsymbol{R}_{2j}^{d'}=(\boldsymbol{R}_{2jx}^{d}\cos\theta,\boldsymbol{R}_{2jy}^{d}\sin\theta)$ 表示在 $\boldsymbol{R}_{2j}^{d}$ 旋转后的位置坐标，a 为碳-碳键长度。我们主要研究费米能级及其附近的电子态，只需要考虑 p 轨道。

换句话说，我们的模型考虑了所有 Slater-Koster 跃迁参数，其中层内相互作用 t 与 ppσ 项相关，层间相互作用 t_c 与 ppπ 项相关。虽然在密度泛函理论、分子动力学等计算中考虑了晶格弛豫，然而对电子能带结构中电畴形成机制目前仍不清楚，所以在我们的计算中没有考虑晶格弛豫。

我们的数值计算大部分采用具有周期性边界条件格点数 $N_s = 192(L = 4)$ 的晶格。为了完成有限尺寸外延，我们也模拟了晶格大小 $L = 2, 3, 4, 5, 6$。在我们的模拟中，8000 次扫描用于平衡系统，在每次测量中，使用了额外的 10000 到 200000 次扫描。这些测量又被分为 10 组以便得到平均值，然后从平均值的标准方差估计误差。为了评估结果的准确性，我们还对因粒子–空穴对称性被破坏，与之相关的符号问题也进行了仔细地分析。此外，我们也使用了通过约束路径而规避负符号问题的约束路径蒙特卡罗方法研究了该体系的相关物理量。

9.1.2 魔角双层石墨烯中的莫特绝缘相

因为磁序在电子关联系统的超导机制中扮演着重要角色，我们首先研究了反铁磁自旋结构因子

$$S_{\rm AFM} = \frac{1}{N_s}\langle[\sum_{lr}(\hat{S}^z_{lar} - \hat{S}^z_{lbr})]^2\rangle \tag{9.3}$$

利用 $\lim_{N_s\to\infty}(S_{\rm AFM}/N_s) > 0$ 得到反铁磁长程序。这里，$\hat{S}^z_{lar}(\hat{S}^z_{lbr})$ 表示自旋算符作用于第 l 层的 $A(B)$ 子晶格。

利用行列式蒙特卡罗研究该系统时，我们需要在有限温和在热力学极限下得到观测值。因此，我们首先研究了有限温情况下 $S_{\rm AFM}$ 随温度变化的情况，以找到合适的 β 值进行尺寸外延，进而提取热力学极限下的观测值。如图 9.2 所示，我们研究了不同晶格尺寸下，当 $U = 3.5, 4.0$ 时，反铁磁自旋结构因子 $S_{\rm AFM}$ 随温度倒数 $\beta = 1/T$ 的变化关系。从图中我们可以看出，随着温度降低，$S_{\rm AFM}$ 逐渐增大；并且随着 β 继续增大，$S_{\rm AFM}$ 的增加趋势逐渐减弱，在 $\beta \sim 12$ 时基本趋于饱和。因此，我们将 $\beta = 12$ 时的反铁磁结构因子近似看成零温极限下的观测值。

此外，从图 9.2 中我们发现，当 $U = 3.5$ 时，$S_{\rm AFM}$ 在整个温度区间不依赖于晶格尺寸 L 的变化；当 $U = 4.0$ 时，$S_{\rm AFM}$ 在高温区也不依赖于晶格尺寸，而当 $\beta > 8$ 时，自旋结构因子 $S_{\rm AFM}$ 随着晶尺寸的增加而显著增加。这说明在库仑相互作用 $U = 3.5 \sim 4.0$ 区域有可能存在反铁磁长程序。

为了得到反铁磁长程序的精确值，我们计算了 $L = 2, 3, 4, 5, 6$，$\beta = 12$，不同在位库仑相互作用时，归一化反铁磁自旋结构因子 $S_{\rm AFM}/N_s$ 随 $1/\sqrt{N_s}$ 的变化关系。通过采用多项式拟合，我们得到了热力学极限下此物理量的观测值，如

图 9.3 所示。从图 9.3(a) 中可以看出，当 U 较小时，在 $1/\sqrt{N_s} \to 0$ 时出现负截距，这表明此时系统不存在反铁磁长程序；随着哈伯德相互作用 U 的增加，在 $U \geqslant 3.8$ 时出现正截距，这表明当库仑相互作用大于临界值 $U_c = 3.8$ 时系统具有反铁磁长程序。

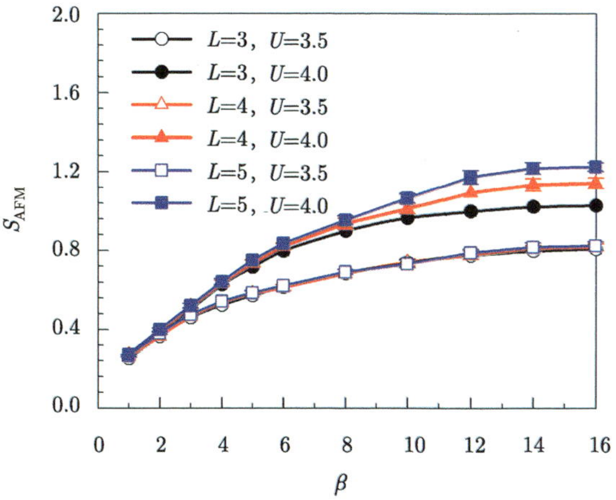

图 9.2 在不同晶格尺寸 L 与在位库仑相互作用 U 下，反铁磁自旋结构因子 S_{AFM} 随温度倒数 $\beta = 1/T$ 的变化关系

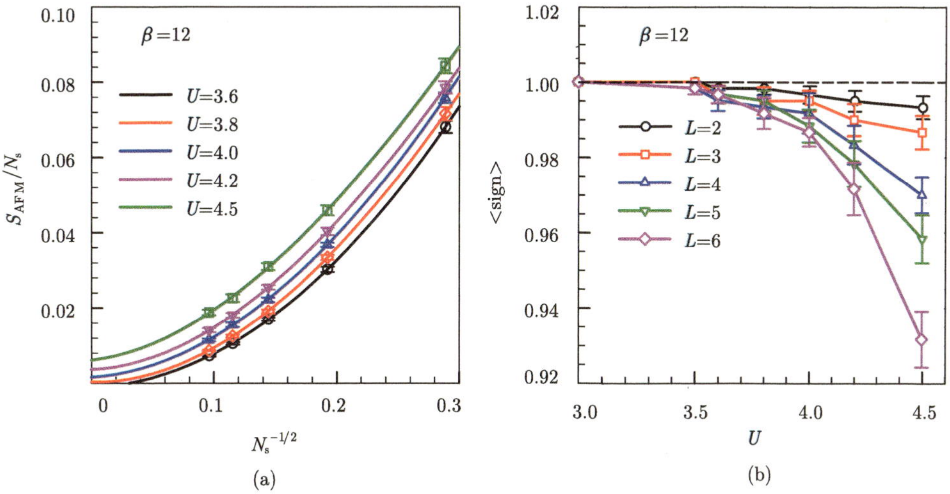

图 9.3 当 $\beta = 12$，不同在位库仑相互作用 U 时，归一化反铁磁自旋结构因子 S_{AFM}/N_s 的外延关系。(a) 中实线为 $1/\sqrt{N_s}$ 的三阶多项式拟合值。(b) 符号平均值 $\langle \mathrm{sign} \rangle$

图 9.3(b) 给出了经过 10000 次测量后，与之对应的符号平均值 $\langle \mathrm{sign} \rangle$。从图中可以看出，随着晶格尺寸 L 与在位库仑相互作用 U 的增加，负符号问题越来越严重。在我们计算的低温区域，当 N_s 高达 432，U 达到 4.5 时，符号平均

值大于 0.92。为了获得与 $\langle\text{sign}\rangle \simeq 1$ 时同等精确的数据，我们增加了测量次数以补偿涨落。实际上，我们可以估算出需要增加的补偿测量次数与因子 $\langle\text{sign}\rangle^{-2}$ 相关[32,41,242]。在模拟中，我们会根据负符号问题的具体情况，将测量次数从 10000 增加到 200000 以补偿涨落带来的影响，从而保证得到的数值结果的可靠性。

在旋转双层石墨烯中，类莫特绝缘体是其中一个十分令人感兴趣的电子态[231]。前面的工作表明，当 U 足够大时，半满的单层六角晶格存在一个电荷激发能隙。另外，不考虑相互作用的安德森绝缘体在费米能处没有能隙[146,176]。可以使用单粒子能隙区分系统是否为莫特绝缘体。在本节中，我们通过计算费米能附近的电荷压缩率 $\kappa(\mu) = d\langle n\rangle/d\mu$，来区分系统是否具有能隙。一般地，在无限大晶格的系统中，零温极限下采用 $\kappa = 0$ 作为标准区分是否存在能隙是正确无误的。但是，在有限温度、有限尺寸情况下，电荷压缩率 κ 并不严格地为零，因此需要采用有限阈值区分导体与绝缘体。当系统具有能隙时，因为能隙中化学势会发生变化，所以电子填充浓度并未改变。但是，众所周知，在有限温度系统中，费米能附近存在一个量级为 $\mathcal{O}(T)$ 的温度展宽效应[179]。在图 9.4(a) 中，当引入的交错势 $\Delta = 0.2$ 时，即为绝缘系统；随着温度逐渐减小至零，电荷压缩率 κ 在化学势 $\mu = 0$ 附近逐渐消失，正如前面提到的，使用零值的电荷压缩率会过高估计临界耦合强度，相似观测也在文献 [146] 中提到。另外，从图 9.4(b) 中可以看出，当有限温度 $\beta = 10$ 时，即使在自由电子系统中（$\Delta = 0$），$\mu = 0$ 附近压缩率约为 0.08，为有限值。根据以上分析，我们采用有限值 $\kappa \sim 0.04$ 区分系统是否具有能隙[146]。

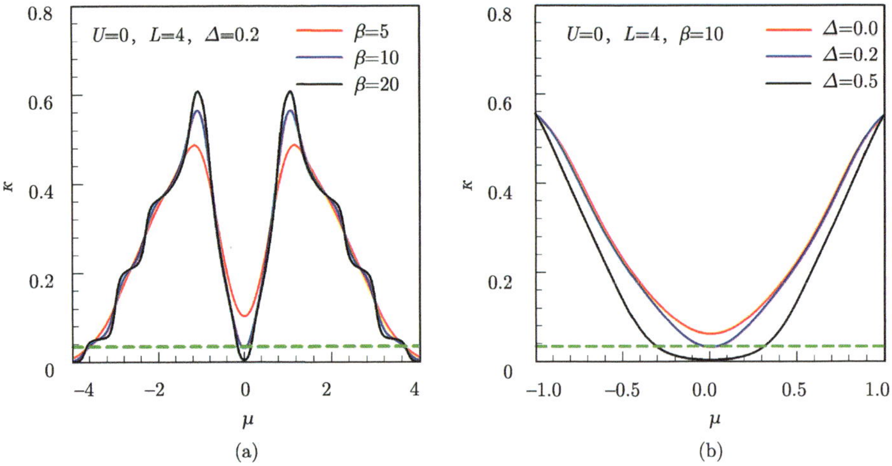

图 9.4　晶格 $L = 4$ 的旋转双层石墨烯中自由电子的电荷压缩率 κ。(a) 当交错势 $\Delta = 0.2$ 时，不同温度下的 κ 值；(b) 当温度为 $\beta = 10$ 时，不同交错势下的 κ 值。绿虚线表示 $\kappa \sim 0.04$

首先，我们研究了在温度倒数 $\beta = 10$ 时，不同晶格尺寸、不同耦合强度体系中，电荷压缩率 κ 随化学势 μ 的变化关系，如图 9.5(a) 所示，相应地，在图 9.5(b) 中给出了平均电子填充浓度与化学势 μ 的关系。从图 9.5(a) 中可以清晰地发现，在半满附近，随着相互作用 U 的增加，化学势改变电子填充越困难（斜率越来越小），即电荷压缩率越来越小，当 $U \sim 3.8$ 时，$\kappa \sim 0.04$。根据前面的讨论，我们可以得到这样的结论：当 $U > 3.8$ 时，系统为莫特绝缘体。另外，我们还研究了 $U \sim 3.8$ 时，晶格尺寸 $L = 5, 6$ 时的电荷压缩率。从图 9.5(a) 可以看出，电荷压缩率 κ 不依赖于晶格尺寸的变化。此外，从图 9.5(a)、(b) 还可以看

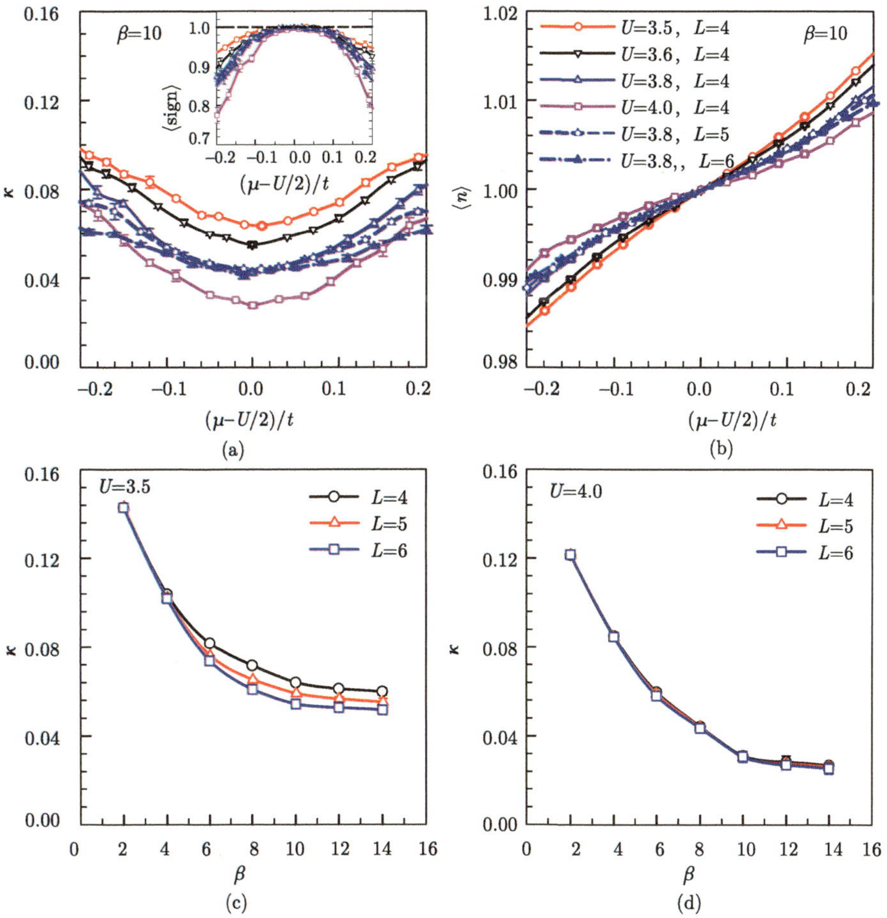

图 9.5　在 $\beta = 10$ 时，在不同晶格尺寸、不同耦合体系中，(a) 电荷压缩率 κ 与 (b) 电子平均填充浓度 $\langle n \rangle$ 随化学势 μ 的变化。(c) 在 $U = 3.5$ 和 (d) $U = 4.0$，不同晶格尺寸时，电荷压缩率 κ 随温度的变化

到，当电子填充偏离半满时，电荷压缩率 κ 会增加并趋于恒定值，这是因为当施加外场时，体系电子或空穴的移动会形成与外场相反的内禀电场，它会阻碍电子或空穴进一步扩散。由前面讨论可知，偏离半满时电子填充急剧下降，形成的内禀电场小于狄拉克点附近的内禀电场，所以内禀电场抑制效应减弱，对应的电荷压缩率增加。随着继续远离半满，电子填充继续下降，内禀电场效应逐渐消失，此时 κ 趋于恒定值。因此，根据前面的讨论，我们确定在半满体系中，当耦合强度 $U > U_{\mathrm{c}} \sim 3.8$ 时，体系为反铁磁序莫特绝缘态。

从图 9.5(a) 中插图可以发现，当偏离半满时，粒子–空穴对称性被打破，负符号问题更加严重，但 $\langle \mathrm{sign} \rangle$ 始终大于 0.75，可以通过增加测量次数得到有效可靠的数据。另外，我们进一步研究了耦合强度分别为 $U = 3.5$（金属区）和 $U = 4.0$（绝缘区）时，电荷压缩率 κ 与晶格尺寸 L 在不同温度区域的依赖关系，如图 9.5(c) 和 (d) 所示。在金属区，如图 9.5(c) 所示，当温度较高时，κ 不依赖于晶格尺寸变化，而在低温区域，κ 随着晶格尺寸增加逐渐减小；在绝缘区，如图 9.5(d) 所示，也不依赖于晶格尺寸效应。并且，在金属和绝缘区，随着温度的降低，κ 逐渐减小，当温度倒数大于 $\beta = 10$ 时，它与温度的依赖性减弱，基本趋于饱和，因此 $\beta = 10$ 可作为低温标准。

9.1.3　魔角双层石墨烯的超导特性

为了研究旋转双层石墨烯中的超导特性，我们计算了配对磁化率

$$P_\alpha = \frac{1}{N_{\mathrm{s}}} \sum_{l,\boldsymbol{i},\boldsymbol{j}} \int_0^\beta \mathrm{d}\tau \langle \Delta^\dagger_{l,\alpha}(\boldsymbol{i},\tau) \Delta_{l,\alpha}(\boldsymbol{j},0) \rangle \tag{9.4}$$

其中，α 表示不同的配对磁化率。由于方程 (9.1) 中在位哈伯德相互作用的约束，两个子晶格之间的配对更具优势，与之对应的序参量 $\Delta^\dagger_{l\alpha}(\boldsymbol{i})$ 为

$$\Delta^\dagger_{l\alpha}(\boldsymbol{i}) = \sum_l f^\dagger_\alpha(\delta_l)(a_{li\uparrow} b_{li+\delta_l\downarrow} - a_{li\downarrow} b_{li+\delta_l\uparrow})^\dagger \tag{9.5}$$

其中 $f_\alpha(\delta_l)$ 为配对函数的前置因子。为了在有限系统中提取本征配对相互作用，需要从配对磁化率 P_α 中减去无关联单粒子贡献 $\widetilde{P}_\alpha$。其中，$\widetilde{P}_\alpha$ 需要将方程 (9.4) 中的 $\langle a^\dagger_{li\downarrow} a_{lj\downarrow} b^\dagger_{li+\delta_l\uparrow} b_{lj+\delta_{l'}\uparrow} \rangle$ 替换为 $\langle a^\dagger_{li\downarrow} a_{lj\downarrow} \rangle \langle b^\dagger_{li+\delta_l\uparrow} b_{lj+\delta_{l'}\uparrow} \rangle$。于是，我们得到有效配对相互作用 $\boldsymbol{P}_\alpha = P_\alpha - \widetilde{P}_\alpha$。

在方程 (9.5) 中，δ_l $(l = 1, 2, 3)$ 表示晶格内最近邻层的关系，如图 9.6 所示。考虑到六角晶格的特殊结构，我们给出了可能的配对对称性 (a) ES，(b) d+id，(c) p+ip 波[210,238,243]，它们对应的前置因子示意图如图 9.6 所示。不同的配对对称性可以通过不同的相位移动 π/3 或 2π/3 区分。其中，单重 ES 波和最近邻

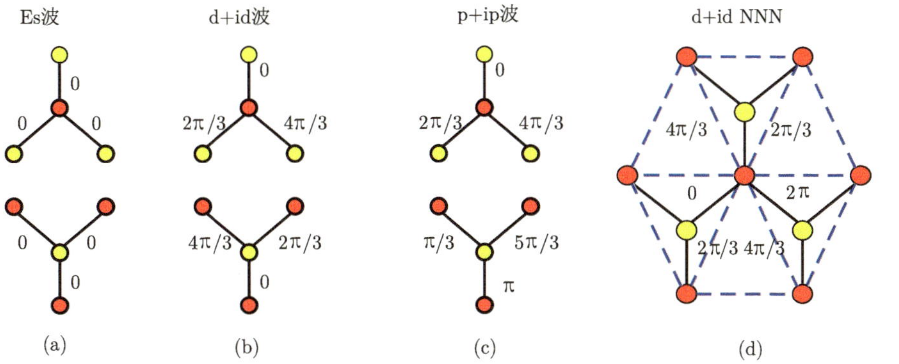

图 9.6 (a) ES 波，(b) d+id 波，(c) p+ip 波，(d) 次近邻 d+id 配对对称性相位

d + id 配对的前置因子为

$$f_{\mathrm{ES}}(\delta_l)=1,\quad l=1,2,3 \tag{9.6}$$

$$f_{\mathrm{d+id}}(\delta_l)=\mathrm{e}^{\mathrm{i}(l-1)\frac{2\pi}{3}},\quad l=1,2,3 \tag{9.7}$$

其中对不同子晶格 A 和 B，前置因子的相位都相同。特别地，对于最近邻 $f_{\mathrm{p+ip}}$，不同子晶格相位不同，其中对 A 格子有

$$f_{\mathrm{p+ip}}(\delta_{al})=\mathrm{e}^{\mathrm{i}(l-1)\frac{2\pi}{3}},\quad l=1,2,3 \tag{9.8}$$

对 B 格子，形式基本相似，但存在 π 相位差，即 $f_{\mathrm{p+ip}}(\delta_{bl})=\mathrm{e}^{\mathrm{i}(l-1)\frac{2\pi}{3}+\pi}$。我们还进一步研究了长程配对的次近邻 d + id 波配对，它的前置因子为

$$f_{\mathrm{d+id}}(\delta_l)=\mathrm{e}^{\mathrm{i}(l-1)\frac{2\pi}{3}},\quad l=1,2,3,\cdots,6 \tag{9.9}$$

根据对铜氧化物超导体系的研究发现，具有强库仑排斥作用的费米子系统由于反铁磁自旋涨落可能会诱发超导。从图 9.3 中的磁关联性质可以看出，在旋转双层石墨烯中通过相似的机制有可能出现超导。接下来我们讨论低掺杂区域有效配对相互作用的性质。

图 9.7 是当电子填充 $\langle n\rangle=0.97$ 和 $\langle n\rangle=0.95$，在位库仑相互作用 $U=3.0$ 时，不同配对对称性的 $\boldsymbol{P}_\alpha$ 与温度的关系。从图中可以明显地看出，d + id 对称性的有效配对相互作用在所研究的温度区域总保持正值，且在低温区域随着温度的减小而增加；在高温区域，它几乎不依赖于晶格的尺寸效应，而在低温区域对尺寸的依赖性也很弱。这样的 $\boldsymbol{P}_{\mathrm{d+id}}$ 与温度的关系说明，在电子填充 $\langle n\rangle=0.97$ 和 $\langle n\rangle=0.95$ 的低温系统中，电子间形成有效的吸引，进而体系转变为超导态。而对其他两种配对对称性，即 p + ip 波和次近邻 d + id 波，我们的行列式量子蒙特卡罗结果得到的有效配对相互作用为负值，这表明在低温区域实现 d + id 对

称性会压制其他类型的超导配对。另外，比较图 9.7(a) 和 (b) 发现，随着电子填充的减小，d + id 配对对称性会被抑制。这是因为随着电子填充的减小，形成有效配对的电子对数目减小，进而超导配对强度减弱。

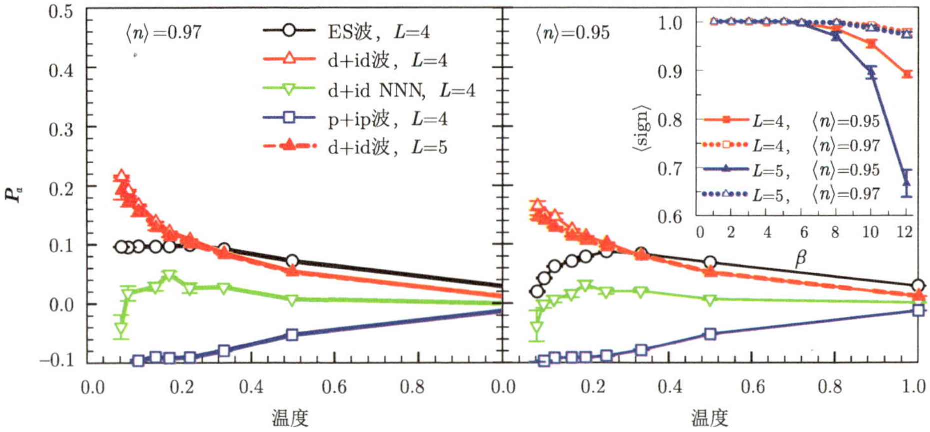

(a)　　(b)

图 9.7　电子填充 (a)$\langle n\rangle = 0.97$ 和 (b)$\langle n\rangle = 0.95$，且 $U = 3.0$ 时，不同配对对称性的 $\boldsymbol{P}_\alpha$ 与温度的关系。插图为对应的平均符号 ⟨sign⟩

此外，我们进一步研究了 d + id 对称性的有效配对相互作用和库仑相互作用与温度的关系，如图 9.8 所示。从图中可以看出，随着库仑相互作用 U 的增加，$\boldsymbol{P}_{\text{d+id}}$ 增强。特别地，当 $U > 3.0$ 时，在低温区域 $\boldsymbol{P}_{\text{d+id}}$ 趋于发散，当继续增加库仑相互作用 U 时，发散的趋势进一步增强。此现象表明，魔角旋转双层石墨烯中电子强关联对 d + id 配对的超导态有至关重要的作用。此外，我们从图 9.7(b) 插图中发现，当 $L = 4,5$，$U \leqslant 3.0$ 时，⟨sign⟩ 大于 0.65，而图 9.8(b) 插图中，当 $L = 5$，$U = 4.0$ ，$\beta \leqslant 8.0$ 时，平均符号 ⟨sign⟩ 大于 0.2，并且当 $U = 4.0$，$\beta > 8.0$ 时，负符号问题更加严重。但是，占主导的 d + id 配对对称性在该温度下很强，已经可以看出零温极限下的趋势，因此负符号问题就不再那么重要了。

然而，正如前面提到，有限温的行列式蒙特卡罗因为波函数非对称性导致的负符号问题在计算低温与大尺寸晶格方面受到限制。通过数值模拟有限尺寸晶格模型决定哪种配对对称性占主导，我们使用约束路径蒙特卡罗方法研究了长程部分的基态配对关联函数，以此验证配对对称性占主导的问题。在约束路径蒙特卡罗方法中，我们通过一个随机行走投影初始波函数 $|\Psi_0\rangle$，从由约束 Slater 行列式组成的完备空间中获得基态波函数 $|\phi\rangle$。约束 Slater 行列式空间有一个已知的交叠为正的试验波函数。在 $\chi(\phi) > 0$ 的空间，波函数可以写成 $|\Psi_0\rangle = \sum \phi\chi(\phi)|\phi\rangle$。经过随机行走后，可以得到 ϕ 的一个系综。因此，$|\Psi_0\rangle$ 的分布与蒙特卡罗样本 $\chi(\phi)$ 有关。图 9.9(a) 中给出了当电子填充 $\langle n\rangle = 145/150 \approx 0.97$，库仑相互作

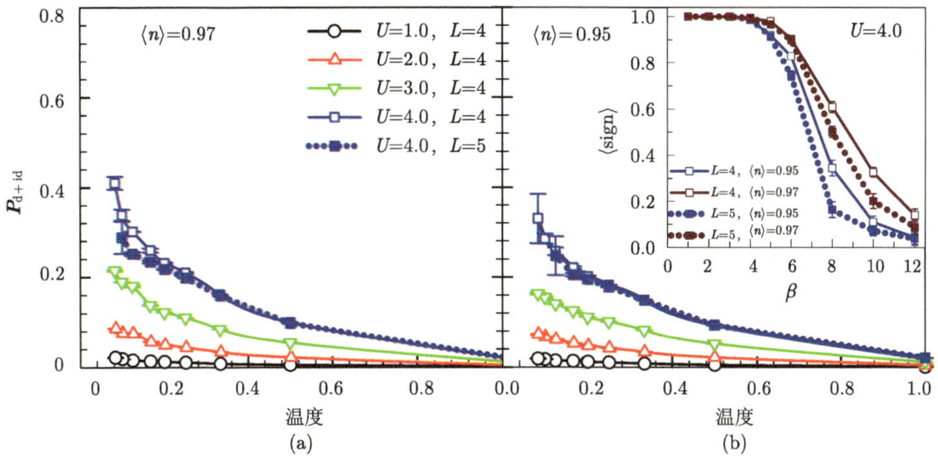

图 9.8 电子填充 (a) $\langle n\rangle = 0.97$ 和 (b) $\langle n\rangle = 0.95$ 时，不同库仑相互作用 U 下，配对相互作用 $\boldsymbol{P}_{\mathrm{d+id}}$ 随温度的变化关系。插图为对应的平均符号 ⟨sign⟩

用 $U = 3.0$ 时，基态配对–配对关联函数 $C_\alpha(r) = \Sigma_l\langle\Delta^\dagger_{l\alpha}(\boldsymbol{i})\Delta_{l\alpha}(\boldsymbol{j})\rangle$ 与距离的依赖关系。从图中可以看出，在电子配对间的所有长程距离中，配对–配对关联函数 $C_{\mathrm{d+id}}(r)$ 远大于 $C_{\mathrm{ES}}(r)$ 和 $C_{\mathrm{p+ip}}(r)$，这再次验证了在低掺杂魔角双层旋转石墨烯中 d + id 配对对称性比其他配对对称性占优势。在图 9.9(b) 中，我们进一步研究了顶点（vertex）贡献 $\boldsymbol{V}_\alpha = C_\alpha - \widetilde{C}_\alpha$。从图中也可以看出，随着相互作用 U 的增加，$\boldsymbol{V}_{\mathrm{d+id}}$ 进一步增强，这表明电子关联对增强低掺杂魔角双层旋转石墨烯中超导的重要性。这里的零温约束路径蒙特卡罗方法与前面所述有限温蒙特卡罗方法的研究结论一致。

在图 9.10 中我们计算了当 $L = 6$，库仑相互作用 $U = 3.0$，不同电子填充 $\langle n\rangle = 206/216 \approx 0.954$ 和 $\langle n\rangle = 212/216 \approx 0.981$ 时，超导配对关联函数的长程部分与距离的关系。从图中我们可以看出，当掺杂填充不同时，在研究的长程距离范围内，d + id 配对对称性仍然占主导。另外，对比图 9.10(a) 和 (b) 可以看到，随着电子填充的减小，配对–配对关联强度减小。这与图 9.7 中观测到的配对相互作用与电子填充间的关系相吻合。

我们还计算了 $L = 6$，电子填充 $\langle n\rangle \approx 0.972$ 时，不同库仑相互作用对 d + id 配对对称性 vertex 的影响，从图 9.11(a) 中可以看出，配对对称性依然随着强相互作用 U 的增加而增加。为了研究 vertex 贡献与晶格尺寸间的关系，在图 9.11(b) 中，我们进一步研究了在 $L = 4, 5, 6$ 时，$V_{\mathrm{d+id}}$ 长程部分的特性。从图中可以看出，随着晶格尺寸的增加，d + id 波的长程 vertex 贡献逐渐减小。

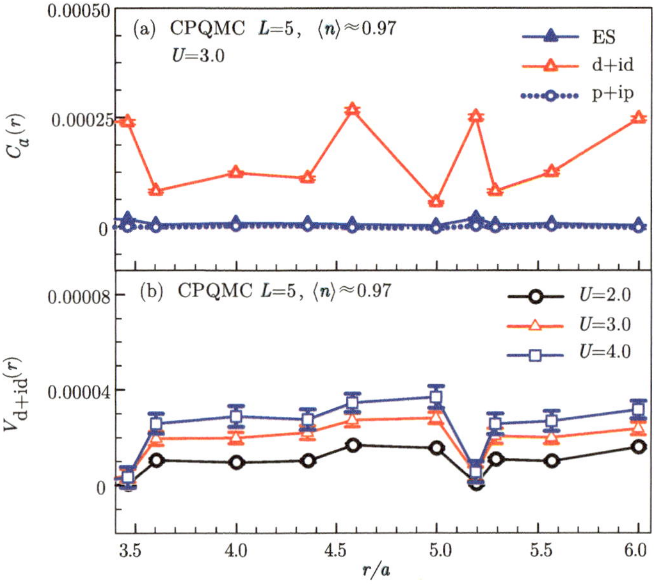

图 9.9　电子填充 $\langle n\rangle\approx 0.97$，$L=5$ (a) 不同配对对称性的配对关联函数 $C_\alpha(r)$ 在 $U=3.0$ 时与距离 r 的关系，(b) d + id 波配对关联函数在不同 U 时的 vertex 贡献与距离 r 的关系

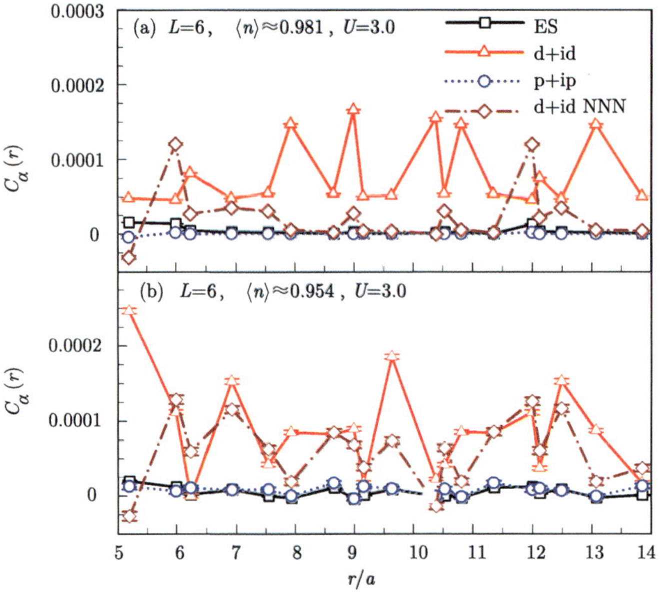

图 9.10　$L=6$，$U=3.0$ 时，不同配对对称性的配对关联函数 $C_\alpha(r)$ 与距离 r 的关系。(a) 电子填充 $\langle n\rangle\approx 0.981$，(b) 电子填充 $\langle n\rangle\approx 0.954$

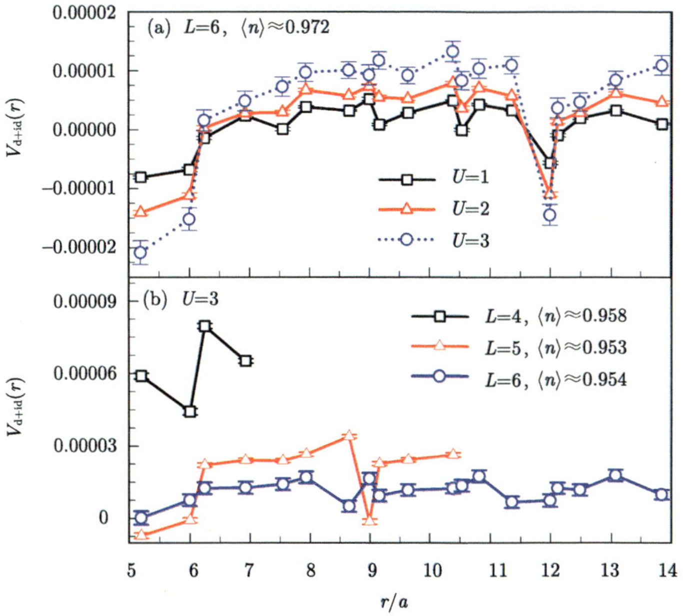

图 9.11 (a)$L=6$，d + id 波配对 vertex 贡献在 $U=1,2,3$ 时与距离 r 的关系；(b) 电子填充在 $\langle n\rangle\approx 0.954$ 附近时，d + id 波超导配对 vertex 贡献与晶格尺寸的依赖关系

此外，在实际材料中，最近邻库仑相互作用 V 对配对关联和 vertex 贡献依然存在着影响。其中，最近邻相互作用的哈密顿量 $H_V=V\sum_{l\langle i,j\rangle}(n_{ali}n_{blj})$，结合方程 (9.1) 得到考虑最近邻相互作用的总哈密顿量。因此，在图 9.12 中，我们同时研究了晶格尺寸 $L=5$，电子填充 $\langle n\rangle\approx 0.953$，库仑相互作用 $U=3$ 时，排斥和吸引相互作用对 d + id 波配对对称性的影响。从图中可以看出，在长程区域，两种不同类型的最近邻相互作用都会增强 d + id 波配对关联。此外，我们还发现排斥相互作用和吸引相互作用对 d + id 波配对关联的影响趋势基本是一样的。正如前面提到，最近邻晶格间电子形成电子配对具有优势，当考虑最近邻库仑相互作用时，两种不同属性作用使晶格电子重新分布，这促进了电子间的配对。

9.1.4 小结

我们使用精确量子蒙特卡罗方法研究了旋转双层石墨烯中的自旋关联、电荷压缩率和超导配对对称性。在旋转角度 θ=1.08° 的双层六角晶格中，我们从理论上分析了转角双层石墨烯的电子态。在半满时，当库仑相互作用超过临界值 $U_c\sim 3.8$ 时出现反铁磁序莫特绝缘态；低掺杂时，d + id 对称性配对占主导优势，并且随着相互作用的增加急剧增加，这表明该体系的超导电性是由强电子关联引

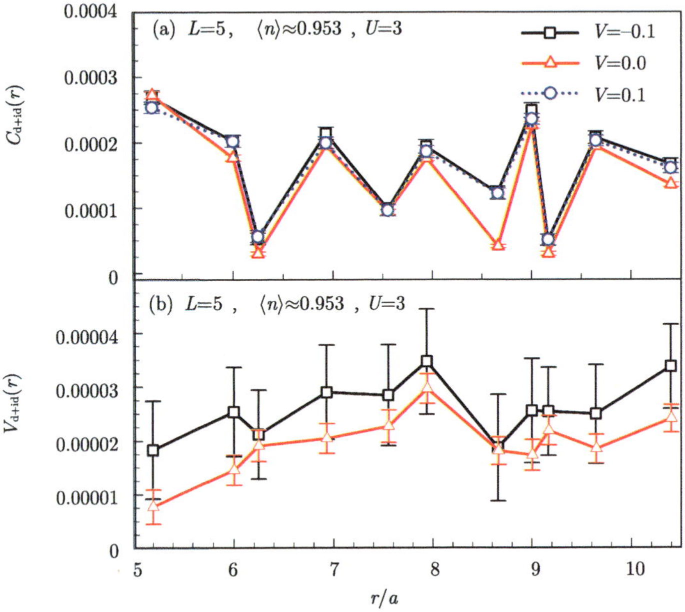

图 9.12　电子填充为 $\langle n\rangle \approx 0.953$，晶格大小为 $L=5$，$U=3$ 时，最近邻库仑相互作用 V 对 $\mathrm{d}+\mathrm{id}$ 波配对 (a) 配对关联和 (b) vertex 贡献的影响

起的。我们的精确计算结果表明，转角双层石墨烯与其他掺杂铜氧化合物等高温超导有相似的性质，这将提供一个新的理想平台理解电子关联系统的超导机制。

9.2　金属绝缘相与超导电性的调控

根据在旋转双层石墨烯中的实验，已经在魔角二维系统中发现有趣的现象，包括非常规超导和类莫特绝缘体等性质，并且论证了关联效应在其中扮演着重要角色。使用液体静压改变层间空间以调节超导特性，再次引起了研究者对旋转双层石墨烯的兴趣[244]，它可能作为一个独特的平台，以探索对关联电子物态的调控。

正如前面所述，两层石墨烯旋转到特殊魔角范围内，其能带结构几乎变平，并且费米能附近的费米速度减小到零。在半满时，此系统被解释成关联莫特绝缘体；当掺杂少许电子后，系统由最初的绝缘体转变为超导体。这与掺杂铜氧化合物、重费密子、铁基、有机超导体的超导机制有相似之处。这可能有助于进一步理解非常规超导机制。

当魔角双层旋转石墨烯的关联电子物性被发现后，如何确定一个有效的低能物理模型来处理强电子关联效应是十分困难的。当双层石墨烯的旋转角度很小时，体系产生莫尔条纹需要很大的尺寸，一个原胞的总原子数将超过 10 000。如此大的体系不可能使用普通的第一性原理计算电子结构。由于目前提出的有效模型或处理强电子关联的模型存在不足，对观测到的绝缘态和超导的可能配对对称性的起源目前仍然存在争议。这些都是目前该领域面临的主要挑战。傅亮的研究小组通过构造万尼尔轨道，得到了一个两轨道的哈伯德模型，如图 9.13 所示，在万尼尔轨道中心形成了自然的六角晶格结构[245,246]。该模型抓住了旋转双层石墨烯中狭小微带的电子结构和库仑相互作用效应等主要特征。这个模型已经在精确数值计算中得到检验，因此它给我们提供了使用精确数值方法研究双层旋转石墨烯中丰富物理性质的机会[247,248]。

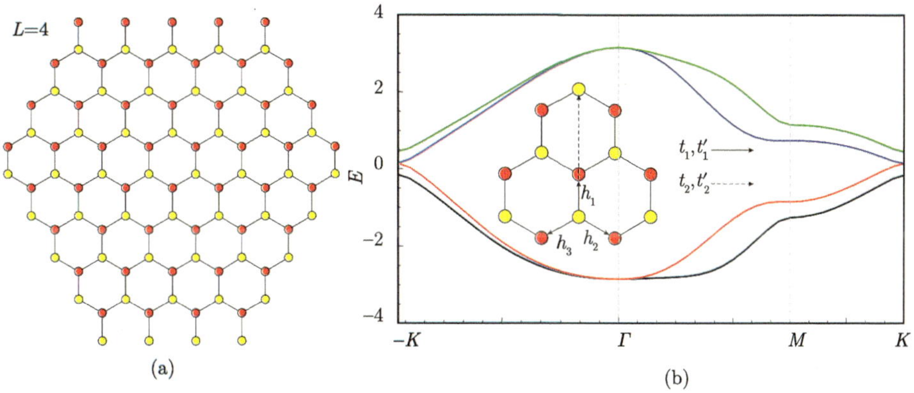

图 9.13 (a) 有效模型在 $L=4$ 时，旋转双层石墨烯的结构。(b) 有效模型中只考虑紧束缚部分的能带结构图，插图为不同轨道间最近邻与第五近邻的跃迁定义

另外，金属–绝缘体转变本身也是最基础最重要的物理现象之一。但由于强关联系统很难使用解析和数值方法处理，因此目前理解由相互作用引起的金属–绝缘体转变（莫特绝缘体转变）仍然存在巨大争议[176]。本节中，在自然形成的六角晶格中，基于两轨道哈伯德模型，我们使用量子蒙特卡罗研究了旋转双层石墨烯中的金属–绝缘体转变和有效超导配对相互作用。流–流关联函数的计算结果表明，电子间的排斥相互作用会显著减小电导率。在低温时，系统将由金属态向绝缘态转变。此外，在仔细地进行有限尺寸的外延分析后，我们证明了金属–绝缘体转变和反铁磁长程序间存在密切关系。受最近实验上通过液压改变层间跃迁能的启发[244]，经过计算我们发现，可以通过自旋关联、电导率和超导配对相互作用对层间耦合系数的依赖，实现对金属–绝缘体转变和超导特性的调控。

9.2.1　魔角双层石墨烯的有效模型

对旋转双层石墨烯的四个最低能带，根据旋转双层石墨烯属于 D_3 群和无谷间散射出现的 U(1) 对称性，可以在具有类（p_x, p_y）轨道的六角晶格上构造有效模型。已知，p 轨道只允许两种类型的跃迁，σ（从“头”跃迁到“尾”）和 π（“肩”与“肩”）跃迁，当 σ 和 π 的跃迁振幅相同时，我们得到六角晶格在 p 轨道上最简单的紧束缚模型 $H_{\rm tb}$ 中的层内跃迁项 H_0。当只有最近邻跃迁项时，体系具有粒子–空穴对称性，引入第五近邻项会打破这一对称性。这时，哈密顿量 H_0 具有 SU(4) 对称性，包括轨道和自旋简并，每条能带是四重简并的。Nam 和 Koshino 的数值结果[249] 表明，沿着 $\varGamma M$ 方向，轨道简并会被打破，为了体现这种效应，引入 H_1 打破 SU(4) 对称性，系统下降到 U(1)×SU(2) 对称性，其中 U(1) 表示轨道手性守恒，SU(2) 表示自旋旋转对称性。进一步引入 H_2 和 U(1) 对称性，原则上，考虑谷间散射会打破这一对称性，并产生狄拉克质量。$H_{\rm tb}$ 可以写成

$$\begin{aligned} H_{\rm tb} &= H_0 + H_1 + H_2 \\ H_0 &= \sum_{\langle \boldsymbol{ij}\rangle} t_1 \left(\boldsymbol{c}_{\boldsymbol{i}}^\dagger \cdot \boldsymbol{c}_{\boldsymbol{j}} + h.c.\right) + \sum_{\langle \boldsymbol{ij}\rangle'} t_2 \left(\boldsymbol{c}_{\boldsymbol{i}}^\dagger \cdot \boldsymbol{c}_{\boldsymbol{j}} + h.c.\right) \\ H_1 &= \sum_{\langle \boldsymbol{ij}\rangle'} t_2' [(\boldsymbol{c}_{\boldsymbol{i}}^\dagger \times \boldsymbol{c}_{\boldsymbol{j}})_z + h.c.] \\ &= -\mathrm{i} \sum_{\langle \boldsymbol{ij}\rangle'} t_2' (c_{i+}^\dagger c_{j+} - c_{i-}^\dagger c_{j-}) + h.c. \\ H_2 &= \sum_{\langle \boldsymbol{ij}\rangle} t_1' \left(\boldsymbol{c}_{\boldsymbol{i}}^\dagger \cdot \boldsymbol{e}_{\boldsymbol{ij}}^{\parallel} \, \boldsymbol{e}_{\boldsymbol{ij}}^{\parallel} \cdot \boldsymbol{c}_{\boldsymbol{j}} - \boldsymbol{c}_{\boldsymbol{i}}^\dagger \cdot \boldsymbol{e}_{\boldsymbol{ij}}^{\perp} \, \boldsymbol{e}_{\boldsymbol{ij}}^{\perp} \cdot \boldsymbol{c}_{\boldsymbol{j}} + h.c.\right) \end{aligned} \tag{9.10}$$

其中 $\boldsymbol{c}_{\boldsymbol{i}} = (c_{\boldsymbol{i},x}, c_{\boldsymbol{i},y})^{\rm T}$，$c_{\boldsymbol{i},x(y)}$ 表示在格点 $\boldsymbol{i}$ 的 $p_{x(y)}$ 轨道湮灭一个电子。t_1 和 t_2 分别为最近邻和第五近邻的跃迁积分，对应的跃迁如图 9.13(b) 中插图所示。从图中可以看出，第五近邻跃迁的键长为 $\sqrt{3}\alpha$，其中 α 为晶格常数。手性基矢 $c_\pm = (c_x \pm \mathrm{i} c_y)/\sqrt{2}$ 与 $\mathrm{p}_x \pm \mathrm{i}\mathrm{p}_y$ 轨道有关。$\mathrm{e}_{\boldsymbol{ij}}^{\parallel,\perp}$ 分别表示平行和垂直最近邻键 $\langle \boldsymbol{ij}\rangle$ 平面内的基矢。在位库仑相互作用部分可以写成

$$H_U = U \sum_{\boldsymbol{i},m} \boldsymbol{n}_{\boldsymbol{i}m\uparrow} \boldsymbol{n}_{\boldsymbol{i}m\downarrow} \tag{9.11}$$

其中，m 为 $\mathrm{p}_{x(y)}$ 轨道，$\boldsymbol{n}_{\boldsymbol{i}m\sigma} = c_{\boldsymbol{i}m\sigma}^\dagger \cdot c_{\boldsymbol{i}m\sigma}$。此模型为在旋转双层石墨烯中研究关联电子现象提供了理论框架。在接下来的模拟中，我们采用图 9.13(a) 中具有周期性边界条件的六角晶格结构，并以 t_1 为单位。根据参考文献 [245, 246]，我们大部分模拟使用 $t_1 = 1.0$，$t_1' = 0.1$，$t_2 = 0.025$，$t_2' = 0.1$。对应的能带结构如

图 9.13(b) 所示，从图中可以看出，除了 Γ 和 K 点，能带在有限 t_1' 是非简并的，这说明在这两点附近存在局域化的电子。

我们大部分模拟是基于 $L=4$ 的晶格，这时格点的总数为 $N_{\rm s}=2\times2\times3L^2$，其中第一个“2”表示双轨道，第二个“2”代表六角形中两个相互交叠的三角子晶格，这里的六角形结构最大限度地保持了石墨烯的几何对称性。

为了研究金属–绝缘体转变，我们计算了随温度变化的直流电导率。可以通过依赖于波矢 $\boldsymbol{q}$ 和虚时 τ 的流–流关联函数得到它的表达式

$$\sigma_{\rm dc}(T)=\frac{\beta^2}{\pi}\Lambda_{xx},\quad \boldsymbol{q}=0,\tau=\frac{\beta}{2} \tag{9.12}$$

其中，$\Lambda_{xx}(\boldsymbol{q},\tau)=\left\langle\hat{j}_x(\boldsymbol{q},\tau)\hat{j}_x(-\boldsymbol{q},0)\right\rangle$, $\beta=1/T$, $\hat{j}_x(\boldsymbol{q},\tau)$ 是在 x 方向与 $(\boldsymbol{q},\tau)$ 相关的流算符。

同样地，为了研究该系统中磁序的变化规律，我们计算了反铁磁自旋结构因子

$$S_{\rm AFM}=\frac{1}{N_{\rm s}}\langle[\sum_{mr}(\hat{S}^z_{mar}-\hat{S}^z_{mbr})]^2\rangle, \tag{9.13}$$

其中，当 $\lim_{N_{\rm s}\to\infty}(S_{\rm AFM}/N_{\rm s})>0$ 时，表示系统具有反铁磁长程序。这里，$\hat{S}^z_{mar}(\hat{S}^z_{mbr})$ 表示在 z 方向的自旋算符作用于轨道 m 中的 $A(B)$ 子晶格。

9.2.2 魔角双层石墨烯的电子性质

首先，我们检查了不同晶格大小 L 和相互作用强度 U 时，反铁磁结构因子随温度倒数 β 的变化。这里，我们使用 $t_1=1.0, t_1'=0.1, t_2=0.025, t_2'=0.1$。在后面的计算中，受液体静压改变层间空间实验结果的启发，我们将固定 $t_1=1.0, t_2=0.025$，并改变 $t_1'=t_2'$ 以探索调控旋转双层石墨烯中物理性质的方案。从图 9.14(a) 可以看出，在高温区域，反铁磁结构因子对晶格尺寸依赖性很小。而在低温区域，当 $U\leqslant3.5$ 时，反铁磁自旋结构因子随着晶格尺寸的增加略微地增加；当 $U=4.0$ 时，它随着晶格尺寸的增加明显地增加。这表明，当 $U>3.5$ 时，该体系有可能出现反铁磁长程序。为了寻找反铁磁长程序的精确临界值，在图 9.15(b) 中，我们计算了晶格尺寸 $L=3,4,5,6$，$\beta=12$ 时，不同相互作用下，归一化反铁磁结构因子 $S_{\rm AFM}/N_{\rm s}$ 随 $1/\sqrt{N_{\rm s}}$ 的变化关系，这里同样使用 $1/\sqrt{N_{\rm s}}$ 的多项式方程进行拟合，然后外推到热力学极限下的无限大尺寸。从图 9.14(b) 可以看出，随着相互作用 U 的增加，拟合曲线在尺寸无限大时，归一化反铁磁结构因子出现正值，意味着在 $U\simeq3.6\approx3.8$ 时出现反铁磁长程序，这与我们前面在原始模型中得到 $U\approx3.8$ 的值十分接近[250]。

对于有限温行列式蒙特卡罗方法，在更低温度、更高相互作用以及更大晶格

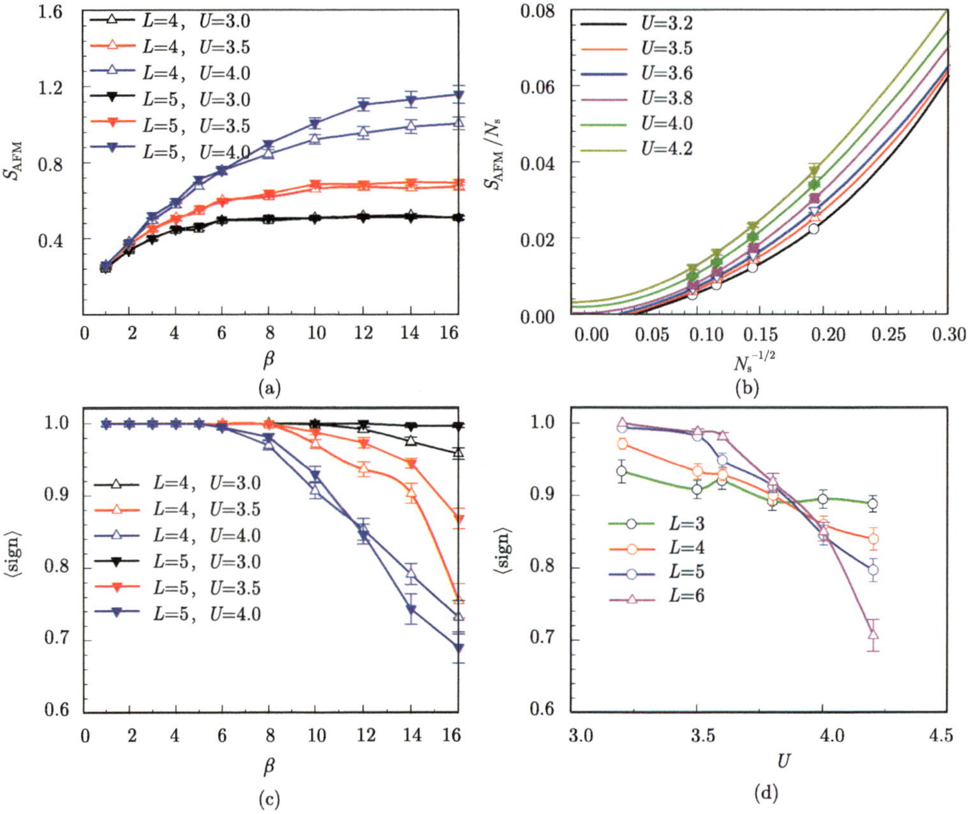

图 9.14　不同相互作用强度和晶格尺寸时，反铁磁自旋结构因子 S_{AFM} 与温度 $\beta=1/T$ 的依赖关系；(b) 归一化自旋结构因子 $S_{\mathrm{AFM}}/N_{\mathrm{s}}$ 在 $\beta=12$ 时的性质。实线为 $1/\sqrt{N_{\mathrm{s}}}$ 的三阶拟合。(a)、(b) 中对应的负符号问题分别在 (c)、(d) 中给出

时系统的粒子–空穴对称性被打破，负符号问题的存在会影响数值模拟的准确性。为了检测上述结果的可靠性，我们在图 9.14 中分别了给出 (a) 不同相互作用 U 和 (b) 不同晶格大小时符号平均值在 30000 次蒙特卡罗运行参数后，与 β 和相互作用的依赖关系。从图中可以看出，当 U 从 3.0 增加到 4.0 时，经过 30000 次测量，对应值的平均符号都大于 0.70，这说明上述计算结果是可信赖的。与 9.2.1 节相同，我们采用了更多的测量次数（如 240000）来补偿涨落，以得到接近 $\langle\mathrm{sign}\rangle\sim 1$ 的测量结果。

另外，我们研究了当晶格尺寸 $L=4,5$，不同相互作用 U 下，直流电导率与温度的依赖关系 $\sigma_{\mathrm{dc}}(T)$，如图 9.15 所示。从图中可以看出，在高温区域，随着温度的降低，电导率逐渐增大；在低温区域，当 $U<3.6$ 时，随着温度 T 降低到趋于零，σ_{dc} 呈发散趋势，而当 $U\geqslant 3.8$ 时，随着温度的降低，电导率曲线凹向

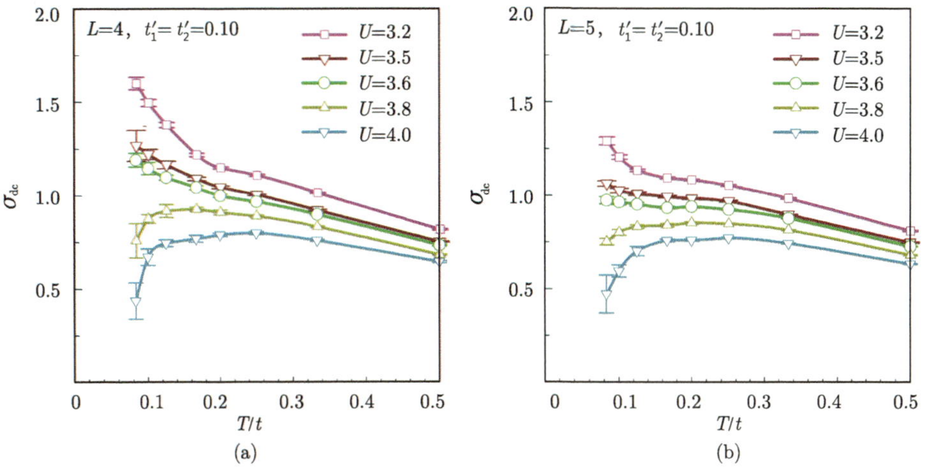

图 9.15 不同相互作用下，晶格尺寸 (a)$L = 4$ (b) $L = 5$ 时，直流电导率 $\sigma_{\rm dc}$ 与温度 T 的依赖关系

下并趋于零。低温区域电导率 $\sigma_{\rm dc}$ 曲线的这些性质说明在 U 为 $3.6 \sim 3.8$ 处存在金属–绝缘体转变，这和上文通过原始模型得到的临界值 $U_{\rm c} \approx 3.8$ 十分接近。另外，对比图 9.15(a) 和 (b) 可以发现，在相同参数下，随着晶格尺寸增加，电导率被抑制，但是尺寸效应几乎不影响临界转变点 $U_{\rm c}$。此外，反铁磁长程序的临界哈伯德相互作用与半金属转变成反铁磁绝缘体的临界值基本一致，这说明在魔角旋转双层石墨烯中不存在自旋液体相。

9.2.3 魔角双层石墨烯的层间耦合项

在文献 [244] 的实验结果中，一个令人感兴趣的性质是可以通过静态压力调节超导特性。因此，通过改变层间耦合参数 t_1' 和 t_2'，金属–绝缘体转变的性质是值得讨论的问题。图 9.16(a) 给出了当 $t_1' = t_2' = 0.05$，直流电导率 $\sigma_{\rm dc}$ 在不同相互作用强度时随温度的变化关系。从图中我们发现，金属–绝缘体转变发生在 $U_{\rm c} = 3.8 \sim 4.0$，这比图 9.15 中 $t_1' = t_2' = 0.10$ 的结果偏大。当 $U = 3.6$ 时，直流电导率 $\sigma_{\rm dc}$ 在不同层间耦合时随温度的变化关系如图 9.16(b) 所示，可以很清楚地看到，随着层间耦合逐渐增加，直流电导率减小，并且在低温区，层间耦合的增加会使金属–绝缘体转变的临界耦合强度 $U_{\rm c}$ 减小。此外，我们还研究了当层间耦合变化时自旋关联的变化趋势，发现随着层间耦合强度增加，自旋关联也会被抑制。

为了理解使用静态液压改变层间耦合在旋转双层石墨烯中实现对超导调控的规律，我们计算了当 $t_1' = t_2' = 0.10$ 时不同配对对称性的有效配对相互作用随

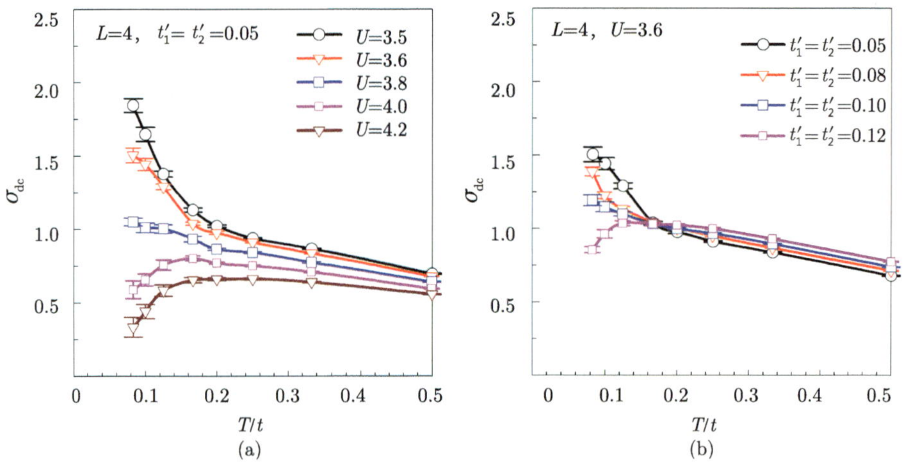

图 9.16　(a) 当跃迁强度 $t_1' = t_2' = 0.05$，不同相互作用强度，$L = 4$ 时，直流电导率 σ_{dc} 与温度 T 的关系。(b) 相互作用强度 $U = 3.6$，不同跃迁强度 $t_1' = t_2'$，晶格尺寸 $L = 4$ 时，直流电导率 σ_{dc} 与温度 T 的关系

着电子填充的变化关系，如图 9.17(a) 所示。在所研究的电子填充区域，我们发现 d + id 配对比其他超导配对模式占优势，并且随着电子填充的增加，d + id 超导配对强度越来越大，这些发现与上文原始模型得到的结果一致。若有效配对相互作用的数值为正，表明旋转双层石墨烯体系的超导电性可能由电子关联驱动，详细的配对形式可以参考图 9.6。此外，图 9.17(b) 给出了 $t_1' = t_2'$ 取值变化时，d + id 对称的有效配对相互作用随温度的变化关系。从图中可以看到，在高温区

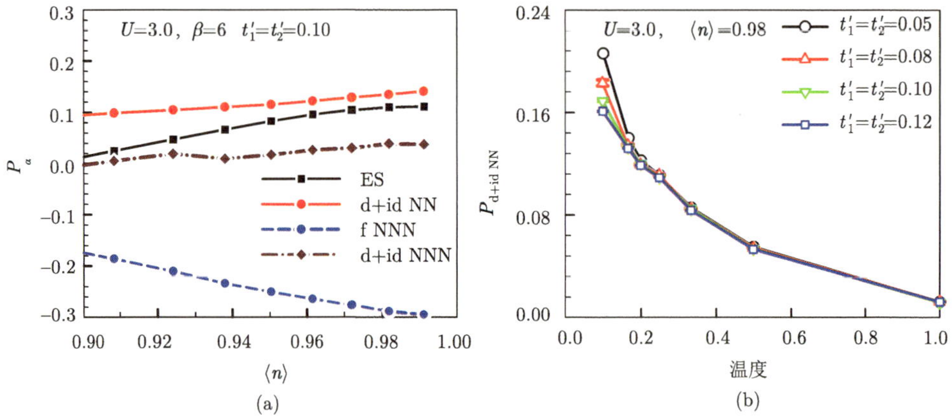

图 9.17　(a)$t_1' = t_2' = 0.10$ 时，不同配对对称性的有效配对相互作用 P_α 与电子填充度的关系。(b) 当电子填充度 $\langle n\rangle = 0.98$，$t_1' = t_2'$ 取值变化时，有效配对相互作用 $P_{\mathrm{d+id\,NN}}$ 随温度的变化关系

域（$\beta \leqslant 5$），有效配对相互作用 $P_{\mathrm{d+id\,NN}}$ 不依赖于层间耦合强度；在低温区域（$\beta > 5$），当层间耦合强度增加时，$P_{\mathrm{d+id\,NN}}$ 被抑制，这与实验观测结果一致。

9.2.4 小结

使用旋转双层石墨烯中的两轨道有效模型，我们采用精确量子蒙特卡罗方法研究了自旋关联、直流电导率、超导配对相互作用的性质。在半满时，若超过临界相互作用强度 $U_c = 3.6 \sim 3.8$，该体系为反铁磁莫特绝缘体。通过改变层间耦合强度，我们在旋转双层石墨烯中发现了一个可调的金属–绝缘体转变和超导电性。其中，直流电导率随着层间耦合强度增加而被抑制，金属–绝缘体转变临界值 U_c 减小。在有限的掺杂时，$\mathrm{d+id}$ 对称性的超导配对较其他超导配对对称性占主导，并且在半满附近，它也随着层间耦合强度增加而被抑制。我们精确的数值结果表明，旋转双层石墨烯与掺杂铜氧化物和其他高温超导体具有相似的由相互作用驱动的相图，并且旋转双层石墨烯为在二维莫尔超晶格异质结中探索电子关联态的调控提供了可能。

第 10 章　铁基超导体系的超导配对对称性和反铁磁关联

基于 S_4 对称性微观模型，我们使用量子蒙特卡罗方法，系统研究了铁基超导体系的超导配对关联和磁关联性质。研究发现，在合理的参数范围内，扩展的 s 波超导配对关联显然强于其他对称性的超导配对关联，且与费米面的拓扑结构无关。配对磁化率、有效配对相互作用以及 $(\pi,0)$ 点的反铁磁自旋关联随着库仑相互作用的增大显著增大，说明电子关联起着重要的作用。我们用非微扰的数值结果对两种铁基超导体系–铁磷化物和铁硫化物的超导机制给出了统一的描述，并说明铁基超导体系的超导电性与铜氧化物高温超导材料类似，是由电子–电子强关联驱动的。

铁基超导研究[206,251] 面对的主要挑战是如何对不同的铁基超导体系有一个统一的微观理解，特别是铁磷化物和铁硫化物，它们具有不同的费米面拓扑结构[252]。在过去几年中，大多数铁基高温超导体的理论研究都是基于具有复杂的多 d 轨道能带结构模型[253]。这些研究为铁磷化物提供了很好的理解，但对于铁硫化物，如体系的磁性和超导电性，给出了非常不同的图像。原因是这些结果很大程度上依赖于理论方法的近似和费米面的拓扑结构。强调局部反铁磁交换耦合的有效模型似乎可以统一对这两种材料的超导态的理解[254]。然而，它们缺乏来自更基本的微观物理学的支持。如果体系中电子关联起主导作用，Hartree-Fork 等方法所得到的结果不再可靠，因而，使用非微扰的数值技术被认为是赢得这个巨大挑战的唯一机会。

2013 年 3 月，中国科学院物理研究所胡江平研究员提出，铁基超导体系的超导电性可由一个具有 S_4 对称性的双轨道模型描述，S_4 是铁基超导体中三层的 FeAs 或 FeSe 结构的对称性。在这一模型中，两个 S_4 同位旋分量之间的耦合很弱，物理性质主要由单个的 S_4 同位旋分量决定。因而，铁基超导体系低能的电学和磁学行为可以由一个半满附近的扩展的单轨道哈伯德模型描述[255]。这样的微观理解给我们提供了一个新的机会，让我们可以利用高度可控的、非微扰的数值方法来研究铁基超导体，特别是获得对铁磷化物和铁硫化物可能的统一描述。

10.1 S_4 对称微观模型的磁关联和超导配对

在本小节中，我们使用量子蒙特卡罗方法，系统研究了 S_4 对称微观模型的超导配对关联。我们发现，与费米面拓扑结构的改变无关，无论在 Γ 点附近是否存在空穴袋，在低温下且合理的参数区域内，扩展的 A_{1g} s 波对称性的超导配对始终处于主导地位。对于铁磷化物和铁硫化物，配对磁化率、有效配对相互作用和 $(\pi,0)$ 点反铁磁关联随着在位库仑相互作用的增加而显著增大。我们的研究表明铁基超导体的超导电性是由电子–电子关联驱动的，电子和空穴袋之间的嵌套不是铁基超导体的基本物理内涵。这个结论支持许多已经提出的有效模型为基础[254,256,257]，但不能使用近似方法最终得到这个结论[258]。事实上，即使在没有空穴袋的情况下，扩展的 s 波超导配对关联也占据主导地位，这与先前在文献 [253, 259] 中的简单推测不同。因此，我们非微扰的数值结果给出了与平均场近似方法完全不同的物理图像。

如图 10.1(a) 所示，基于 S_4 对称性所给出的描述铁基超导体系的模型为

$$\begin{aligned}H = & t_1 \sum_{i\eta\sigma}(a_{i\sigma}^{\dagger} b_{i+\eta\sigma} + h.c.) \\ & + t_2 \left[\sum_{i\sigma} a_{i\sigma}^{\dagger} a_{i\pm(\hat{x}+\hat{y})\sigma} + \sum_{i\sigma} b_{i\sigma}^{\dagger} b_{i\pm(\hat{x}-\hat{y})\sigma}\right] \\ & + t_2' \left[\sum_{i\sigma} a_{i\sigma}^{\dagger} a_{\mathbf{i}\pm(\hat{x}-\hat{y})\sigma} + \sum_{i\sigma} b_{i\sigma}^{\dagger} b_{\mathbf{i}\pm(\hat{x}+\hat{y})\sigma}\right] \\ & + U \sum_{i}(n_{ai\uparrow} n_{ai\downarrow} + n_{bi\uparrow} n_{bi\downarrow}) + \mu \sum_{i\sigma}(n_{ai\sigma} + n_{bi\sigma})\end{aligned} \tag{10.1}$$

这里，$a_{i\sigma}$ ($a_{i\sigma}^{\dagger}$) 表示在子晶格 A 格点 $\boldsymbol{R}_i$ 湮灭 (产生) 自旋 σ (σ=↑,↓) 的电子，$b_{i\sigma}$ ($b_{i\sigma}^{\dagger}$) 表示在子晶格 B 格点 $\boldsymbol{R}_i$ 湮灭 (产生) 自旋 σ (σ=↑,↓) 的电子，$n_{ai\sigma} = a_{i\sigma}^{\dagger} a_{i\sigma}$, $n_{bi\sigma} = b_{i\sigma}^{\dagger} b_{i\sigma}$, $\eta = (\pm\hat{x}, 0)$ 和 $(0, \pm\hat{y})$。在上述模型中，为了简单和清楚起见，我们仅保留三个关键的跃迁参数，这些参数揭示了 S_4 对称性所描述的物理图像[255]。在以下研究中，我们所选择的参数分别描述了两种典型的铁基超导材料：铁磷化物[260–264] 和铁硫化物[252,265,266]，如图 10.1(b)~(d) 所示。

我们的数值计算主要是在具有周期性边界条件的 8^2 或 12^2 晶格上进行。我们使用的是有限温的行列式量子蒙特卡罗方法，这里使用 8000 次扫描来平衡系统，然后进行另外 45000 次扫描，每次扫描都会进行一次测量，并把这些测量分

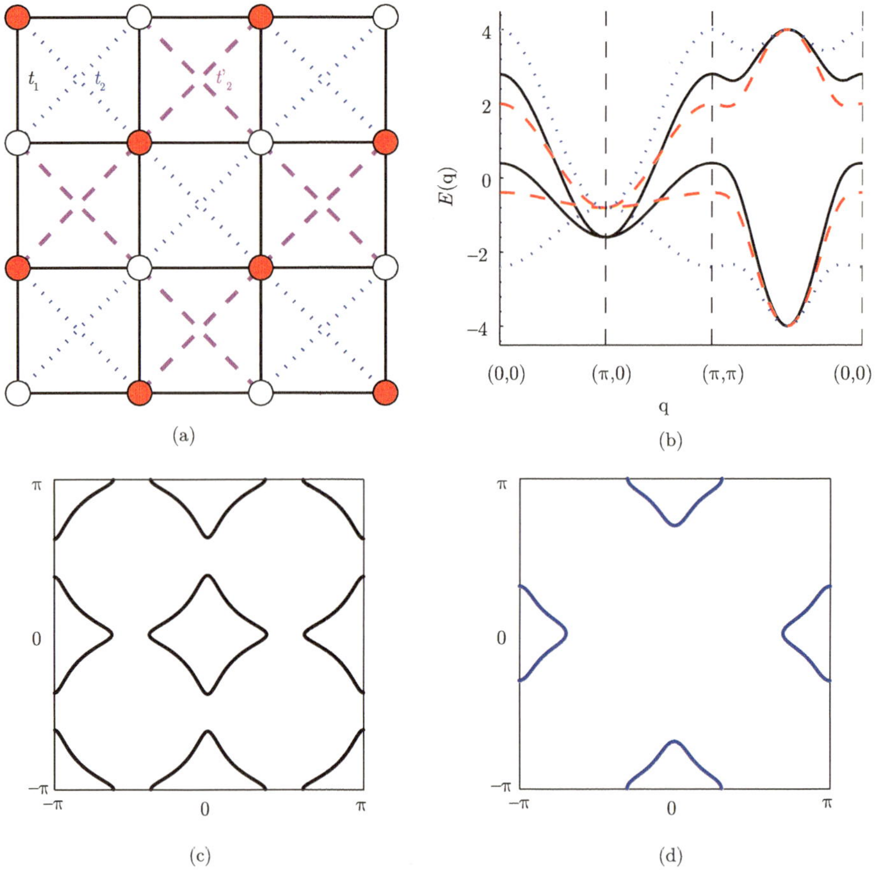

图 10.1　$s_{x^2+y^2}$, $d_{x^2-y^2}$, s_{xy} 和 d_{xy} 的相图

成 15 个进程。

由于磁激发可能在电子关联驱动的超导机制中发挥重要作用，我们首先研究了这种系统中的磁关联。与前面类似，我们定义零频率 z 方向的自旋磁化率

$$\chi(q)=\int_0^\beta \mathrm{d}\tau \sum_{d,d'=a,b}\sum_{\boldsymbol{i},\boldsymbol{j}} \mathrm{e}^{\mathrm{i}q\cdot(\boldsymbol{i}_d-\boldsymbol{j}_{d'})}\langle m_{\boldsymbol{i}_d}(\tau)\cdot m_{\boldsymbol{j}_{d'}}(0)\rangle \tag{10.2}$$

这里 $m_{\boldsymbol{i}_a}(\tau)=\mathrm{e}^{H\tau}m_{\boldsymbol{i}_a}(0)\mathrm{e}^{-H\tau}$，$m_{\boldsymbol{i}_a}=a^\dagger_{\boldsymbol{i}\uparrow}a_{\boldsymbol{i}\uparrow}-a^\dagger_{\boldsymbol{i}\downarrow}a_{\boldsymbol{i}\downarrow}$，$m_{\boldsymbol{i}_b}=b^\dagger_{\boldsymbol{i}\uparrow}b_{\boldsymbol{i}\uparrow}-b^\dagger_{\boldsymbol{i}\downarrow}b_{\boldsymbol{i}\downarrow}$。为了研究铁基超导体的超导性质，我们计算了配对磁化率

$$P_\alpha=\frac{1}{N_{\mathrm{s}}}\sum_{i,j}\int_0^\beta \mathrm{d}\tau\langle\Delta^\dagger_\alpha(i,\tau)\Delta_\alpha(j,0)\rangle \tag{10.3}$$

这里 α 代表配对对称性。由于方程 (10.1) 中在位哈伯德相互作用的约束，有利于两个子晶格之间的配对，相应的序参数 $\Delta_\alpha^\dagger(i)$ 定义为

$$\Delta_\alpha^\dagger(i) = \sum_l f_\alpha^\dagger(\delta_l)(a_{i\uparrow}b_{i+\delta_l\downarrow} - a_{i\downarrow}b_{i+\delta_l\uparrow})^\dagger$$

$f_\alpha(\delta_l)$ 是配对函数的形式因子。这里 δ_l $(l=1,2,3,4)$ 代表最近邻子晶格间链接，$\delta=(\pm\hat{x},0)$ 和 $(0,\pm\hat{y})$，或者次近邻内内部子晶格链接，$\delta'=\pm(\hat{x},\hat{y})$ 和 $\pm(\hat{x},-\hat{y})$。

我们研究了四种配对形式，如图 10.2 所示。对 $\mathrm{s}_{x^2+y^2}$ 波配对，$f_\mathrm{s}(\delta_l)=1$。对 $\mathrm{d}_{x^2-y^2}$ 波配对，当 $\delta_l=(\pm\hat{x},0)$ 时 $f_d(\delta_l)=1$，否则为 -1。另外两种有趣的配对形式是 d_{xy} 波和扩展的 s_{xy} 波，

$$\begin{aligned}
\mathrm{d}_{xy}\ \text{波} &: f_{\mathrm{d}_{xy}}(\delta'_l) = 1(\delta'_l = \pm(\hat{x},\hat{y})) \\
\text{和} &\quad f_{\mathrm{d}_{xy}}(\delta'_l) = -1(\delta'_l = \pm(\hat{x},-\hat{y})) \\
\mathrm{s}_{xy}\ \text{波} &: f_{\mathrm{s}_{xy}}(\delta'_l) = 1, \quad l=1,2,3,4
\end{aligned} \tag{10.4}$$

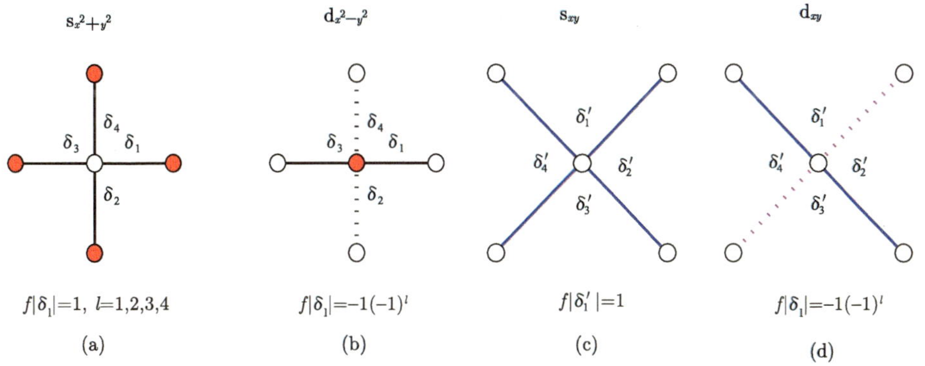

图 10.2　$\mathrm{s}_{x^2+y^2}$, $\mathrm{d}_{x^2-y^2}$, s_{xy} 和 d_{xy} 的相图

在图 10.3 中，我们给出了温度 T=1/6 时，不同电子浓度、不同库仑相互作用 U 情况下的自旋磁化率。图 10.3 所示，$(\pi,0)$ 点的尖峰表示在接近半满的铁基超导体中存在反铁磁自旋关联。从10.3 中可以看出，在半满时，峰值非常尖锐，并且随着电子填充浓度逐渐远离半满，$\chi(\boldsymbol{q})$ 在 $(\pi,0)$ 点附近减小，这表示当系统掺杂至远离半满时，反铁磁自旋关联被抑制。在所有铁基超导体中普遍观察到 $(\pi,0)$ 点的反铁磁自旋涨落[267–273]。很明显，我们的模型和结果自然地提供了通过中子散射[268,270,271] 在母体化合物中观察到的稳定的反铁磁交换耦合 J_2 的解释。

从图 10.3 所示的磁关联的行为可以注意到，$(\pi,0)$ 自旋关联不依赖于 Γ 点空穴袋的存在，这表明这样的反铁磁关联是由电子–电子关联驱动的，而不是空

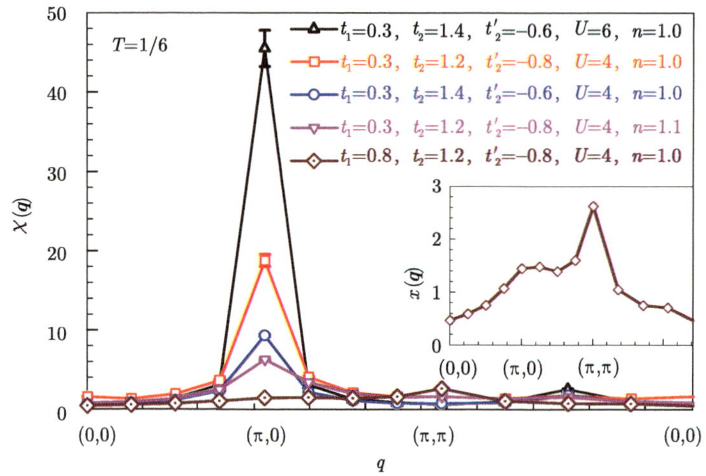

图 10.3　在尺寸为 8×8 的晶格中，自旋磁化率 $\chi(\boldsymbol{q})$ 与动量 $\boldsymbol{q}$ 的关系

穴和电子费米袋 (Fermi pocket) 之间的嵌套[258]。对角线或次近邻跃迁参数 t_2 大于最近邻跃迁参数 t_1，$(\pi,0)$ 点反铁磁关联也由于这个特点趋于稳定。如图 10.3 所示，如果 t_1 的值大到一定数值，(π,π) 点磁关联将处于主导地位。正如我们稍后给出的结果，在这种情况下，$\mathrm{d}_{x^2-y^2}$ 波配对将显著增强并处于主导地位。

图 10.4 给出不同配对对称性下配对磁化率随温度的变化。在所研究的参数范围内，各种配对对称性的配对磁化率随着温度降低而增大。值得注意的是，在低温下，s_{xy} 配对磁化率比任何其他配对磁化率增加得快得多。这表明在半满附近 s_{xy} 配对对称性相对于其他配对对称性处于主导地位。当其他参数固定时，将 $t_{2\mathrm{s}}=(t_2+t_2')/2$ 从 0.4 减小至 0.2，或增加 t_2' 的绝对值，还可以看到具有不同对称性的配对磁化率都被增强，特别是 s_{xy} 配对磁化率。

用前面提到的办法，我们提取出了有效配对相互作用。在图 10.4 的内插图中，我们给出了 $t_1=0.3,t_2=1.4,t_2'=-0.6$ (实线) 时的 $P_{\mathrm{s}_{xy}}-\widetilde{P}_{\mathrm{s}_{xy}}$ 曲线。很明显，$P_{\mathrm{s}_{xy}}-\widetilde{P}_{\mathrm{s}_{xy}}$ 曲线显示了与 $P_{\mathrm{s}_{xy}}$ 非常相似的温度依赖性。我们发现，$P_{\mathrm{s}_{xy}}$ 的有效配对相互作用取正值并随着温度降低而增加。有效配对相互作用为正说明对于 s_{xy} 配对确实存在吸引力。对于 $t_1=0.3,t_2=1.2,t_2'=-0.8$，有效 s_{xy} 配对相互作用也在图 10.4 中作为虚线画出。将结果与不同的 t_2' 比较，有效的 s_{xy} 配对相互作用随着 t_2' 的绝对值增大而显著提高。

在图 10.5 中，我们给出了 $P_{\mathrm{s}_{xy}}$ 波配对磁化率在不同 U 时，有效配对相互作用 $P_{\mathrm{s}_{xy}}-\tilde{P}_{\mathrm{s}_{xy}}$ 随温度的变化关系。可以看出，有效配对相互作用随着 U 增加而增强。特别地，图 10.5 中所示的有效 s_{xy} 波配对相互作用在低温下趋于发散，并且随着 U 的增大，趋向于促进这种发散。这表明电子–电子关联作用在驱动超导

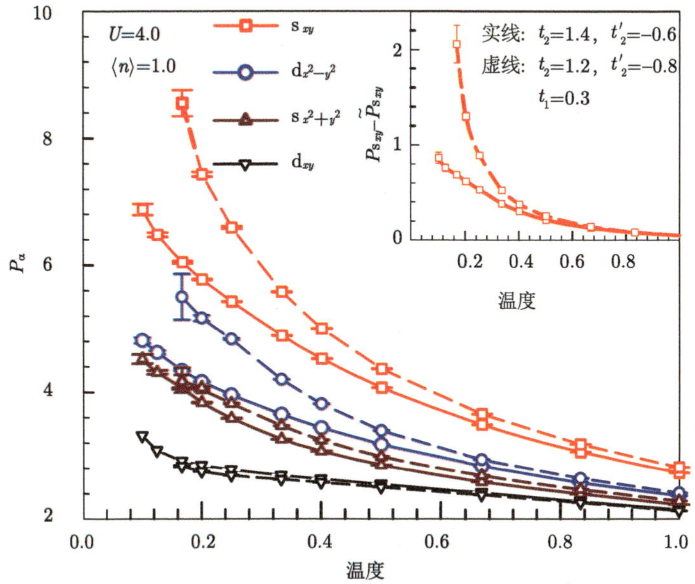

图 10.4 在尺寸为 8×8 的晶格中，配对磁化率 P_α 在不同的配对对称性下与温度的关系，$t_1=0.3, t_2=1.4, t_2'=-0.6$ (实线)；$t_1=0.3, t_2=1.2, t_2'=-0.8$ (虚线)，且 $U=4.0, \langle n\rangle$=1.0。内插图为有效配对相互作用 $P_{s_{xy}}-\widetilde{P}_{s_{xy}}$ 与温度的关系

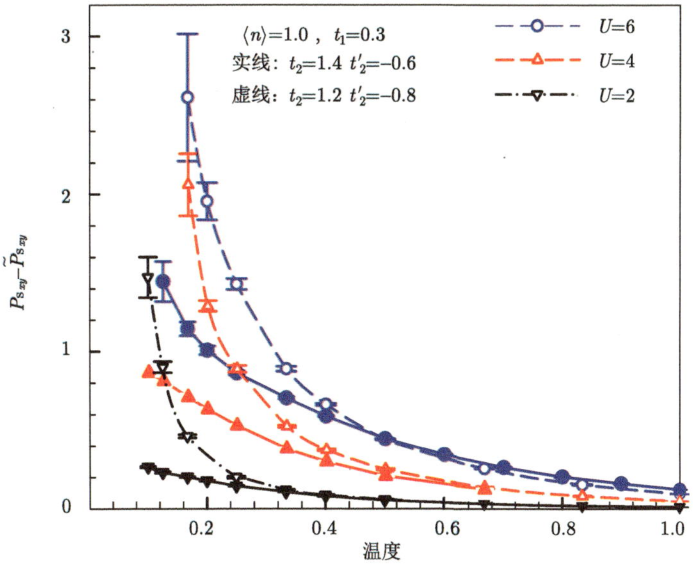

图 10.5 有效配对相互作用 $P_{s_{xy}}-\tilde{P}_{s_{xy}}$ 在不同 U 时，随温度的改变。这里 $t_1=0.3, t_2=1.4, t_2'=-0.6$ (实线) 和 $t_1=0.3, t_2=1.2, t_2'=-0.8$ (虚线)，晶格尺寸是 8×8

电性中起着关键作用。

我们还研究了在不同电子浓度下有效配对相互作用的温度依赖性。图 10.6 给出了 $\langle n\rangle = 1.0, 0.9, 0.8$ 和 $t_1 = 0.3, t_2 = 1.4, t_2' = -0.6$ (a) 及 $\langle n\rangle = 1.0, 1.1, 1.2$ 和 $t_1 = 0.3, t_2 = 1.2, t_2' = -0.8$(b) 时，有效配对相互作用随温度的变化。图 10.6(a) 和 (b) 都表明，随着系统掺杂远离半满，有效配对相互作用减小。如图 10.3 ~ 图 10.5 所示，自旋磁化率的 $(\pi, 0)$ 处峰值的减小与配对磁化率的抑制有关。这直接证实了 $(\pi, 0)$ 点反铁磁涨落有利于 s_{xy} 波超导配对。

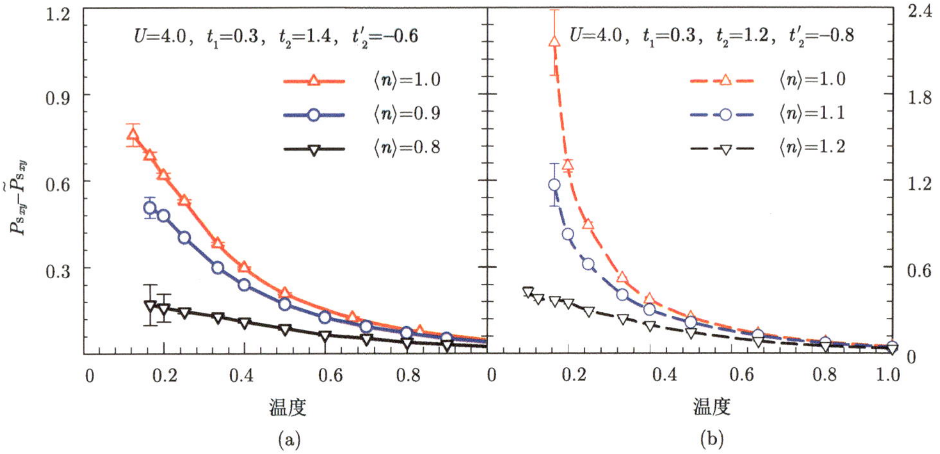

图 10.6　有效配对相互作用 $P_{s_{xy}} - \tilde{P}_{s_{xy}}$ 在不同电子浓度时，随温度的改变。这里 $t_1 = 0.3, t_2 = 1.4, t_2' = -0.6$ (实线) 和 $t_1 = 0.3, t_2 = 1.2, t_2' = -0.8$ (虚线)，晶格尺寸是 8×8

图 10.7 给出了当 $\langle n\rangle = 1.1$，取不同 t_1 时的配对行为。随着 t_1 明显增加，$d_{x^2-y^2}$ 波配对磁化率可能占据主导地位。图 10.7 的内插图给出了在温度 $T = 1/6$ 下，由行列式量子蒙特卡罗方法得到的主导的超导配对对称性与 t_1/t_2 和 $-t_2'/t_2$ 的关系图。这个相图表明，当 t_1 较小时，s_{xy} 波处于主导地位。插图显示了在 $T = 1/6$ 时的主导配对对称性的相图，与 Γ 点处能带空穴袋的出现和消失相关。由于这种转变不发生在铁基超导体的能带结构中[260]，因此 s_{xy} 波超导配对是稳定的。超导配对的稳定性进一步显示在图 10.7 中，我们通过 t_1/t_2 与 t_2'/t_2 的对比给出了结果。总的来说，s_4 模型中的跃迁参数是 $t_2 > t_1 > |t_2'|$，对能带结构的拟合说明，t_1 约等于 $0.4t_2$，t_2' 约等于 $0.3t_2$[255]。

最后，我们给出了在 12^2 晶格上不同配对对称性的配对磁化率，并将它们与图 10.8 中 8×8 晶格上的 s_{xy} 波配对磁化率进行了比较。可以看出，较大晶格尺寸的结果再次验证了 s_{xy} 波优于其他种类的配对对称性。此外，有趣的是，s_{xy} 波配对磁化率随着晶格尺寸增大而增大，特别是在低温情况下。这种增强与图 10.8

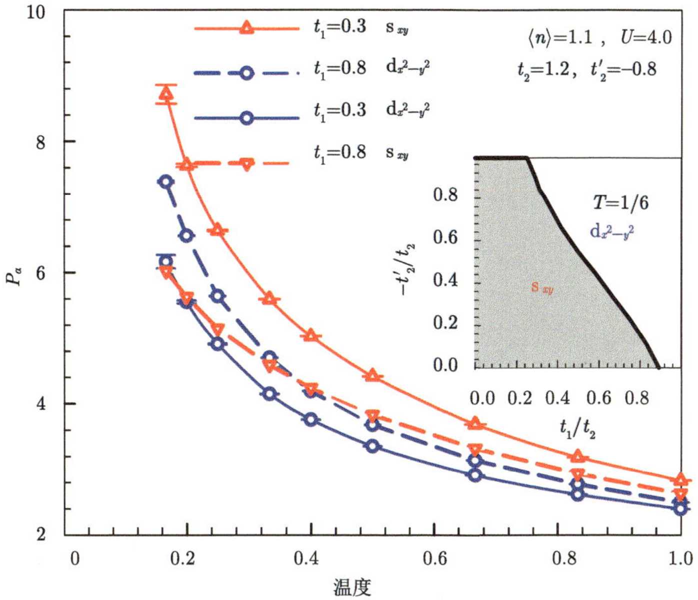

图 10.7 P_α 随温度的变化，这里 $\langle n\rangle$=1.1, $U=4.0$, $t_2=1.2$, $t'_2=-0.8$，晶格大小为 8×8。内插图：s_{xy} 和 $\mathrm{d}_{x^2-y^2}$ 随着 t_1/t_2 和 $-t'_2/t_2$ 变化的竞争

的插图中所示的自旋磁化率 $\chi(\boldsymbol{q})$ 的行为一致，其中 $\chi(\boldsymbol{q})$ 也随着晶格大小的增加而增强。$(\pi,0)$ 点 $\chi(\boldsymbol{q})$ 的峰值在 $\langle n\rangle=1.0$ 时随着晶格大小增加而增加，这意味着接近半满的基态可能存在静态的磁序。当计算近长程配对关联时，上述配对磁化率的结果也被证明是有效的[274]。因此，8×8 晶格用于研究主导配对对称性是足够大的。

总的来说，这些结果清楚地表明，铁基超导体中的超导电性和配对对称性是由强电子–电子关联和跃迁参数共同确定的。在这个模型中，如果固定 t_2 和 t'_2，少量减少 t_1，可以导致 Γ 点空穴袋的消失。由于 d 波配对通道是由 t_1 引起的，我们可以得出结论，s_{xy} 波配对在铁硫化合物中比在铁磷化物中更稳定，这与弱耦合方法得到的结果完全不同。最近通过角分辨光电子能谱方法得到的实验结果强烈表明，铁磷化物[260] 和铁硫化物都是 s_{xy} 波配对的[275,276]。因此，我们的研究提供了一个统一的微观理解。

本节中，我们基于有效 S_4 模型，研究了铁基超导体的配对磁化率和有效配对相互作用[255]，证实了随着电子–电子关联增加，特别是在低温下，处于半满状态的 $(\pi,0)$ 反铁磁占优势，并且 s_{xy} 的配对磁化率显著增强。我们认为，对应于晶格点群 A_{1g} 相的 s_{xy} 波配对对称性，在铁基超导体中占据主导地位，并且相对于铁离子晶格的旋转对称性是各向同性的。我们得到的半满时的强反铁磁、配对

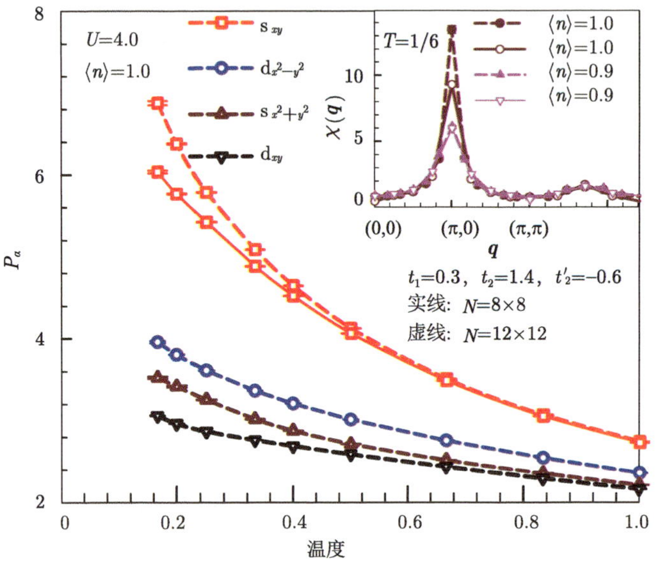

图 10.8　取 $t_1 = 0.3, t_2 = 1.4, t_2' = -0.6$，在 $U = 4.0$ 和 $\langle n\rangle=1.0$ 时，不同配对对称性的 P_α 随温度的变化关系，其中虚线表示 12×12 晶格上的结果，实线表示 8×8 晶格上的结果。内插图：$\chi(\boldsymbol{q})$ 随 $\boldsymbol{q}$ 的改变，包括 12×12 晶格 (- - ● - -) 和 8×8 晶格 (——○——)，以及 $\langle n\rangle = 1.0$ (- - ▲ - -) 和 $\langle n\rangle = 0.9$ (——▽——)

磁化率和有效配对相互作用的行为支持“铜氧化物和铁基超导体（包括铁磷化物和铁硫化物）的微观超导机制是相同的”的观点。

10.2　S_4 对称微观模型的基态配对关联

10.1 节中，基于 S_4 模型，我们使用有限温行列式量子蒙特卡罗方法研究了铁基超导体的超导配对对称性，发现扩展的 s 波超导配对对称性占据主导地位。配对磁化率、有效配对相互作用和 $(\pi, 0)$ 点反铁磁关联随着在位库仑相互作用的增加而增加，这些非微扰的数值结果提供了对两种铁基超导体系–有空穴袋和没有空穴袋超导机制的一种可能的统一理解[277]。

然而，像有限温行列式量子蒙特卡罗这种方法，有其自身的局限和困难，比如，研究的晶格尺寸不够大，温度不够低，以及存在着不可避免的费米子的负符号问题。随着晶格增大和温度变低[41,278]，计算时间也呈指数增长。通常，对于有限尺寸模型而言，要通过数值结果判断哪种配对方式占据主导地位，我们必须分析配对关联函数在零温时的长程部分，然而通过分析 8×8 晶格的配对关联函数去推断出长程时的行为，由于晶格太小，结果难以确定。为了阐明这个关键问题，在更大的晶格上进行数值模拟非常重要，而约束路径蒙特卡罗方法[69,70] 是非常有效的工具。与精确对角化的结果进行对比，约束路径量子蒙特卡罗方法可以得到基态能量以及许多其他基态可观测量的非常精确的结果[69,70]。

在以下分析中，我们使用约束路径量子蒙特卡罗方法，研究了不同的电子填充浓度和相互作用强度下的 S_4 对称微观模型的基态超导配对关联。模拟主要是基于 12×12 的晶格，并与 8×8，16×16 和 20×20 晶格的超导配对关联进行了比较。所有晶格都采用周期性边界条件。我们非微扰的数值计算结果表明基态 s_{xy} 配对在配对关联中占据主导地位。对于有空穴袋和没有空穴袋两种铁基超导体系，在较大的晶格距离上，s_{xy} 配对关联为正值。这些基态性质，特别是配对关联的长程部分，证实了我们之前用有限温的行列式量子蒙特卡罗方法得到的有限温计算结果[277]。我们通过加入最近邻相互作用 V 对其进行了进一步研究，发现 s_{xy} 配对关联随着 V 的增加被轻微抑制。

文献 [255, 277] 以及前文中，已经给出了描述铁基正方晶格中单个 S_4 同位旋分量的扩展哈伯德模型：

$$
\begin{aligned}
H = &\, t_1 \sum_{i\eta\sigma} (a_{i\sigma}^{\dagger} b_{i+\eta\sigma} + h.c.) \\
&+ t_2 \left[\sum_{i\sigma} a_{i\sigma}^{\dagger} a_{i\pm(\hat{x}+\hat{y})\sigma} + \sum_{i\sigma} b_{i\sigma}^{\dagger} b_{i\pm(\hat{x}-\hat{y})\sigma} \right] \\
&+ t_2' \left[\sum_{i\sigma} a_{i\sigma}^{\dagger} a_{i\pm(\hat{x}-\hat{y})\sigma} + \sum_{i\sigma} b_{i\sigma}^{\dagger} b_{i\pm(\hat{x}+\hat{y})\sigma} \right] \\
&+ U \sum_{i} (n_{ai\uparrow} n_{ai\downarrow} + n_{bi\uparrow} n_{bi\downarrow}) + V \sum_{i\eta\sigma} (a_{i\sigma}^{\dagger} b_{i+\eta\sigma} + h.c.) \\
&+ \mu \sum_{i\sigma} (n_{ai\sigma} + n_{bi\sigma})
\end{aligned} \tag{10.5}
$$

这里，$a_{i\sigma}$ ($a_{i\sigma}^{\dagger}$) 表示在子晶格 A 格点 $\boldsymbol{R}_i$ 上湮灭（产生）自旋为 σ (σ=↑,↓) 的电子，$b_{i\sigma}$ ($b_{i\sigma}^{\dagger}$) 表示在子晶格 B 格点 $\boldsymbol{R}_i$ 上湮灭（产生）自旋为 σ (σ=↑,↓) 的电子，$n_{ai\sigma}=a_{i\sigma}^{\dagger}a_{i\sigma}$,$n_{bi\sigma}=b_{i\sigma}^{\dagger}b_{i\sigma}$，$\eta=(\pm\hat{x},0)$ 和 $(0,\pm\hat{y})$，U 和 V 分别代表格点间的哈伯德相互作用和最近邻相互作用。关于参数的选择，与 10.1 节类似。

我们计算的配对关联函数是

$$
C_{\alpha}(\boldsymbol{r}=\boldsymbol{R}_i-\boldsymbol{R}_j)=\langle \Delta_{\alpha}^{\dagger}(\boldsymbol{i})\Delta_{\alpha}(\boldsymbol{j})\rangle \tag{10.6}
$$

α 代表配对对称性，相应的序参数 $\Delta_{\alpha}^{\dagger}(\boldsymbol{i})$ 定义如下：

$$
\Delta_{\alpha}^{\dagger}(\boldsymbol{i}) = \sum_{l} f_{\alpha}^{\dagger}(\delta_l)(a_{i\uparrow}b_{i+\delta_l\downarrow}-a_{i\downarrow}b_{i+\delta_l\uparrow})^{\dagger} \tag{10.7}
$$

$f_\alpha(\delta)_l$ 是配对函数的因子，$\delta_l(\delta_l')$ 表示最近邻子晶格连接 (次近邻内部子晶格连接)，$l=1,2,3,4$ 代表四个不同的方向。如文献 [277] 所示，我们比较关注四种配对形式，

$$\begin{aligned}
\mathrm{d}_{x^2-y^2}\text{ 波} &: \quad f_{d_{x^2-y^2}}(\delta_l)=1\ (\delta_l=(\pm\hat{x},0))\\
\text{和} &: \quad f_{d_{x^2-y^2}}(\delta_l)=-1\ (\delta_l=(0,\pm\hat{y}))\\
\mathrm{d}_{xy}\text{ 波} &: \quad f_{d_{xy}}(\delta_l')=1\ (\delta_l'=\pm(\hat{x},\hat{y}))\\
\text{和} &: \quad f_{d_{xy}}(\delta_l')=-1\ (\delta_l'=\pm(\hat{x},\hat{-y}))\\
\mathrm{s}_{x^2+y^2}\text{ 波} &: \quad f_{\mathrm{s}_{xy}}(\delta_l)=1,\ l=1,2,3,4\\
\mathrm{s}_{xy}\text{ 波} &: \quad f_{\mathrm{s}_{xy}}(\delta_l')=1,\ l=1,2,3,4
\end{aligned}\tag{10.8}$$

与前面所讨论的有效配对相互作用相对应，我们还检查了由下式定义的顶点贡献：

$$V_\alpha(\boldsymbol{r})=C_\alpha(\boldsymbol{r})-\overline{C_\alpha}(\boldsymbol{r})\tag{10.9}$$

这里 $\overline{C_\alpha}(\boldsymbol{r})$ 是用于不相关配对的简写符号，对于 $C_\alpha(\boldsymbol{r})$ 中的每一项，比如 $\langle a_\uparrow^\dagger a_\uparrow a_\downarrow^\dagger a_\downarrow\rangle$，都有对应的项写成 $\langle a_\uparrow^\dagger a_\uparrow\rangle\langle a_\downarrow^\dagger a_\downarrow\rangle$。

在图 10.9(a) 中我们比较了 12×12 的晶格 $t_1=0.3, t_2=1.4, t_2'=-0.6$ 时不同配对对称性条件下配对关联函数的长程部分，这对应于典型的铁-磷化合物[260–264]。这里，电子填充浓度 $\langle n\rangle=1.0$，其对应于具有 $N_\uparrow$=$N_\downarrow$=72 的闭壳层。模拟计算取 $U=3.0$。可以很容易地看出，对于电子对之间的几乎所有长程距离，$C_{\mathrm{s}_{xy}}(r)$（实红线）大于取任何配对对称性的配对关联。使用与图 10.9(a) 相同的参数集合，图 10.9(b) 显示了在方程 (10.9) 中定义的顶点贡献。很明显，s_{xy}（虚红线）配对的顶点贡献在任何其他配对形式的顶点贡献中占据主导地位。s_{xy} 配对对称性的顶点贡献在长程部分上是有限值，而 d_{xy}，$\mathrm{s}_{x^2+y^2}$ 和 $\mathrm{d}_{x^2-y^2}$ 只是在零点附近波动。在数值结果中，统计误差与配对相关性的比率 C_α 不大于 0.5%，并且大多数误差几乎在符号内。统计误差与顶点贡献的比率 V_α 不超过 3%，此结论适用于以下所有图形。

图 10.10 显示在 $t_1=0.3$，$t_2=1.2$，$t_2'=-0.8$ 时 12×12 格子上不同配对对称性的配对关联的长程部分。使用这组参数，没有空穴袋[277]。再次，我们看到，长程部分的配对相关性和顶点贡献指示出 s_{xy} 类型胜过其他配对形式。因此，长程部分配对关联行为重新验证了我们对参考文献 [277] 中的 8×8 晶格的配对磁化率的发现。

在图 10.11 中，我们研究了如果系统被杂质掺杂远离半满，那些“长程”关联函数的变化。在图 10.11(a) 中，对于具有电子填充 $\langle n\rangle=0.83$ ($N_\uparrow$=$N_\downarrow$=60),$\langle n\rangle=$

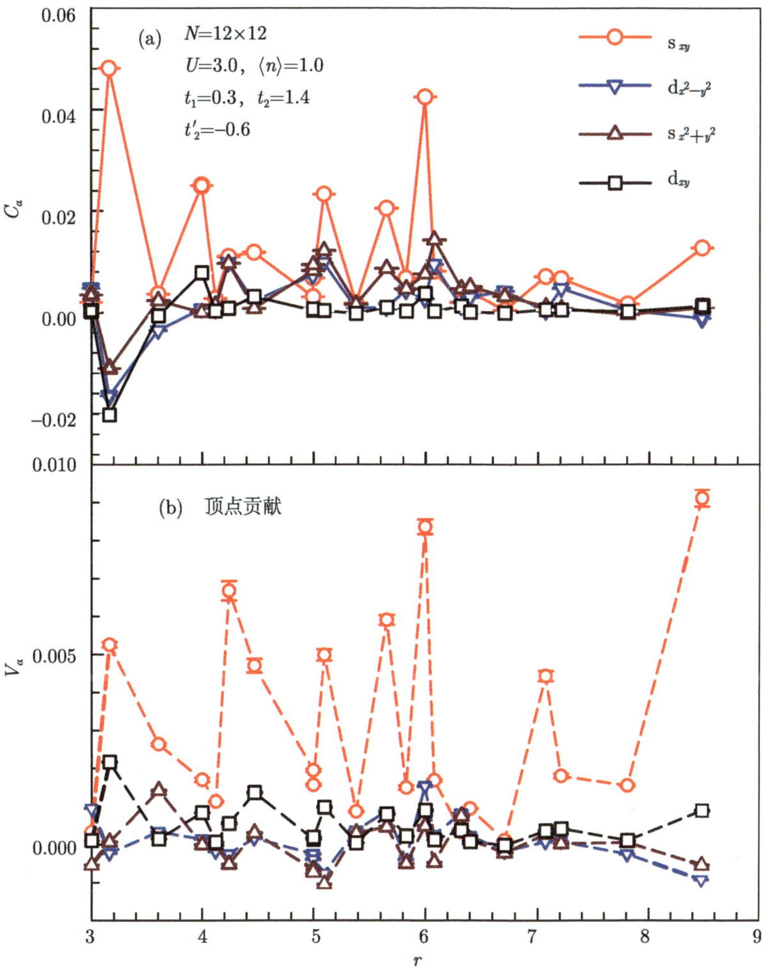

图 10.9 (a) 12×12 的晶格 $t_1=0.3, t_2=1.4, t_2'=-0.6$ 时 (铁-磷化合物的典型情况[260–264]) 不同配对对称性条件下，配对关联 C_α 随距离的变化关系；(b) 相同参数下的顶点贡献 V_α

0.89 ($N_\uparrow$=$N_\downarrow$=64) 和 $\langle n\rangle=1.00$($N_\uparrow$=$N_\downarrow$=72) 的闭壳层，我们给出了 $U=3.0$ 和 $t_1=0.3, t_2=1.4, t_2'=-0.6$ 时 s_{xy} 配对的 CPMC 计算结果。图 10.11(b) 给出了在 $\langle n\rangle=1.00$, $\langle n\rangle=1.13$ ($N_\uparrow$=$N_\downarrow$=81) 和 $\langle n\rangle=1.18$ ($N_\uparrow$=$N_\downarrow$=85) 时对于 $t_1=0.3, t_2=1.2, t_2'=-0.8$，$\mathrm{s}_{xy}$ 配对的结果。我们注意到，无论具有或不具有空穴袋的系统，配对关联函数都随着系统掺杂逐渐远离半满而减小。

我们还研究了取固定的 $U=3.0$ 时最近邻相互作用对配对关联的影响。图 10.12 给出在 12×12 晶格上取不同的最近邻相互作用 V，s_{xy} 配对的配对关

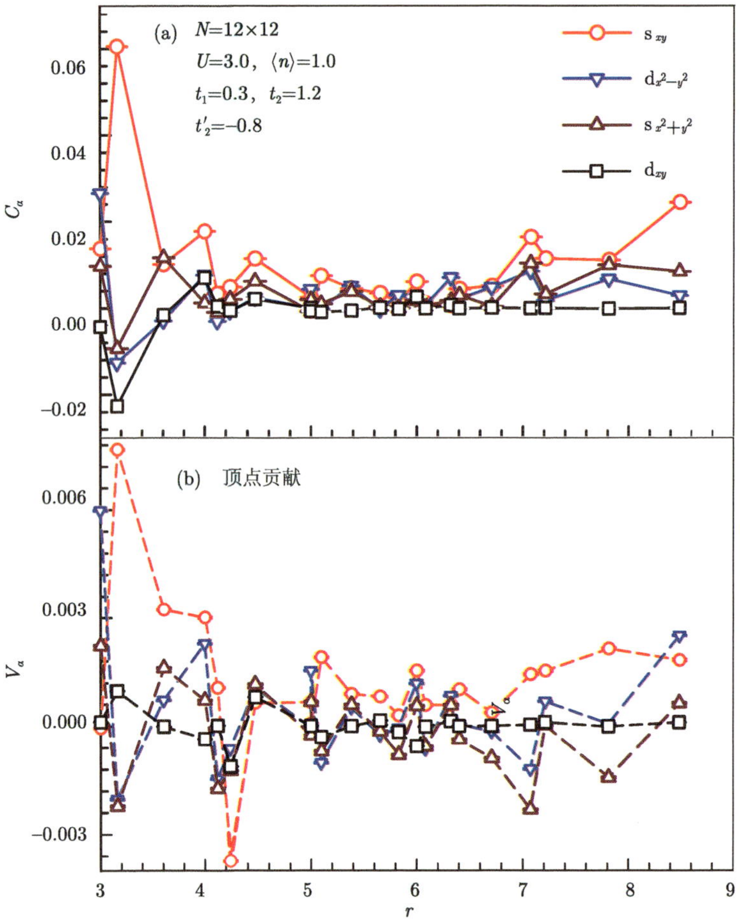

图 10.10　(a) 12×12 的晶格 $t_1=0.3, t_2=1.2, t_2'=-0.8$ 时不同配对对称性条件下，配对关联 C_α 随距离的变化关系；(b) 相同参数下的顶点贡献 V_α

联函数随距离的变化。我们注意到对于具有和不具有空穴袋的系统，s_{xy} 配对关联都被排斥最近邻相互作用 V 抑制。

最后，为了排除尺寸效应，我们在图 10.13 中比较了 8×8, 12×12 和 16×16 的格子中的配对关联。图 10.13(a) 给出了 $t_1=0.3, t_2=1.4, t_2'=-0.6$ 时 s_{xy} 配对的配对关联，10.13(b) 给出了 $t_1=0.3, t_2=1.2, t_2'=-0.8$ 时 s_{xy} 配对的配对关联。图 10.13 的内插图给出了将格子大小增加到 20×20 时 C_α 的变化。长程配对关联的平均值为 $\overline{C}_\alpha=\dfrac{1}{\sqrt{N'}}\sum_{r\geqslant3}C_\alpha(r)$，在半满时绘制为 $\dfrac{1}{\sqrt{N}}$ 的函数，这里 N' 是 $r\geqslant3$ 时电子对的数量。很明显看出，$\overline{C}_{\mathrm{s}_{xy}}$（红色圆圈）大于我们研究的任何大小格子、任何配对形式的长程配对关联的平均值。综上，我们的非微扰

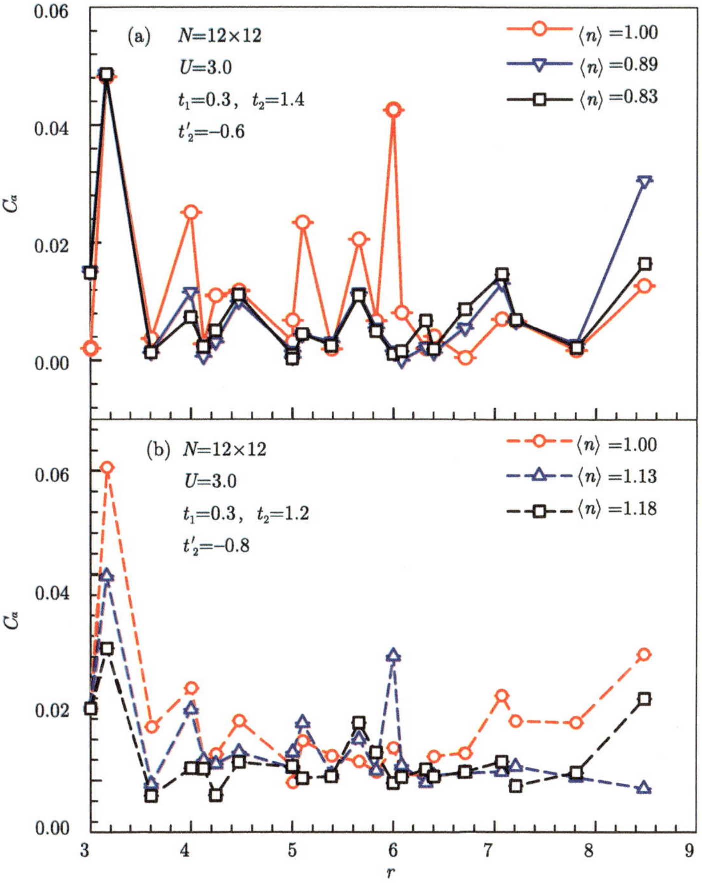

图 10.11 (a) 12×12 格子上取电子浓度 $\langle n\rangle$=1.00, $\langle n\rangle$=0.89 , $\langle n\rangle$=0.83 和 $t_1 = 0.3, t_2 = 1.4, t_2' = -0.6$ 配对关联 C_α 随距离的变化关系；(b) 12×12 格子上取电子浓度 $\langle n\rangle$=1.00, $\langle n\rangle$=1.13 ,$\langle n\rangle$=1.18 和 $t_1 = 0.3, t_2 = 1.2, t_2' = -0.8$ 配对关联 C_α 随距离的变化关系

的数值结果表明 s_{xy} 配对在 S_4 模型的基态中占主导地位，正如我们在前面的研究中说明的，并且这样的 s_{xy} 配对在大范围物理区域是稳定的。我们还发现最近邻相互作用轻微抑制了配对关联。

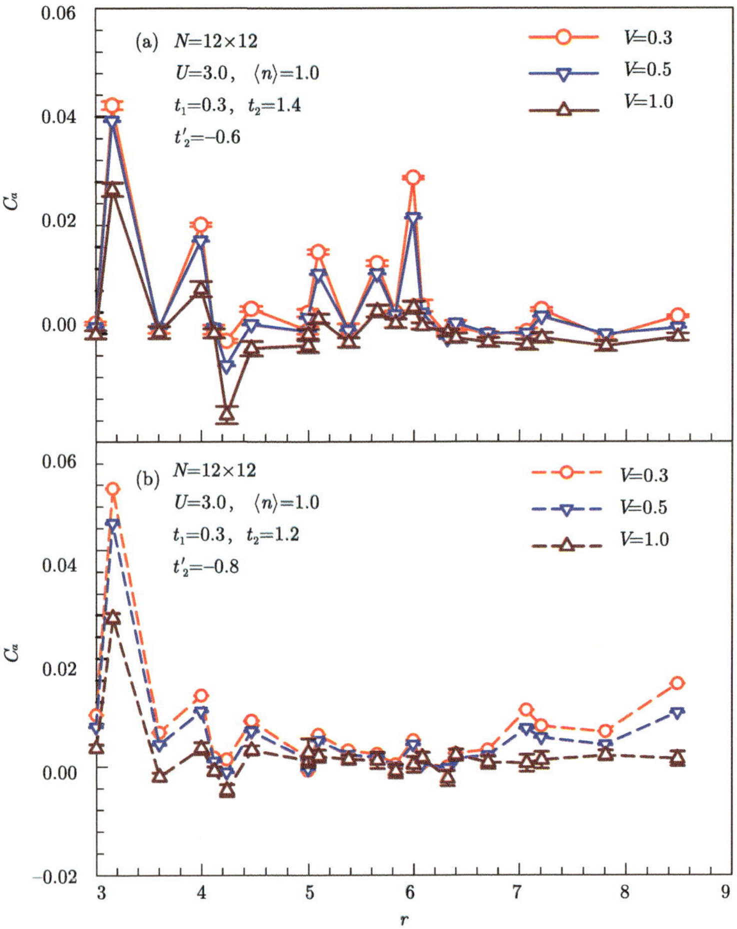

图 10.12　(a) 12×12 格子上取最近邻相互作用 $V = 0.3, 0.5$ 和 1.0 和 $t_1 = 0.3, t_2 = 1.4, t_2' = -0.6$ 配对关联 C_α 随距离的变化关系；(b) 除了 $t_1 = 0.3, t_2 = 1.2, t_2' = -0.8$，其他条件和 (a) 一样

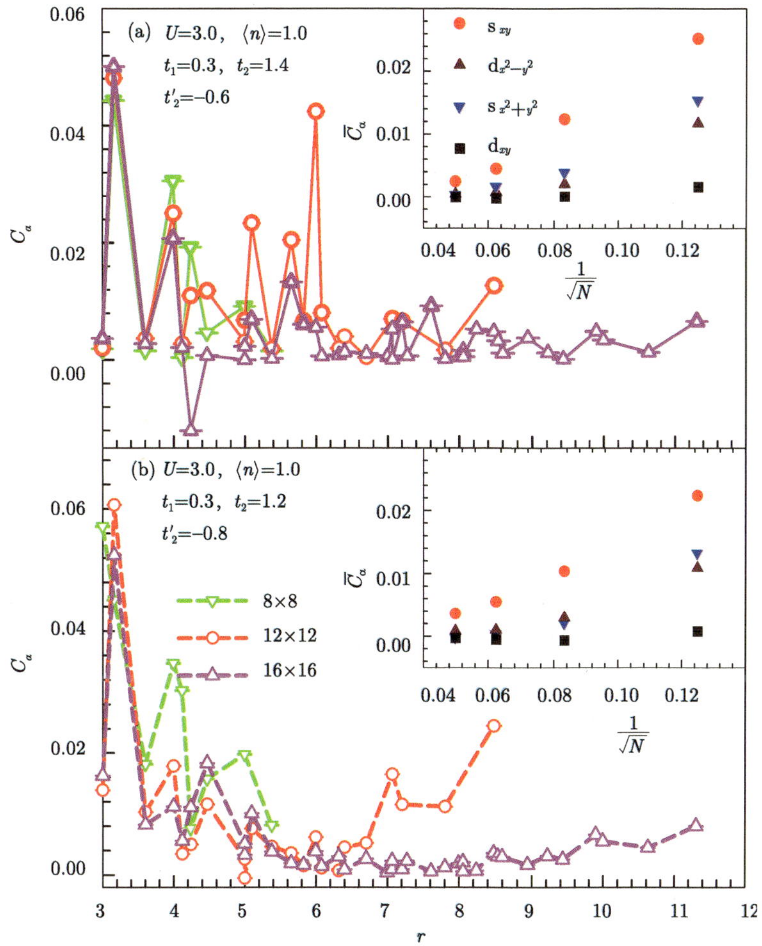

图 10.13 (a) 尺寸分别为 8×8, 12×12 和 16×16 的格子上取 $t_1 = 0.3, t_2 = 1.4, t_2' = -0.6$，配对关联 C_α 随距离的变化关系；(b) 除了 $t_1 = 0.3, t_2 = 1.2, t_2' = -0.8$，其他条件和 (a) 一样。内插图: 半满时长程配对关联平均值 $\overline{C}_\alpha$ 与 $\dfrac{1}{\sqrt{N}}$ 的关系

第 11 章　周期性安德森模型中的耗尽效应

近藤模型和单杂质安德森模型所描述的基本物理规律，可用于解释重费米子材料体系中与导带电子相互作用的局域磁矩的形成，即，体系温度低于近藤温度 T_K 时，由于传导电子形成电子自旋单态，从而引起磁矩的屏蔽[72]。在单态的形成过程中，同时伴随着费米能级中一个小的共振信号的出现和大的有效质量的产生，使得近藤模型和单杂质安德森模型能够提供重费米子系统定性的物理图像，以及比热、磁化率被增强的定性解释[279]。这个问题的某些方面的特征，可以用精确的解析方法来描述，例如贝特拟设（Bethe ansatz）[280]。

周期性安德森模型是将单杂质模型推广至磁矩构成晶格体系的稠密极限，从而提高了磁有序态形成的可能性。这可能是因为局域磁矩间，可以通过传导电子自旋密度的振荡即 RKKY（Ruderman Kittel Kasuya Yosida）相互作用，产生耦合[281]。传导电子的费米波矢 k_F 决定了距离为 R 的局域磁矩之间的振荡波长，$J_{RKKY}(R) \sim (k_F \cos(2k_F R))/R^3$。所以，传导电子的电子浓度 n_c 会影响 k_F 的值，进而在形成磁序模式的过程中扮演着举足轻重的作用[282]。通过求解周期性安德森模型，我们可以探究得到系统中形成自旋单态和磁序这两种模式的竞争关系。同时，也把最初近藤模型和单杂质安德森模型能解决的问题拓展到了可以求解金属体系中的局域磁矩单态问题。目前已经有大量的理论工作，对模型中相互作用行为的特征进行了研究，包括近似求解的解析[283] 和数值方法求解。尤其是，通过量子蒙特卡罗方法模拟计算[284,285]，验证了在半满的二维周期性安德森模型中，存在着从交错反铁磁相转变为自旋液体的量子相变过程。

这一竞争机制很大程度上受到电子浓度的影响：比如，当 n_c 减小时，系统中能够参与屏蔽局域电子的传导电子更少了，进而系统的磁性会受到影响。Nozières 引入了所谓的耗尽的概念，来描述这一形成单态难度增加的情况。即使在当 n_c 很大时，也只有费米面以下 $k_B T$ 范围内的传导电子才可参与屏蔽效应。因此，Nozières 认为，此时形成单态的“相干温度”T_{coh} 比近藤温度要低得多。在这种前提下，T_{coh} 需满足函数关系 $T_{coh} \sim N(E_F)T_K^2/N_{imp}$，其中 $N(E_F)$ 是费米能级，N_{imp} 是局域电子的数量。该函数关系式反映了参与屏蔽的只有费米面下 $k_B T_K$ 内的传导电子。

大量的数值工作已经计算出 T_{coh} 和 T_K 之间的函数关系[286]，验证其满足

Nozières 最早提出的假设 $T_{\mathrm{coh}} \sim T_{\mathrm{K}}^2$。由于需要讨论的因素较多，这个问题解决起来可能会比较复杂。首先，在这个能量尺度范围内形成单态的机制，与简单的单杂质安德森模型中由单个 f 电子磁矩被传导电子屏蔽形成的单态有着极大的不同。在小于 T_{coh} 的能量尺度内，可能会出现一种更复杂的自旋关联纠缠态，此时 f 电子也会相互屏蔽，也就是说单态会出现在 f 电子之间。其次，周期性安德森模型中还存在与 f 电子电荷涨落有关的额外的能量标度。考虑这种情况时，T_{coh} 满足的函数关系变成了 $T_{\mathrm{coh}} \sim N(E_{\mathrm{F}})\,T_{\mathrm{K}}^2/(\,\alpha(U_f,V)\,N_{\mathrm{imp}}\,)$[287]，此时 T_{coh} 还和在位势 U_{f} 以及带间的跃迁能 V 有关系，而不是简单地通过计算传导和局域电子的相对数量来得到 T_{coh}。尽管有了大量相关的实验和理论研究工作[288]，这两个能量尺度之间究竟有何关系 (T_{K} 和 T_{coh}) 仍是一个值得深究的问题。

现有的研究工作表明，不同的传导电子和局域化电子之间耦合的强度下，耗尽效应的物理机制可能有根本不同[288]。在大的耦合相互作用下，单态是局域的，传导电子被稀释，留下了局域化的“单身汉自旋”，这些自旋必须找到一种方式形成单态。在小的耦合相互作用下，首先屏蔽效应是占主导的，甚至在传导电子没有稀释时也是如此。这表明在不同大小的 V 时，耗尽效应的物理本质有着极大的不同，这与文献 [289] 中提出的 T_{K} 和 T_{coh} 之间更为复杂的关系是一致的[287]。

在本章的工作中，我们研究了一个这样的问题：传导电子的稀释效应会如何影响周期性安德森模型中的磁性。具体而言，与之前的工作[290] 尤为不同的地方是，我们主要关注当传导电子与局域电子浓度不同，即 $n_{\mathrm{c}} \neq n_{\mathrm{f}}$ 情形下，该体系量子临界点的演化行为。我们使用数值精确的行列式量子蒙特卡罗方法研究了这个问题。我们所采用的模型，可以调节传导电子相对 f 电子浓度的比值 $p = n_{\mathrm{c}}/n_{\mathrm{f}}$，并且不存在负符号问题[67]。此外，与以前的研究有所不同，我们并不依赖于泡利阻塞（Pauli blocking），即传导电子激发被限制在费米能级 E_{F} 附近的温度窗口内，而是通过直接移除导带轨道及其电子以引入耗尽效应。

我们将针对 Nozières 提出的耗尽极限进行研究，即 $p = n_{\mathrm{c}}/n_{\mathrm{f}} < 1$，同时也会对相反的情况 $p = n_{\mathrm{c}}/n_{\mathrm{f}} > 1$ 进行讨论。对于后者，$p > 1$ 时，对于足够大的耦合强度，不存在传导电子不足的情况，不影响体系单态的形成，而多余的导带电子，将会凝聚形成低温费米液体，与磁中性（即单态）的位点同时存在。我们预期，此时的物理机制应该与单杂质安德森模型类似，毕竟在 $p \gg 1$ 的极端极限下，显然是一致的。但是，对于弱耦合强度来说，低温状态下的传导和局域电子的浓度达到稳态时，系统是磁有序的，对于这种情况背后的物理机制我们并不是那么了解。多余的传导电子会如何影响量子临界点位置的变化，这是一个还没有确切答案，值得进一步讨论的问题。

11.1　周期性安德森模型

我们从常规的（未稀释的）周期性安德森模型出发，其哈密顿量定义为

$$\begin{aligned}\hat{H} = &\sum_{\boldsymbol{k}\sigma}\left(\epsilon_{\boldsymbol{k}} c^{\dagger}_{\boldsymbol{k}\sigma} c_{\boldsymbol{k}\sigma} + \epsilon_f f^{\dagger}_{\boldsymbol{k}\sigma} f_{\boldsymbol{k}\sigma}\right)\\ &+\sum_{\boldsymbol{k}\sigma} V_{\boldsymbol{k}}\left(c^{\dagger}_{\boldsymbol{k}\sigma} f_{\boldsymbol{k}\sigma} + f^{\dagger}_{\boldsymbol{k}\sigma} c_{\boldsymbol{k}\sigma}\right)\\ &+U_f\sum_{\boldsymbol{i}}\left(n^{\mathrm{f}}_{\boldsymbol{i}\uparrow}-\frac{1}{2}\right)\left(n^{\mathrm{f}}_{\boldsymbol{i}\downarrow}-\frac{1}{2}\right)-\mu\sum_{\boldsymbol{i}} n_{\boldsymbol{i}}\end{aligned} \tag{11.1}$$

其中，$c^{\dagger}_{\boldsymbol{k}\sigma}\,(c_{\boldsymbol{k}\sigma})$ 和 $f^{\dagger}_{\boldsymbol{k}\sigma}\,(f_{\boldsymbol{k}\sigma})$ 是传导电子和局域电子的产生（湮灭）算符，是二次量子化的标准形式。类似地，$n^{\mathrm{c}}_{\boldsymbol{i}\sigma}$ 和 $n^{\mathrm{f}}_{\boldsymbol{i}\sigma}$ 分别是 c 电子和 f 电子的格点粒子数算符，另外 $n_{\boldsymbol{i}}=\sum_{\sigma}(n^{\mathrm{f}}_{\boldsymbol{i}\sigma}+n^{\mathrm{c}}_{\boldsymbol{i}\sigma})$ 是 $\boldsymbol{i}$ 格点上总的占据数算符。本工作中，我们研究的是二维的正方晶格体系，考虑格点大小为 L 和最近邻跃迁关系。由此，可推导出最近邻跃迁项的色散关系是 $\epsilon_{\boldsymbol{k}}=-2t\,(\cos k_x+\cos k_y)$。类似地，我们定义出杂化项的色散关系为 $V_{\boldsymbol{k}}=V\,(\cos \boldsymbol{k}_x+\cos \boldsymbol{k}_y)$，用以描述 f 轨道电子和其最近邻传导电子的非局域化耦合模式。图 11.1(a) 展示了未稀释的体系电子结构中非局域化的杂化方式。为了简化和清楚地说明，这里给出了一维的模型结构示意图。在该模型中，通过 f 电子的能动量色散关系 ϵ_{f} 描述了 f 格点的局域化电子特性，同时体系中双占据的轨道的特性通过强库仑相互作用 U_{f} 得以体现。我们设定 $t=1$ 为系统的能量单位，并且讨论 $\mu=\epsilon_{\mathrm{f}}=0$ 这一具有高度对称性的情况，此时 c 和 f 电子的电子浓度均为半满状态 $\langle n^{\mathrm{c}}_{\boldsymbol{k}\sigma}\rangle=\langle n^{\mathrm{f}}_{\boldsymbol{k}\sigma}\rangle=\dfrac{1}{2}$。由于考虑最近邻跃迁的二分格点体系的粒子空穴对称性，无论 t,U_{f},V，以及温度 T 取什么值，体系的电子填充状态均为半满。

我们需要注意到，在位的或者说局域的杂化形式，相比于最近邻的耦合杂化模式被研究和提到的更多。这两种杂化情况并不仅仅是直观上杂化模式的区别，其背后引起的物理机制的不同更加值得讨论。就前者来说，对于局域杂化模式的模型体系，在无相互作用极限（$U_{\mathrm{f}}=0$）时，半满填充时会产生电荷能隙。而对于最近邻杂化模式，在不同的杂化强度下，$V_{\boldsymbol{k}}$ 更适合用于描述金属体系[291]。另外，研究表明，对于正对位的杂化模式，$U_{\mathrm{f}}\neq 0$，当 f 轨道被移除时，传导电子会发生局域化，同时伴随着未配对的无相互作用格点附近自旋–自旋关联函数的增强，从而破坏了单重态的形成，并呈现出磁性的基态，即使是在很大的杂化强度下[292]。这一效应可能过度估计了磁响应的行为，给出的相互作用强度下临界

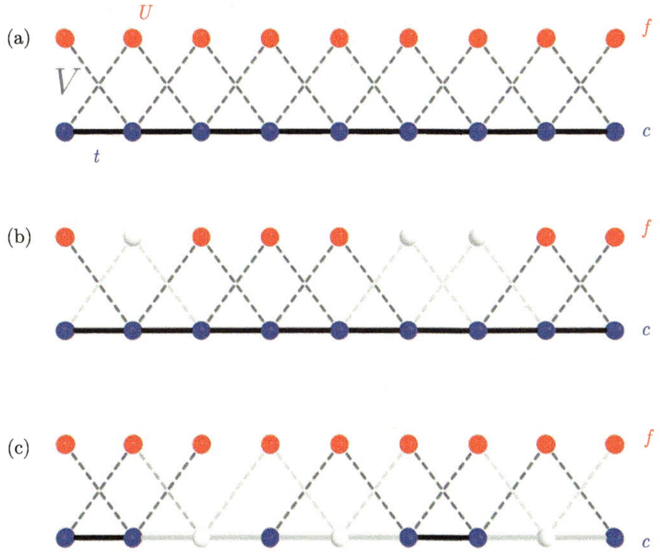

图 11.1 本工作中使用的哈密顿量一维结构示意图。(a) 未进行剔除处理的结构，所有的传导电子 c 和局域化电子 f 都在。连接传导电子的加粗的水平线表示跃迁项 t，对角的虚线连线表明传导电子和局域化电子之间的杂化强度 V；(b) 去掉了部分局域化电子 f 的情况，并且与这些电子杂化的传导电子之间的虚线也隐去了；(c) 传导电子 c 被剔除的情况，这一情况最接近于我们想要研究讨论的耗尽情况

杂化值 $V_{\mathrm{c}}(U_{\mathrm{f}})$ 会偏大。与之相反，当交错杂化模式中出现 f 轨道移除时，因为格点的关联比较多，与局域化杂化模式相比未配对的格点位会更少。这样来看，似乎后者这一模式更加适合用来探究稀释体系中临界点的变化。

我们使用行列式量子蒙特卡罗方法计算该模型的物理性质，可以得到有限格点尺寸周期性安德森模型哈密顿量的精确解（同时得到统计的样本误差）。其中最重要的步骤是取构建路径积分的配分函数 Z。我们通过离散化温度的倒数 $\beta = L\Delta\tau$，并且将虚时演化算符 $\mathrm{e}^{-\beta\hat{H}}$ 分解成一个个小的增量算符 $\mathrm{e}^{-\Delta\tau\hat{H}}$，进而，我们引入 Trotter 近似，$\mathrm{e}^{-\Delta\tau\hat{H}} \sim \mathrm{e}^{-\Delta\tau\hat{K}}\mathrm{e}^{-\Delta\tau\hat{U}}$, 将包括 U_{f} 的相互作用项 $\hat{U}$ 和两算符的动能项 t, μ 和 V 进行了分离。

相互作用部分 $\hat{U}$ 可以通过引入 HS 变换将其解耦成两算符形式，包含了同时具有虚部和实部的辅助场 $S(\boldsymbol{i},\tau)$ 和电子的自旋耦合。这样一来，路径积分就完全是二次型的，费米子矩阵的迹也可以计算，最终得到一个关于 HS 场的迹，形式为两个行列式的乘积：$\det M_{\uparrow}(\{S(\boldsymbol{i},\tau)\}) \det M_{\downarrow}(\{S(\boldsymbol{i},\tau)\})$ 其中矩阵 $M_{\uparrow}$ 和 $M_{\downarrow}$ 的维度等于晶格的空间格点数。其中 $S(\boldsymbol{i},\tau)$ 的迹可以通过经典蒙特卡罗方法数值求解得到。这样，我们再把单步长更新，推广到全局更新，更快地遍历整个系统。

尽管行列式量子蒙特卡罗方法的结果很精确，但也存在着难以解决的负符号问题[67]，这是由于更新位形时会偶然出现某些位形的 $\det \mathcal{M}_{\uparrow}(\{S(\boldsymbol{i},\tau)\}\det M_{\downarrow}(\{S(\boldsymbol{i},\tau)\}$ 为负，对应于负的密度矩阵。尤其对于低温系统、大格点体系以及强相互作用体系，该符号问题会更加严重，很大程度上受到体系的电子填充情况以及结构的影响[147]。当系统具有粒子-空穴对称性时，两个行列式的符号是一致的，使得我们得到的密度矩阵都是正符号的，所以此时可以规避掉负符号问题。可以注意到，在我们讨论的哈密顿量 (11.1) 中，它在半满填充时是粒子–空穴对称的，所以本章的工作不受负符号问题的制约。

在之前的讨论中提到过，通过直接剔除轨道和相应的电子来实现系统的稀释。实际上，一种更直观的减少传导电子数的方法是，同时设定 $\mu<0$ 和 $n_{\mathrm{f}}<0$，这样能在保持 f 电子数不变的同时，降低 c 电子的占据数。然而，这将会产生符号问题，形成单重态，并且反铁磁序的能量标度也不再适用。所以，我们采用的方式是保护体系的粒子空穴对称性，也就是只考虑半满情况下的最近邻跃迁和杂化，从而规避掉负符号问题。图 11.1(b) 和 (c) 分别展示了我们的稀释过程，即剔除局域电子的情况（$p=n_{\mathrm{c}}/n_{\mathrm{f}}>1$）以及删除传导电子轨道的情况（$p=n_{\mathrm{c}}/n_{\mathrm{f}}<1$）。可以看到，在不同的情况下删除轨道会带来不同的效果。当 c 格点的浓度 $p=n_{\mathrm{c}}/n_{\mathrm{f}}<1$ 时，f 格点与 c 格点的配位数 $0\leqslant m\leqslant 4$ 的概率可以通过下式进行计算

$$P_m=\frac{4!}{m!(4-m)!}\,p^m(1-p)^{4-m} \tag{11.2}$$

如图 11.7 和图 11.8 所讨论的情况。在我们的计算过程中，不考虑包含有孤立 f 电子（$m=0$）的位形，因为这种情况下贡献了“平庸的”居里定律自由磁化率 $\chi\sim 1/T$。类似的，考虑 f 格点浓度 $q=n_{\mathrm{f}}/n_{\mathrm{c}}<1$ 时，c 格点配位数 $0\leqslant m\leqslant 4$ 的概率也可以通过式 (11.2) 进行计算，只需把式 (11.2) 中的 p 换成 q。

我们通过计算 f 轨道的自旋关联函数来研究体系的磁性。对于关联函数的傅里叶变换形式，自旋结构因子为

$$S^{\mathrm{ff}}(\pi,\pi)\equiv\frac{1}{N_{\mathrm{f}}}\sum_{\boldsymbol{i},\boldsymbol{j}}\langle\, S^{\mathrm{f}}_{\boldsymbol{i}}\cdot S^{\mathrm{f}}_{\boldsymbol{j}}\,\rangle(-1)^{\boldsymbol{i}+\boldsymbol{j}} \tag{11.3}$$

其中，N_{f} 是 f 格点数，至少有一个 c 格点与其形成配对。式中的费米子自旋算符定义为 $\boldsymbol{S}^{\mathrm{f}}_{\boldsymbol{i}}=\left(f^{\dagger}_{\boldsymbol{i}\uparrow},f^{\dagger}_{\boldsymbol{i}\downarrow}\right)\sigma\left(f_{\boldsymbol{i}\uparrow},f_{\boldsymbol{i}\downarrow}\right)^{\mathrm{T}}$，$\sigma$ 是泡利自旋矩阵，这个定义式同样适用于 $S^{\mathrm{c}}_{\boldsymbol{i}}$。相因子 $(-1)^{\boldsymbol{i}+\boldsymbol{j}}$ 表明了子格点之间的相反关联符号，对应于其交错的配对模式。

对于单重态，我们计算了关联函数

$$C^{\mathrm{fc}}_{\boldsymbol{i}}\equiv S^{\mathrm{f}}_{\boldsymbol{i}}\cdot\sum_{\boldsymbol{j}\in N(\boldsymbol{i})}{}' S^{\mathrm{c}}_{\boldsymbol{j}} \tag{11.4}$$

即将所有 $\boldsymbol{i}$ 格点最近邻的 $\boldsymbol{j}$ 格点相加 $N(\boldsymbol{i})$。求和号右上角的撇号是为了强调有一些 f 轨道的配对 c 格点数是要少于 4 个的，详见式 (11.2)。然而，在删除 f 电子的时候，所有的 f 轨道电子都仍旧保有 4 个最近邻的 c 电子与其杂化配对。在我们的计算过程中，计算的体系大小会达到 $L=12$，所有的数据都是通过至少 20 组的归一化来抵消引入的随机数效应。图中所展示的误差标度反映出我们计算过程中包含的统计和无序采样带来的涨落效果。

11.2 反铁磁长程序

首先，我们来讨论未被稀释的周期性安德森模型，如图 11.1(a) 所示，作为稀释周期性安德森模型的对照组。根据 Mermin-Wagner 理论[293]，只有在 $T=0$ 的极限下才会出现长程有序性。于是，随着温度的降低，相干长度 ξ 及自旋关联强度会增强，但会被有限的系统大小限制。图 11.2 (a)~(d) 给出了系统的反铁磁自旋结构因子，每一条曲线都是反铁磁自旋结构因子和温度的倒数 $\beta=1/T$ 的函数关系。图中我们固定了 $V=1$，并对不同的系统大小 L 和相互作用强度 U_{f} 进行了测试，发现在高温时（小 β），$S^{\mathrm{ff}}(\pi,\pi)$ 与系统的尺寸大小无关，因为此时自旋关联范围很小。当 β 增加时，相干长度 ξ 增强，最终达到线性晶格尺寸 L，使结构因子增加并稳定在某个有限值。L 尺寸下 $S^{\mathrm{ff}}(\pi,\pi)$ 在低温下的增长，说明长程序的存在，在后面关于尺寸拟合的讨论中会进一步论证这一观点。图 11.2(e)~(f) 给出的是稀释后的模型结果，与未稀释的体系行为基本一致，无论 n_{f} 是比 n_{c} 更大还是更小。

从图 11.2 中，我们还可以分析得到更多的信息。比如，对比 (b) 和 (e)，我们可以发现稀释传导电子 c 轨道之后，反铁磁结构因子增强了，符合我们的预期。另外，反铁磁结构因子随着 U_{f} 的减小是减小的，因为 U_{f} 减小时，电荷涨落效应会增强，从而局域磁矩的强度减弱。例如，$U_{\mathrm{f}}=2$ 时，需要比 $U_{\mathrm{f}}=5$ 时更大的 β 来达到基态。实际上，由于反铁磁因子在海森伯极限下的交换强度为 $J\sim t^2/U_{\mathrm{f}}$，当 $U_{\mathrm{f}}\gg W=8t$ 时也是需要更大的 β 来达到基态，但在本章的工作中，我们没有讨论此情况。

通过有限尺寸拟合分析反铁磁结构因子可以判断系统是否存在长程序。根据自旋波理论[294]，反铁磁结构因子和体系尺寸满足以下关系式：

$$\frac{1}{N}S^{\mathrm{ff}}(\pi,\pi)=\frac{1}{3}m^2+\frac{a}{L} \tag{11.5}$$

m^2 是反铁磁序参数的平方，$N=N_{\mathrm{f}}$。在图 11.3 中，给出了未稀释的周期性安

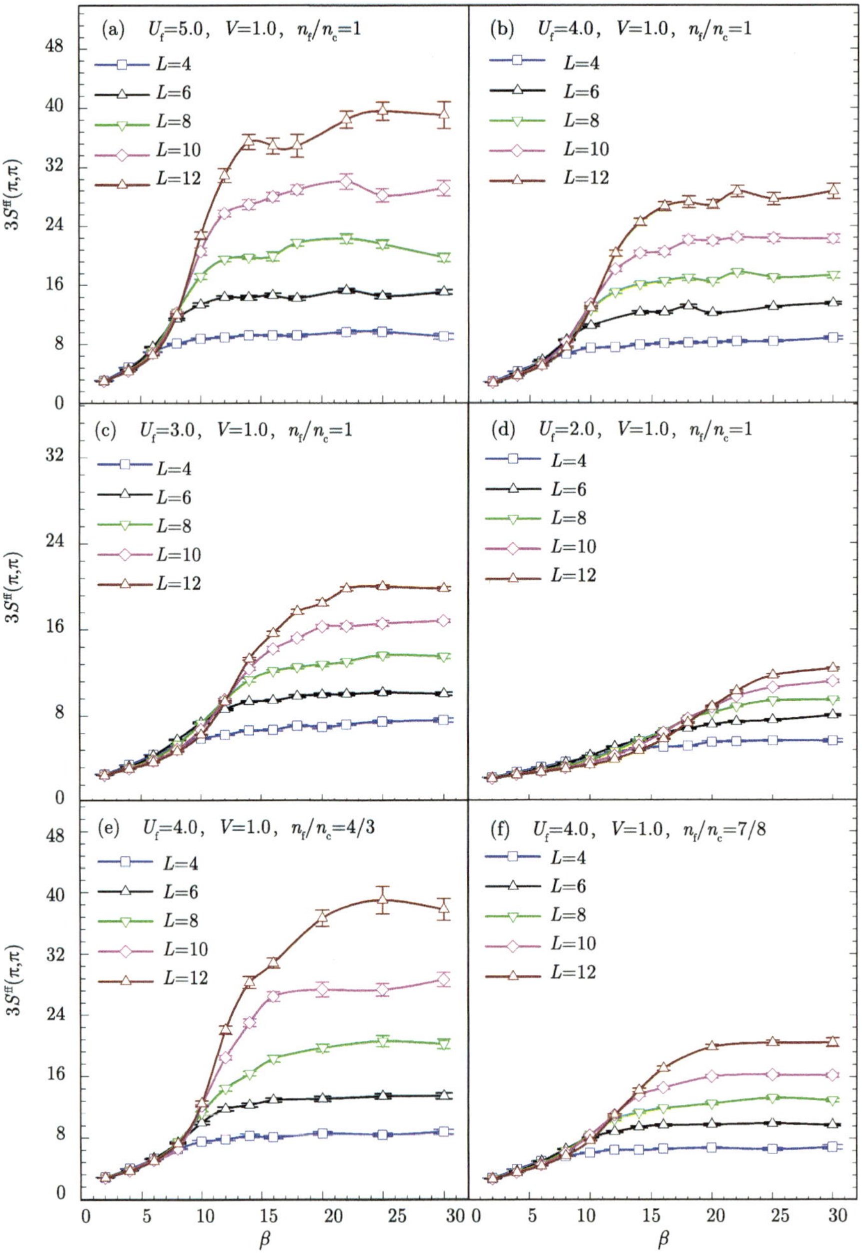

图 11.2　反铁磁结构因子随 β 的收敛情况，$V=1.0$，$U_f=5,4,3,2$，这里讨论了不同的格点大小以及不同的掺杂情况 (a)~(d)。随着 U_f 从 $U_f=5$ 减小，$S(\pi,\pi)$ 收敛到基态值需要的 β 逐渐增大。同时，$S(\pi,\pi)$ 随着尺寸也在逐渐增大，这表明在当前的杂化强度下，所有的 U_f 下都存在反铁磁长程序。(e) 和 (f) 给出了 $U_f=4$ 时，n_f 不等于 n_c 的讨论

德森模型中，不同 U_{f} 和 V 组合条件下的有限尺寸拟合的结果。值得一提的是，我们可以发现，在考虑最近邻杂化模式的情况下，得到的结果与在位杂化的情况非常相似[285]。通过分析这些数据结果，可以得到反铁磁–单态的量子临界值，当 $U_{\mathrm{f}}=6,5,4,3,2$ 时，临界值分别为 $V_{\mathrm{c}}\simeq 1.3$，1.2，1.0，0.9，0.8（每个估计的临界值的对应误差范围是 0.05）。同时，与在位杂化的情况类似，未稀释的周期性安德森模型的 V_{c} 值对 U_{f} 的变化并不是很敏感，当 U_{f} 从 2 到 6 变化为近 3 倍时，V_{c} 也仅仅波动了大概 50%。

11.3 f 或 c 电子缺省对反铁磁长程序的影响

接下来，我们通过有限尺寸拟合分析稀释系统的情况。首先是 $n_{\mathrm{f}}<n_{\mathrm{c}}$ 时，如图 11.1(b) 所示。此时，我们设定 $q=n_{\mathrm{f}}/n_{\mathrm{c}}=7/8$，c 电子轨道数目为 L^2。与图 11.3 进行同样的分析，图 11.4 展示了不同 U_{f} 和 V 参数下反铁磁的行为。我们发现，此时 $V_{\mathrm{c}}(U_{\mathrm{f}})$ 的值与未稀释时的系统临界值非常接近。我们最初的推测是，当局域化磁矩减少时，破坏反铁磁序所需的 V 会更小，从结果分析来看，该效应的影响大致在 10% 左右，也就是说量级约为 $1-n_{\mathrm{f}}/n_{\mathrm{c}}$。这或许可以归因于局域磁矩之间的 RKKY 相互作用的长距离特性。

另外，在耗尽的情况下 $n_{\mathrm{f}}/n_{\mathrm{c}}>1$，结果变得非常不一样。例如，图 11.5 所展示的 $n_{\mathrm{f}}/n_{\mathrm{c}}=4/3$ 的拟合分析结果，也就是说的传导电子被移除了。此时，局域化电子 f 的数量很明显大于传导电子 c，并且反铁磁长程序在 $V\lesssim 2$，$U_{\mathrm{f}}=4$ 时是稳定存在的，$U_{\mathrm{f}}=5$ 时，$V\lesssim 3$ 的范围内有反铁磁序。这一结果与之前删除 f 电子 $n_{\mathrm{f}}/n_{\mathrm{c}}<1$ 时的临界点只有微小变化的现象形成了显著对比。

通过对比图 11.3 ~ 图 11.5 中的 (f)，它们都给出了一个信息，就是反铁磁结构因子 $S^{\mathrm{ff}}(\pi,\pi)$ 是随着 U_{f} 增加单调递增。我们预期的是，当固定 β 时，随着 U_{f} 增大，在强相互作用下这些曲线最终将反转并逐渐下降。在单带哈伯德模型中，反铁磁关联最大值出现在 $U_{\mathrm{f}}\sim 8$，$\beta\sim 12$[295] 时。总而言之，根据这些计算结果，当传导电子数比局域化电子数更少的时候，我们观察到了临界的反铁磁-单态转变杂化强度急剧增强，而局域化电子数比传导电子数少时，临界的杂化强度只有很小的变化。我们把这些结果总结在图 11.6 的相图中。

11.3.1 近藤单重态

除了反铁磁结构因子，我们根据式 (11.4) 计算了单重态的形成。图 11.7 显示了 C_{fc} 和 V 的函数关系，以及不同的 U_{f} 值。图中 (a)~(c) 给出的是不同 U_{f}

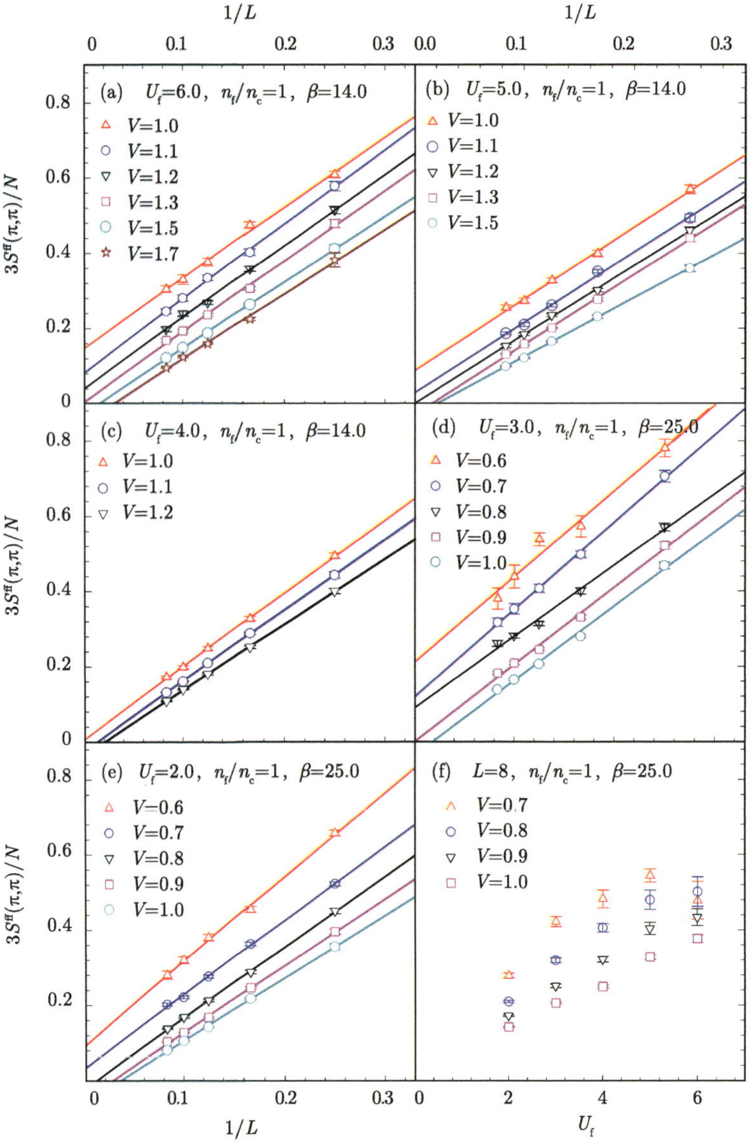

图 11.3　(a)~(e) $q = n_f/n_c = 1$ 时反铁磁结构因子 $S(\pi,\pi)$ 的有限尺寸外延结果。图中的结果表明，当 $U_f = 6, 5, 4, 3, 2$ 时，对应的 AF-singlet 量子临界点分别是 $V_c = 1.3, 1.2, 1.0, 0.9, 0.8$（每一个估计值的误差都在 0.05 的范围内）。这些临界值与文献中的结果一致。(f) $L = 8$ 的格点中，$S^{ff}(\pi,\pi)$ 随 U_f 的变化关系，比较了不同的 V 值

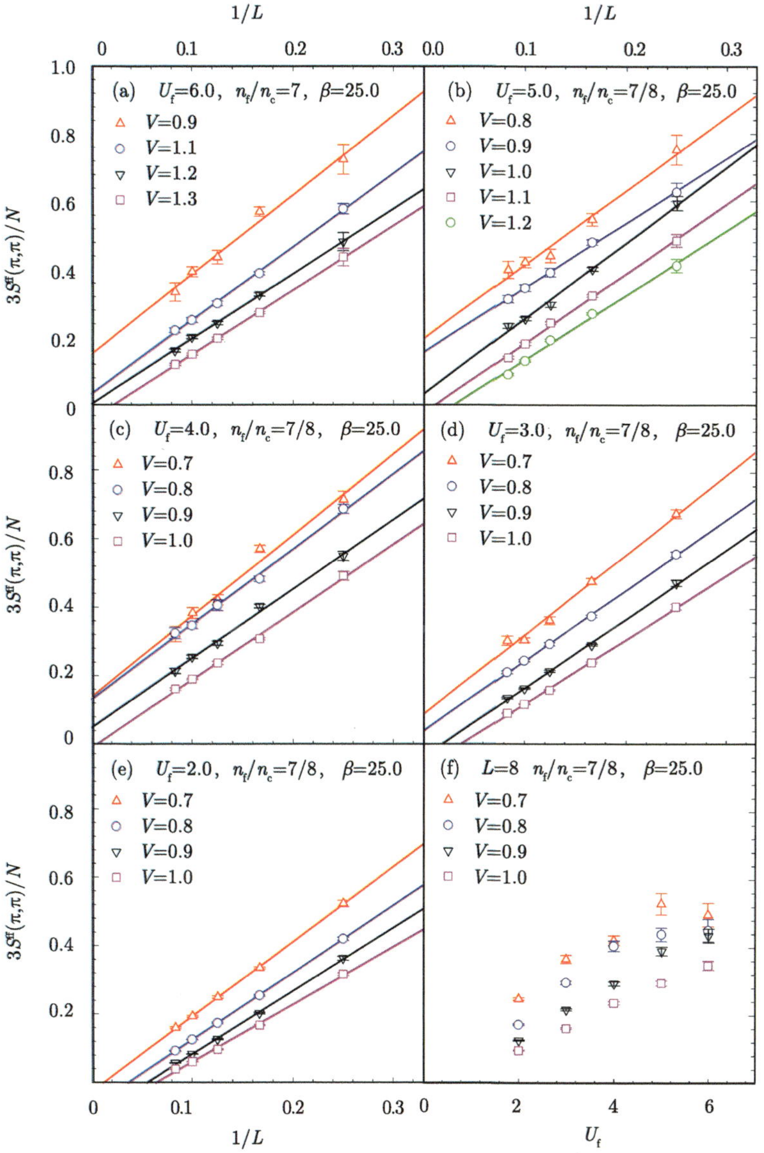

图 11.4 (a)~(e) $q = n_f/n_c = 7/8$ 时反铁磁结构因子 $S(\pi,\pi)$ 的有限尺寸外延结果。图中的结果表明，当 $U_f = 6,5,4,3,2$ 时，对应的反铁磁-单态量子临界点分别是 $V_c = 1.2, 1.1, 0.9, 0.8, 0.6$（每一个估计值的误差都在 0.05 的范围内）。这些临界值与文献中的结果是一致的。(f) 图中给出了 $L = 8$ 的格点中，$S^{ff}(\pi,\pi)$ 随 U_f 的变化关系，比较了不同的 V 值

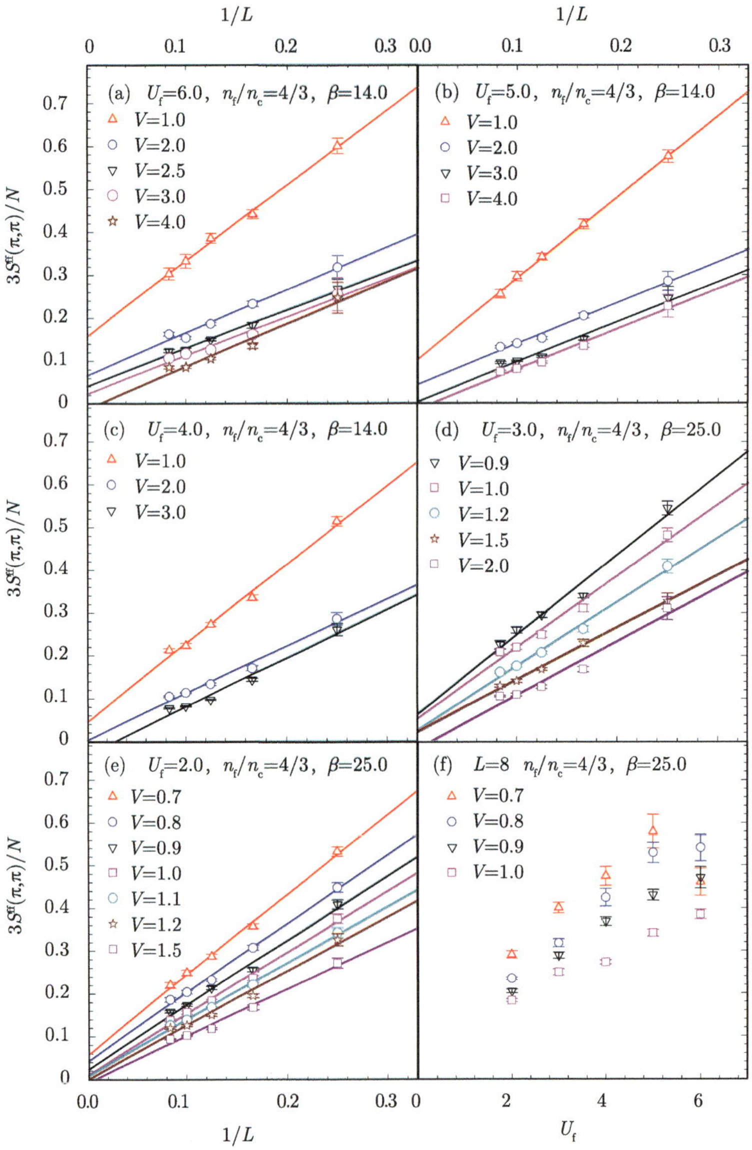

图 11.5　(a)~(e) $q = n_f/n_c = 4/3$ 时反铁磁结构因子 $S(\pi,\pi)$ 的有限尺寸外延结果。此时部分的传导电子轨道被剔除了。当 $U_f = 6, 5, 4$ 时，耗尽效应明显增强了 V_c。图中的结果表明，当 $U_f = 6, 5, 4, 3, 2$ 时，对应的反铁磁-单态量子临界点分别是 $V_c = 3.5, 3.0, 2.0, 1.5, 1.2$（每一个估计值的误差都在 0.05 的范围内）。这些临界值与文献中的结果是一致的。(f) 中比较了 $L = 8$ 的格点中，不同 V 值下 $S^{ff}(\pi,\pi)$ 随 U_f 的变化关系

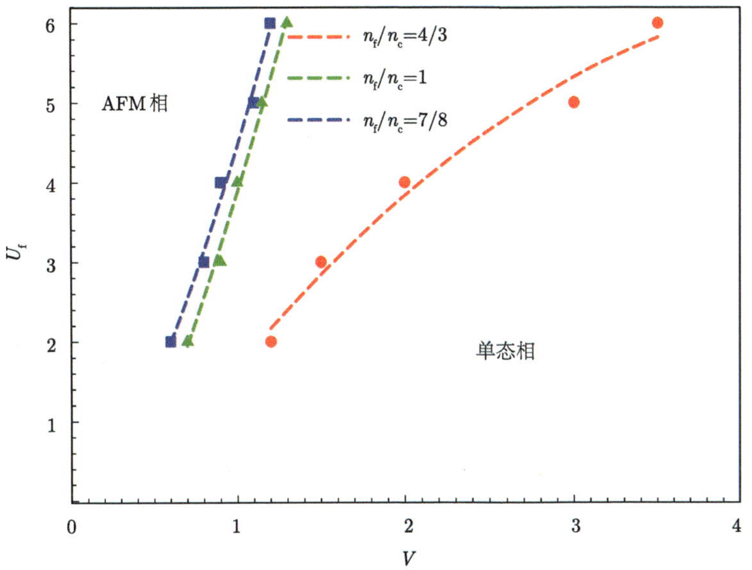

图 11.6 体系基态的相图。绿色三角形是 $n_f/n_c = 1$ 时反铁磁–单重态的相变边界，这是普通的没有剔除任何轨道的周期性安德森模型。蓝色正方形是 $n_f/n_c = 7/8$ 时反铁磁-单态的相变边界，此时剔除了部分局域化电子。变化不是很明显。另外红色圆是 $n_f/n_c = 4/3$ 时，剔除了部分传导电子情况下，反铁磁-单态的相变边界，此处即我们所讨论的耗尽效应作用区域。该情况下，反铁磁的稳定性明显增强

时，分别在 $n_f/n_c = 1$，7/8，4/3 时的结果。在所有的这些结果中，C_{fc} 的幅度从 0.4 开始，随着 V 从 0.5 到 1.0 增大而增大。这三种浓度的曲线都体现出了一个转变的过程：对于弱杂化强度 V，当弱相互作用 $U_f = 2$ 时，C_{fc} 的强度最大；而随着 V 增大，C_{fc} 的最大值出现在 U_f 增大到 6 时。我们认为，这是因为强的相互作用 U_f 导致了 f 格点上磁矩的形成。

在之前的讨论中，我们已经发现破坏反铁磁序的 V_c 值在 $n_f/n_c = 4/3$ 时会急剧增大。然而，有趣的是，从图 11.7 的结果来看，形成单重态的 V 值并没有受到那么大的影响。换句话说，就是 $|C_{fc}|$ 的变化从最小值到 $|C_{fc}| \sim 0.4$ 时对应的 V 值区间是 $0.5 \lesssim V \lesssim 1.0$，这一规律在 $n_f/n_c = 4/3$，$n_f/n_c = 7/8$ 和 $n_f/n_c = 1$ 时几乎是一致的。所以，似乎在 $U_f = 5,6$ 时，破坏反铁磁序的 V 值分别为 $V \sim 1$ 和 $V_c \sim 3$，此时已经形成了单重态，出现了单重态和反铁磁序共存的情况。这一结果是否对应于单重态和反铁磁存在部分共存的屏蔽区域，或许尚难以通过本工作中使用的行列式量子蒙特卡罗方法得出明确结论。C_{fc} 在最开始时很小，在耗尽情况下，系统 C_{fc} 随着 V_c 的变化并不是线性的，如图 11.7 (c) 所示，此时 $n_f/n_c = 4/3$。同时在图 11.7 (d) 中，我们比较了 3 个不同的 n_f/n_c 比值下，$U_f = 4$ 时，C_{fc} 随 V 的变化关系。

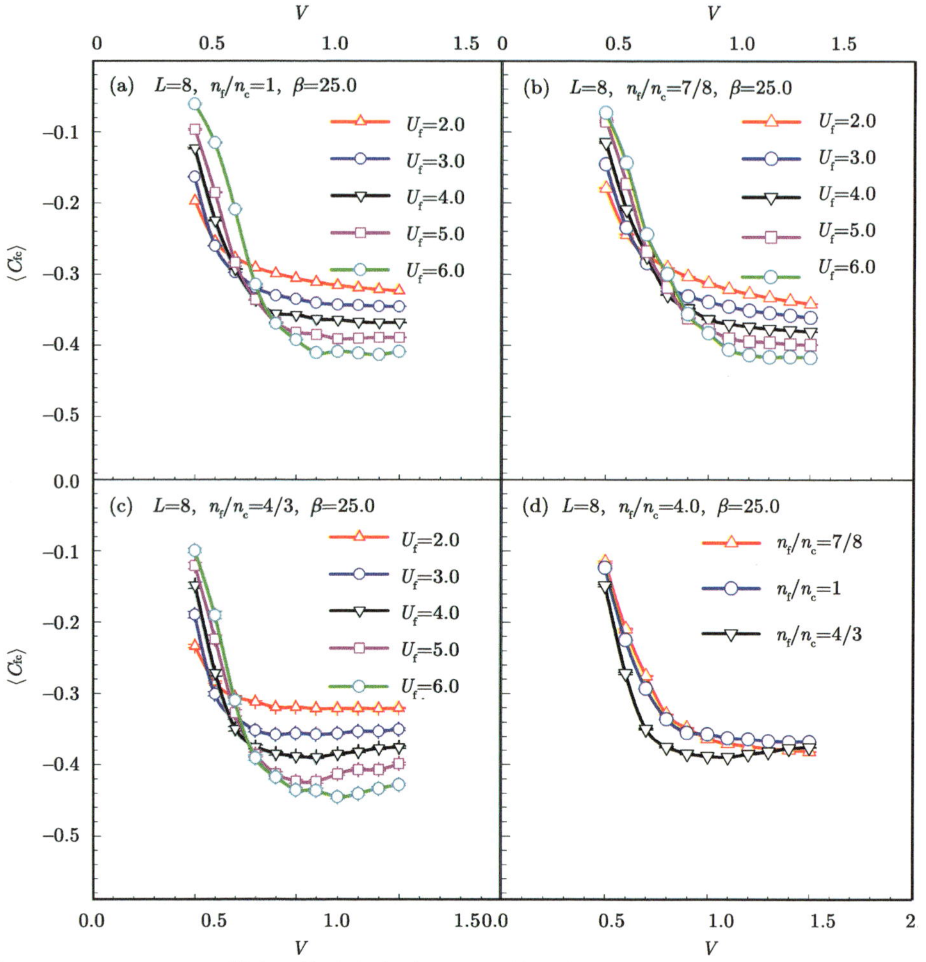

图 11.7　(a)，(b)，(c) 描述了单重态关联子随 V 的行为，在不同的 U_{f} 和三个不同的比例 $n_{\mathrm{f}}/n_{\mathrm{c}}=1, 7/8, 4/3$ 的情况下进行了讨论。晶格尺寸为 $L=8$，使用的温度为 $\beta=25$。对于所有的比例情况，单重态关联子的行为有一个统一的行为趋势，这一趋势在 V 为 $0.5\sim1.0$ 的情况 (d) 中给出了描述

图 11.7 中给出的计算结果，都是对所有的 f 轨道取了统计平均得到的。根据前文中式(11.2)的讨论，当剔除传导电子时，不同 f 电子轨道耦合的近邻 c 格点数会不一致，导致 f 电子的对称性被破坏。对于正方格点，f 电子可能会有 1，2，3，4 个最近邻的耦合 c 轨道数。所以，我们针对不同的耦合轨道个数，对 f 电子进行分类，分析不同配对数对 C_{fc} 的影响，如图 11.8 所示，图例中 $1n$，$2n$，$3n$，$4n$ 分别代表 f 轨道的 f–c 跃迁数为 1，2，3，4 个。只有在传导电子比局域化电子少的耗尽情况下，才会出现这种不同耦合数量的 f 电子，所以我们只对

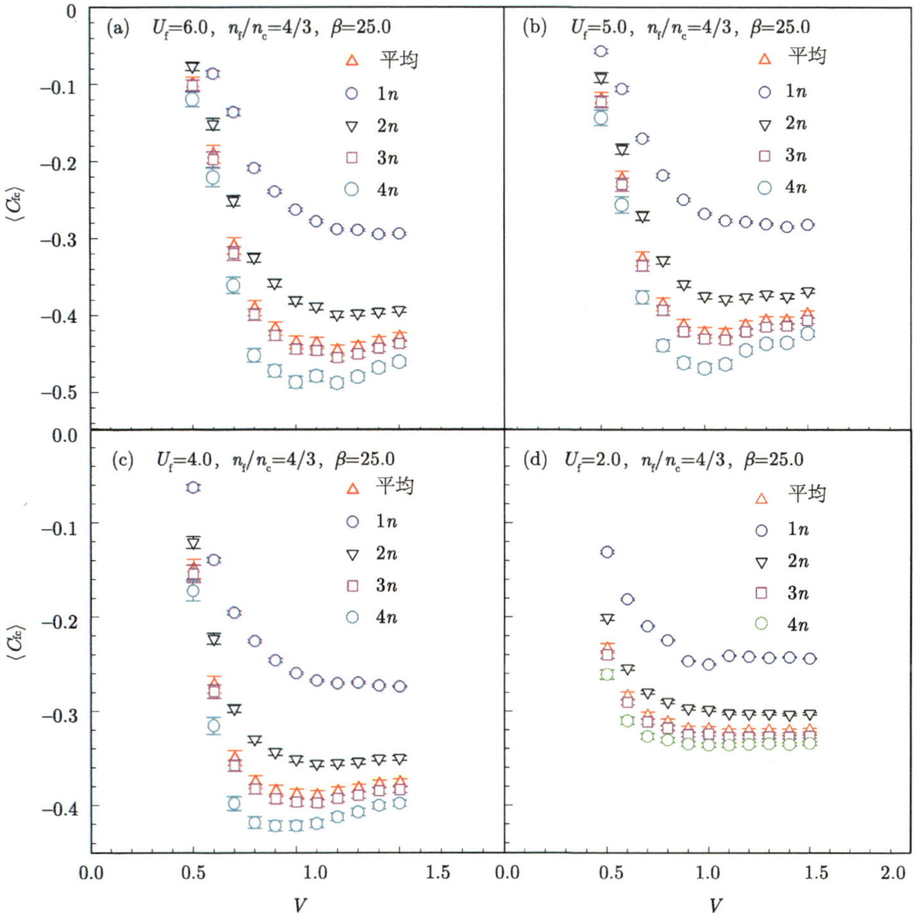

图 11.8 对有不同个数近邻格点的单重态关联子进行分析。$n_f/n_c = 4/3$ 时，不同的曲线对应着 f 轨道有 1，2，3，4 个传导轨道与之存在杂化强度 V

$n_f/n_c = 4/3$ 进行了分析。和直观的预期结果基本一致，$4n$ 的 f 电子形成的 C_{fc} 是最强的，$1n$ 最弱。并且，相比于 $1n$ 的情况，C_{fc} 开始增长需要的耦合强度 V 值似乎更小一些。

11.3.2 电子缺省对轨道双占据的影响

接下来我们还分析体系的双占据情况，如图 11.9 所示，$D_\alpha = \langle n_i^\alpha n_i^\alpha \rangle$，$\alpha = c$ 或者 f，这里给出的结果是在 $U_f = 3$ 和 $U_f = 5$ 时，D_α 随着杂化强度 V 的行为。在图 11.9 左侧的子图中，给出的是 f 轨道的双占据情况 D_f，而右侧是 c 轨道的双占据情况 D_c。通过分析，我们可以看到，在位库仑排斥势 U_f 会削弱 D_f，尤其是在

弱杂化强度 V 的时候，此时量子涨落是被抑制的。与此同时，D_c 随着 V 的变化非常小，并且随着 V 增大，接近于不考虑关联的极限情况，$D_c \sim \langle n_i^\alpha n_i^\alpha \rangle \sim 1/4$。

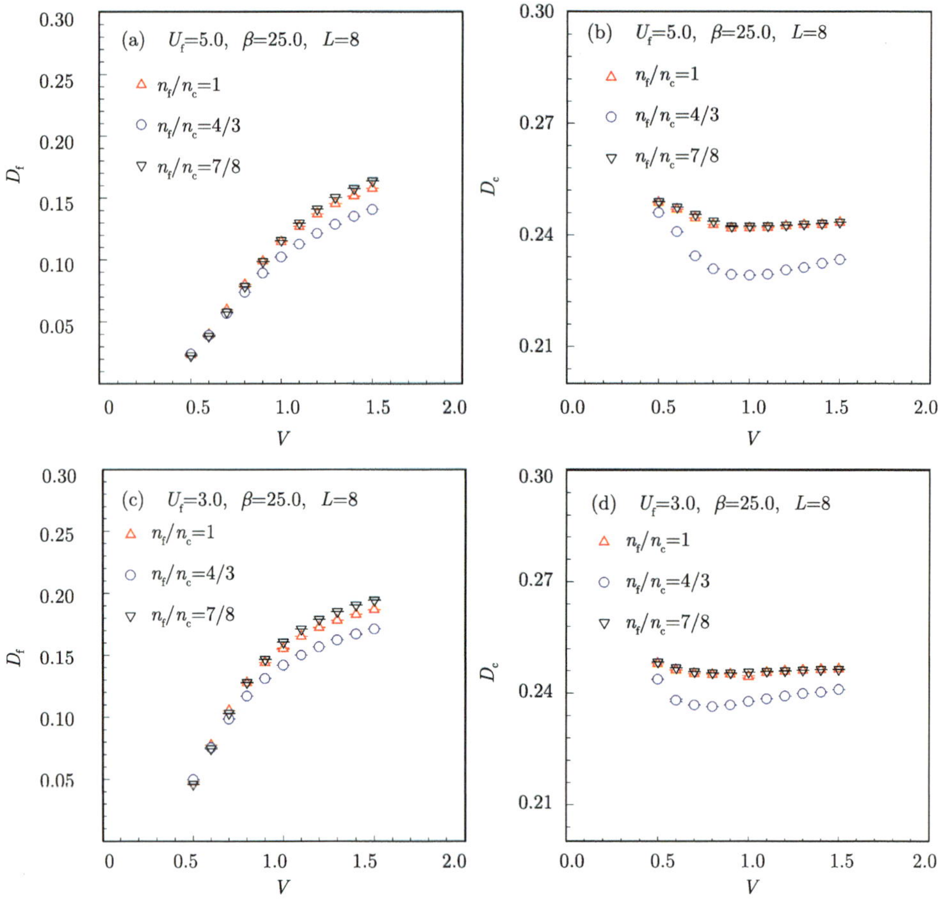

图 11.9　f(c) 格点上，电子双占据情况 $D_f(D_c)$ 与杂化强度 V 关系的研究。随着 V 的增大，D_f 是增加的。当剔除了传导电子时（$n_f/n_c = 4/3$），D_f 减小：因为更少的传导电子可以跃迁到 f 轨道上。D_c 的大小基本上在无相互作用极限情况的 1/4 附近

11.4　小　　结

过去使用量子蒙特卡罗方法研究周期性安德森模型的工作，发现基态反铁磁–单重态的量子临界点几乎与模型中的参数无关，尤其是库仑相互作用 U_f 的影响很小。正如参考文献 [285] 所说，相图的转变边界在 U_f-V 平面内几乎是竖直的。无论 V_c 描述的是 2D 到 3D 体系[296] 的变化，还是动量空间中 f–c 杂化

强度的改变[296]，与平均场理论计算得到的结果相比，量子蒙特卡罗方法得到的 dV_c/dU_f 值要大得多。对于前一种情况，二维半满时非相互作用的态密度是发散的，而三维的态密度是有限值。对于动量空间中的研究，在库仑相互作用和格点间跃迁能作用下，不同的 V_k 会形成不同的能带结构。在位的杂化方式 V 形成的体系是绝缘的，而最近邻的杂化方式形成的体系是金属的。这些差异看起来似乎很大，但无论哪种杂化模式，当 U_f 及能带结构改变时，相变点 V_c 都没有很明显的变化。

然而，在本章的工作中，最重要的一个结论就是发现了相变点 V_c，随着 n_c/n_f 的比值变化会出现剧烈的改变。图 11.6 给出的相图，很好地总结了这一发现，可以看到耗尽效应的物理现象是很明显的。当减少局域 f 电子时，相图的边界会稍微往单重态提前形成的方向偏移。另外，当减少传导电子 c 时，反铁磁长程序的破坏会往后推迟到 V 值处，几乎是常规周期性安德森模型中量子临界转变点的 3 倍。这一发现有可能加深人们对重费米子材料的定性的了解，因为这类材料中的掺杂既可以通过减少局域电子实现（比如 $\mathrm{Ce_{1-x}La_xCoIn_5}$），也可以通过改变传导电子数来实现（如 $\mathrm{CeCo_{1-x}Cd_xIn_5}$）。理论解释表明，引入杂质改变传导电子数，会导致临界杂化强度 V 的剧烈变化，而 n_c 的变化对体系的影响不显著。

本工作的另一个发现是，当 $U_f = 5$ 时，耗尽效应会在 $1 < V < 3$ 的区间内引入反铁磁长程序，而此时单重态的相干性也很大。于是，在耗尽效应存在时，反铁磁长程序的破坏和单重态的形成并不是在同一个 V_c 转变点处发生。由此，出现了一个 C_{fd} 很强同时反铁磁长程序也存在的拓展相区。

当 $n_f/n_c > 1$ 时，杂化强度 V_c 临界强度的增大，反映了此时反铁磁长程序的稳定性是增强的，这可能是因为形成近藤屏蔽的传导电子减少了，会增加单重态形成的难度。虽然，我们没有对这种情况下的 T_K 和 T_{coh} 进行评估（使用量子蒙特卡罗方法计算掺杂极限下的 T_K 和 T_{coh} 或许会相对容易一些，比如 Hirsch-Fye[127] 方法，但在晶格模型中会比较困难），但是可以很合理地推论得到这些温度是降低的，从而解释更难形成单重态的现象。我们还可以看到，基态的自旋结构因子 $S^{ff}(\pi,\pi)$ 在 $n_f/n_c = 4/3$ 时要比 $n_f/n_c = 1$ 时更大，这一结果与最开始我们预测耗尽效应会增强反铁磁的效果是一致的。

本章主要分析了反铁磁序和近藤单重态的竞争关系，同时讨论了 $n_f/n_c > 1$ 以及 $n_f/n_c < 1$ 的情况，发现耗尽效应会大幅度提高反铁磁的稳定性。另外，值得一提的是，周期性安德森模型也可以作为研究铁磁性的模型工具[297]。尽管根据 Nagaok 的理论，铁磁序似乎在诸如哈伯德哈密顿量描述的单带体系中很难实现，但研究比本章中考虑的更极端的极限 $n_f/n_c \gg 1$ 情况下的 $\boldsymbol{q} = 0$ 序会是一个有意思的问题。

参考文献

[1] Jones W, March N H. Theoretical solid state physics: Perfect lattices in equilibrium: Vol. 1. New York: Dover Publications, Courier Corporation, 1985.

[2] Hohenberg P, Kohn W. Inhomogeneous electron gas. Physical Review, 1964, 136: B864.

[3] Dreizler R M, Gross E K. Density functional theory: an approach to the quantum many-body problem. Springer Berlin, Heidelberg Springer: Science & Business Media, 2012.

[4] de Boer J H, Verwey E J W. Semi-conductors with partially and with completely filled 3d-lattice bands. Proceedings of the Physical Society, 1937, 49: 59-71.

[5] Mott N F. The basis of the electron theory of metals, with special reference to the transition metals. Proceedings of the Physical Society. Section A, 1949, 62: 416-422.

[6] Bednorz J G, Müller K A. Possible high T_c superconductivity in the Ba–La–Cu–O system. Zeitschrift für Physik B Condensed Matter, 1986, 64: 189-193.

[7] 赵忠贤. Ba-Y-Cu 氧化物液氮温区的超导电性. 科学通报, 1987, 32: 412-414.

[8] Wu M K, Ashburn J R, Torng C J, et al. Superconductivity at 93 K in a new mixed-phase Y-Ba-Cu-O compound system at ambient pressure. Phys. Rev. Lett., 1987, 58: 908-910.

[9] Steglich F, Aarts J, Bredl C D, et al. Superconductivity in the presence of strong Pauli paramagnetism: $CeCu_2Si_2$. Phys. Rev. Lett., 1979, 43: 1892-1896.

[10] Sigrist M, Ueda K. Phenomenological theory of unconventional superconductivity. Rev. Mod. Phys., 1991, 63: 239-311.

[11] McKenzie R H. Similarities between organic and cuprate superconductors.

Science, 1997, 278: 820-821.

[12] Kamihara Y, Hiramatsu H, Hirano M, et al. Iron-based layered superconductor: LaOFeP. Journal of the American Chemical Society, 2006, 128: 10012-10013.

[13] Chen X H, Wu T, Wu G, et al. Superconductivity at 43 K in $SmFeAsO_{1-x}F_x$. Nature, 2008, 453: 761-762.

[14] Lee P A, Nagaosa N, Wen X G. Doping a Mott insulator: Physics of high-temperature superconductivity. Rev. Mod. Phys., 2006, 78: 17-85.

[15] Novoselov K S, Geim A K, Morozov S V, et al. Two-dimensional gas of massless Dirac fermions in graphene. Nature, 2005, 438: 197-200.

[16] Vogt P, De Padova P, Quaresima C, et al. Silicene: Compelling experimental evidence for graphenelike two-dimensional silicon. Phys. Rev. Lett., 2012, 108: 155501.

[17] Cahangirov S, Topsakal M, Akturk E, et al. Two-and one-dimensional honeycomb structures of silicon and germanium. Phys. Rev. Lett., 2009, 102: 236804.

[18] Hubbard J. Electron correlations in narrow energy bands. Proceedings of the Royal Society of London A: Mathematical, Physical and Engineering Sciences, 1963, 276: 238-257.

[19] Jiang S, Mesaros A, Ran Y. Chiral spin-density wave, spin-charge-chern liquid, and d+id superconductivity in 1/4-doped correlated electronic systems on the honeycomb lattice. Phys. Rev. X, 2014, 4: 031040.

[20] Dagotto E. Correlated electrons in high-temperature superconductors. Rev. Mod. Phys., 1994, 66: 763-840.

[21] Troyer M, Wiese U J. Computational complexity and fundamental limitations to fermionic quantum Monte Carlo simulations. Phys. Rev. Lett., 2005, 94: 170201.

[22] Wu C, Hu J P, Zhang S C. Exact so(5) symmetry in the spin-3/2 Fermionic system. Phys. Rev. Lett., 2003, 91: 186402.

[23] Wu C, Zhang S C. Sufficient condition for absence of the sign problem in the fermionic quantum Monte Carlo algorithm. Phys. Rev. B, 2005, 71: 155115.

[24] White S R. Density matrix formulation for quantum renormalization groups. Phys. Rev. Lett., 1992, 69: 2863-2866.

[25] Vidal G. Entanglement renormalization. Phys. Rev. Lett., 2007, 99: 220405.

[26] Vidal G. Class of quantum many-body states that can be efficiently simulated. Phys. Rev. Lett., 2008, 101: 110501.

[27] Yan S, Huse D A, White S R. Spin-liquid ground state of the $s = 1/2$ kagome heisenberg antiferromagnet. Science, 2011, 332: 1173-1176.

[28] Li Z X, Wang F, Yao H, et al. Nature of the effective interaction in electron-doped cuprate superconductors: Sign-problem-free quantum Monte Carlo study. Phys. Rev. B, 2017, 95: 214505.

[29] Schattner Y, Gerlach M H, Trebst S, et al. Competing orders in a nearly antiferromagnetic metal. Phys. Rev. Lett., 2016, 117: 097002.

[30] Berg E, Metlitski M A, Sachdev S. Sign-problem–free quantum Monte Carlo of the onset of antiferromagnetism in metals. Science, 2012, 338: 1606-1609.

[31] Hirsch J E. Attractive interaction and pairing in fermion systems with strong on-site repulsion. Phys. Rev. Lett., 1985, 54: 1317-1320.

[32] Santos R R D. Introduction to quantum Monte Carlo simulations for fermionic systems. Brazilian Journal of Physics, 2003, 33: 36-54.

[33] Emery V J. Theory of the quasi-one-dimensional electron gas with strong "on-site" interactions. Phys. Rev. B, 1976, 14: 2989-2994.

[34] Micnas R, Ranninger J, Robaszkiewicz S. Superconductivity in narrow-band systems with local nonretarded attractive interactions. Rev. Mod. Phys., 1990, 62: 113-171.

[35] Metropolis N, Rosenbluth A W, Rosenbluth M N, et al. Equation of state calculations by fast computing machines. The Journal of Chemical Physics, 1953, 21: 1087-1092.

[36] Binder K, Heermann D W. Monte Carlo simulation in statistical physics. 北京: 世界图书出版公司, 2014: 111-120.

[37] Hirsch J E. Discrete Hubbard-stratonovich transformation for fermion lattice models. Phys. Rev. B, 1983, 28: 4059-4061.

[38] Hirsch J E. Two-dimensional Hubbard model: Numerical simulation study. Phys. Rev. B, 1985, 31: 4403-4419.

[39] Hirsch J E. Stable Monte Carlo algorithm for fermion lattice systems at low temperatures. Phys. Rev. B, 1988, 38: 12023-12026.

[40] White S R, Scalapino D J, Sugar R L, et al. Attractive and repulsive pairing interaction vertices for the two-dimensional Hubbard model. Phys. Rev. B, 1989, 39: 839-842.

[41] Blankenbecler R, Scalapino D J, Sugar R L. Monte Carlo calculations of coupled boson-fermion systems. Phys. Rev. D, 1981, 24: 2278-2286.

[42] Vollhardt D, Aachen T H, Hanke W, et al. Electronic phase transitions. Amsterdam: North – Holland, 1992.

[43] von der Linden W. A quantum Monte Carlo approach to many-body physics. Physics Reports, 1992, 220: 53.

[44] Koonin S E, Kramer P B. Computational physics. Physics Today, 1986, 39: 88.

[45] Reif F. Fundamentals of Statistical and Thermal Physics. New York: McGraw-Hill Education, 1965.

[46] Fisher M E. Proceedings of the international school of physics enrico Fermi: Course LI : Critical phenomena. New York : Academic Press, 1971.

[47] Oliveira P M C D. Computing Boolean Statistical Models. Singapore: World Scientific, 1991: 140.

[48] de Oliveira P M C, Penna T J P, Herrmann H J. Broad histogram Monte Carlo. Eur. Phys. J. B, 1998, 1: 205-208.

[49] Negele J, Orland H. Quantum Many-Particle Systems: Chap.7. New York: Adison-Wesley, 1987: 140.

[50] Moreo A, Scalapino D J, Sugar R L, et al. Numerical study of the two-dimensional Hubbard model for various band fillings. Phys. Rev. B, 1990, 41: 2313-2320.

[51] Hirsch J E. Simulations of the three-dimensional Hubbard model: Half-filled band sector. Phys. Rev. B, 1987, 35: 1851-1859.

[52] Grüner G. The dynamics of charge-density waves. Rev. Mod. Phys., 1988, 60: 1129-1181.

[53] Hirsch J E, Tang S. Antiferromagnetism in the two-dimensional Hubbard model. Phys. Rev. Lett., 1989, 62: 591-594.

[54] Grüner G. The dynamics of spin-density waves. Rev. Mod. Phys., 1994, 66: 1-24.

[55] Brown S, Grüner G. Charge and spin density waves. Sci. Am., 1994, 270: 28.

[56] Schulz H J. Correlation exponents and the metal-insulator transition in the one-dimensional Hubbard model. Phys. Rev. Lett., 1990, 64: 2831-2834.

[57] Tilley D R. Superfluidity and superconductivity. 2nd ed. Bristol: IOP Publishing, 1994.

[58] Kuroki K, Arita R, Aoki H. Numerical study of a superconductor-insulator transition in a half-filled Hubbard chain with distant transfers. Journal of the Physical Society of Japan, 1997, 66: 3371-3374.

[59] dos Santos R R. Attractive Hubbard model on a triangular lattice. Phys. Rev. B, 1993, 48: 3976-3982.

[60] Moreo A, Scalapino D J. Two-dimensional negative-U Hubbard model. Phys. Rev. Lett., 1991, 66: 946-948.

[61] dos Santos R R. Spin gap and superconductivity in the three-dimensional attractive Hubbard model. Phys. Rev. B, 1994, 50: 635-638.

[62] Hirsch J E, Lin H Q. Pairing in the two-dimensional Hubbard model: A Monte Carlo study. Phys. Rev. B, 1988, 37: 5070-5074.

[63] dos Santos R R. Enhanced pairing in the repulsive Hubbard model with next-nearest-neighbor hopping. Phys. Rev. B, 1989, 39: 7259-7262.

[64] Moreo A, Scalapino D J. Correlations in the two-dimensional Hubbard model. Phys. Rev. B, 1991, 43: 8211-8216.

[65] Scalapino D J, White S R, Zhang S C. Superfluid density and the drude weight of the Hubbard model. Phys. Rev. Lett., 1992, 68: 2830-2833.

[66] Scalapino D J, White S R, Zhang S. Insulator, metal, or superconductor: The criteria. Phys. Rev. B, 1993, 47: 7995-8007.

[67] Loh E Y, Gubernatis J E, Scalettar R T, et al. Sign problem in the numerical simulation of many-electron systems. Phys. Rev. B, 1990, 41: 9301-9307.

[68] Batrouni G G, de Forcrand P. Fermion sign problem: Decoupling transformation and simulation algorithm. Phys. Rev. B, 1993, 48: 589-592.

[69] Zhang S, Carlson J, Gubernatis J E. Constrained path quantum Monte Carlo method for fermion ground states. Phys. Rev. Lett., 1995, 74: 3652-3655.

[70] Zhang S, Carlson J, Gubernatis J E. Constrained path Monte Carlo method for fermion ground states. Phys. Rev. B, 1997, 55: 7464-7477.

[71] Frantti J, Lantto V, Nishio S, et al. Effect of $\boldsymbol{A}$ and $\boldsymbol{B}$ cation substitutions on the phase stability of $PbTiO_3$ ceramics. Phys. Rev. B, 1999, 59: 12-15.

[72] Anderson P W. Localized magnetic states in metals. Phys. Rev., 1961, 124: 41-53.

[73] Schrieffer J R, Wolff P A. Relation between the Anderson and Kondo hamiltonians. Phys. Rev., 1966, 149: 491-492.

[74] Schüttler H B, Scalapino D J. Monte Carlo studies of the dynamics of quantum many-body systems. Phys. Rev. Lett., 1985, 55: 1204-1207.

[75] Schüttler H B, Scalapino D J. Monte Carlo studies of the dynamical response of quantum many-body systems. Phys. Rev. B, 1986, 34: 4744-4756.

[76] Brandt S. Statistical and computational methods in data analysis. Amsterdam: North-Holland, 1983.

[77] Jarrell M, Gubernatis J. Bayesian inference and the analytic continuation of imaginary-time quantum Monte Carlo data. Physics Reports, 1996, 269: 133 - 195.

[78] Bryan R K. Maximum entropy analysis of oversampled data problems. European Biophysics Journal, 1990, 18: 165-174.

[79] Ando K. Seeking room-temperature ferromagnetic semiconductors. Science, 2006, 312: 1883-1885.

[80] Hanbicki A T, van't Erve O M J, Magno R, et al. Analysis of the transport process providing spin injection through an Fe/AlGaAs schottky barrier. Applied Physics Letters, 2003, 82(23): 4092-4094.

[81] Geim A K, Novoselov K S. The rise of graphene. Nature Materials, 2007, 6: 183.

[82] Castro E V, Peres N M R, Stauber T, et al. Low-density ferromagnetism in biased bilayer graphene. Phys. Rev. Lett., 2008, 100: 186803.

[83] Wang Y, Huang Y, Song Y, et al. Room-temperature ferromagnetism of graphene. Nano Letters, 2009, 9(1): 220-224.

[84] Zhou J, Wang Q, Sun Q, et al. Ferromagnetism in semihydrogenated graphene sheet. Nano Letters, 2009, 9(11): 3867-3870.

[85] Ugeda M M, Brihuega I, Guinea F, et al. Missing atom as a source of carbon magnetism. Phys. Rev. Lett., 2010, 104: 096804.

[86] Yao W, Yang S A, Niu Q. Edge states in graphene: From gapped flat-band to gapless chiral modes. Phys. Rev. Lett., 2009, 102: 096801.

[87] Ferrari A C, Meyer J C, Scardaci V, et al. Raman spectrum of graphene and graphene layers. Phys. Rev. Lett., 2006, 97: 187401.

[88] Kotov V N, Uchoa B, Pereira V M, et al. Electron-electron interactions in graphene: Current status and perspectives. Rev. Mod. Phys., 2012, 84: 1067-1125.

[89] Wehling T O, Sasioglu E, Friedrich C, et al. Strength of effective Coulomb interactions in graphene and graphite. Phys. Rev. Lett., 2011, 106: 236805.

[90] Žutić I, Fabian J, Das Sarma S. Spintronics: Fundamentals and applications. Rev. Mod. Phys., 2004, 76: 323-410.

[91] Zhang Y, Tang T T, Girit C, et al. Direct observation of a widely tunable bandgap in bilayer graphene. Nature, 2009, 459: 820-823.

[92] Zhang Y, Tan Y W, Stormer H L, et al. Experimental observation of the quantum hall effect and Berry's phase in graphene. Nature, 2005, 438: 201-204.

[93] Kane C L, Mele E J. Quantum spin Hall effect in graphene. Phys. Rev. Lett., 2005, 95: 226801.

[94] Hlubina R, Sorella S, Guinea F. Ferromagnetism in the two dimensional $t-t^{'}$ Hubbard model at the van hove density. Phys. Rev. Lett., 1997, 78: 1343-1346.

[95] Peres N M R, Araújo M A N, Bozi D. Phase diagram and magnetic collective excitations of the Hubbard model for graphene sheets and layers. Phys. Rev. B, 2004, 70: 195122.

[96] Castro Neto A H, Guinea F, Peres N M R, et al. The electronic properties of graphene. Rev. Mod. Phys., 2009, 81: 109-162.

[97] Reich S, Maultzsch J, Thomsen C, et al. Tight-binding description of graphene. Phys. Rev. B, 2002, 66: 035412.

[98] Schedin F, Geim A K, Morozov S V, et al. Detection of individual gas molecules adsorbed on graphene. Nat Mater, 2007, 6: 652-655.

[99] Zhu S L, Wang B, Duan L M. Simulation and detection of Dirac fermions with cold atoms in an optical lattice. Phys. Rev. Lett., 2007, 98: 260402.

[100] Ruostekoski J. Optical kagome lattice for ultracold atoms with nearest neighbor interactions. Phys. Rev. Lett., 2009, 103: 080406.

[101] Li G, Luican A, Santos J M B L D, et al. Observation of van hove singularities in twisted graphene layers. Nature Physics, 2009, 6: 109-113.

[102] Crommie M F. Spatially resolving edge states of chiral graphene nanoribbons. Nature Physics, 2011, 7: 616-620.

[103] Ma T, Liu S, Gao P, et al. Ferromagnetic fluctuation in doped armchair graphene nanoribbons. Journal of Applied Physics, 2012, 112: 073922.

[104] Viana-Gomes J, Pereira V M, Peres N M R. Magnetism in strained graphene dots. Phys. Rev. B, 2009, 80: 245436.

[105] Wurm J, Rycerz A, Adagideli I, et al. Symmetry classes in graphene quantum dots: Universal spectral statistics, weak localization, and conductance fluctuations. Phys. Rev. Lett., 2009, 102: 056806.

[106] Schüler M, Rösner M, Wehling T O, et al. Optimal Hubbard models for materials with nonlocal Coulomb interactions: Graphene, silicene, and benzene. Phys. Rev. Lett., 2013, 111: 036601.

[107] Feldner H, Meng Z Y, Lang T C, et al. Dynamical signatures of edge-state magnetism on graphene nanoribbons. Phys. Rev. Lett., 2011, 106: 226401.

[108] Ribeiro R M, Pereira V M, Peres N M R, et al. Strained graphene: Tight-binding and density functional calculations. New Journal of Physics, 2009, 11: 115002.

[109] Pereira V M, Castro Neto A H, Peres N M R. Tight-binding approach to uniaxial strain in graphene. Phys. Rev. B, 2009, 80: 045401.

[110] Liu F, Ming P, Li J. *Ab initio* calculation of ideal strength and phonon instability of graphene under tension. Phys. Rev. B, 2007, 76: 064120.

[111] Kim K S, Zhao Y, Jang H, et al. Large-scale pattern growth of graphene films for stretchable transparent electrodes. Nature, 2009, 457: 706-710.

[112] Das Sarma S, Adam S, Hwang E H, et al. Electronic transport in two-dimensional graphene. Rev. Mod. Phys., 2011, 83: 407-470.

[113] Magda G Z, Jin X, Hagymási I, et al. Room-temperature magnetic order on zigzag edges of narrow graphene nanoribbons. Nature, 2014, 514: 608-611.

[114] Wu C, Bergman D, Balents L, et al. Flat bands and wigner crystallization in the honeycomb optical lattice. Phys. Rev. Lett., 2007, 99: 070401.

[115] Li Y, Lieb E H, Wu C. Exact results for itinerant ferromagnetism in multiorbital systems on square and cubic lattices. Phys. Rev. Lett., 2014, 112: 217201.

[116] Li L, Yu Y, Ye G J, et al. Black phosphorus field-effect transistors. Nature Nanotechnology, 2014, 9: 372-377.

[117] Tran V, Yang L. Scaling laws for the band gap and optical response of phosphorene nanoribbons. Phys. Rev. B, 2014, 89: 245407.

[118] Du Y, Liu H, Xu B, et al. Unexpected magnetic semiconductor behavior in zigzag phosphorene nanoribbons driven by half-filled one dimensional band. Scientific Reports, 2015, 5: 8921.
[119] Peng X, Wei Q, Copple A. Strain-engineered direct-indirect band gap transition and its mechanism in two-dimensional phosphorene. Phys. Rev. B, 2014, 90: 085402.
[120] Cheng S, Yu J, Ma T, et al. Strain-induced edge magnetism at the zigzag edge of a graphene quantum dot. Phys. Rev. B, 2015, 91: 075410.
[121] Rudenko A N, Katsnelson M I. Quasiparticle band structure and tight-binding model for single and bilayer black phosphorus. Phys. Rev. B, 2014, 89: 201408.
[122] Ezawa M. Topological origin of quasi-flat edge band in phosphorene. New Journal of Physics, 2014, 16: 115004.
[123] Novoselov K S, Geim A K, Morozov S V, et al. Electric field effect in atomically thin carbon films. Science, 2004, 306: 666-669.
[124] Withoff D, Fradkin E. Phase transitions in gapless Fermi systems with magnetic impurities. Phys. Rev. Lett., 1990, 64: 1835-1838.
[125] Hewson A. The Kondo Problem to Heavy Fermions. New York: Cambridge University Press, 1983.
[126] Sengupta K, Baskaran G. Tuning Kondo physics in graphene with gate voltage. Phys. Rev. B, 2008, 77: 045417.
[127] Hirsch J E, Fye R M. Monte Carlo method for magnetic impurities in metals. Phys. Rev. Lett., 1986, 56: 2521-2524.
[128] Ingersent K. Behavior of magnetic impurities in gapless Fermi systems. Phys. Rev. B, 1996, 54: 11936-11939.
[129] Lin D H. Friedel theorem for two-dimensional relativistic spin-$\frac{1}{2}$ systems. Phys. Rev. A, 2006, 73: 044701.
[130] Cheianov V V, Fal'ko V I. Friedel oscillations, impurity scattering, and temperature dependence of resistivity in graphene. Phys. Rev. Lett., 2006, 97: 226801.
[131] Vozmediano M A H, López-Sancho M P, Stauber T, et al. Local defects and ferromagnetism in graphene layers. Phys. Rev. B, 2005, 72: 155121.
[132] Brey L, Fertig H A, Das Sarma S. Diluted graphene antiferromagnet. Phys. Rev. Lett., 2007, 99: 116802.

[133] Uchoa B, Yang L, Tsai S W, et al. Theory of scanning tunneling spectroscopy of magnetic adatoms in graphene. Phys. Rev. Lett., 2009, 103: 206804.

[134] Fabrizio M, Gogolin A O, Nersesyan A A. From band insulator to Mott insulator in one dimension. Phys. Rev. Lett., 1999, 83: 2014-2017.

[135] Messer M, Desbuquois R, Uehlinger T, et al. Exploring competing density order in the ionic Hubbard model with ultracold fermions. Phys. Rev. Lett., 2015, 115: 115303.

[136] Anderson P W. Local moments and localized states. Rev. Mod. Phys., 1978, 50: 191-201.

[137] Kancharla S S, Okamoto S. Band insulator to Mott insulator transition in a bilayer Hubbard model. Phys. Rev. B, 2007, 75: 193103.

[138] Punnoose A, Finkel'stein A M. Metal-insulator transition in disordered two-dimensional electron systems. Science, 2005, 310: 289-291.

[139] Finkel'shtein A M. Influence of coulomb interaction on the properties of disordered metals. Sov.Phys.JETP, 1983, 57: 97-108.

[140] Castellani C, Di Castro C, Lee P A, et al. Interaction-driven metal-insulator transitions in disordered fermion systems. Phys. Rev. B, 1984, 30: 527-543.

[141] Punnoose A, Finkel'stein A M. Dilute electron gas near the metal-insulator transition: Role of valleys in silicon inversion layers. Phys. Rev. Lett., 2001, 88: 016802.

[142] Shashkin A A, Kravchenko S V. Recent developments in the field of the metal-insulator transition in two dimensions. Applied Sciences, 2019, 9: 1169.

[143] Kravchenko S V, Kravchenko G V, Furneaux J E, et al. Possible metal-insulator transition at $b = 0$ in two dimensions. Phys. Rev. B, 1994, 50: 8039-8042.

[144] Denteneer P J H, Scalettar R T. Interacting electrons in a two-dimensional disordered environment: Effect of a Zeeman magnetic field. Phys. Rev. Lett., 2003, 90: 246401.

[145] Denteneer P J H, Scalettar R T, Trivedi N. Conducting phase in the two-dimensional disordered Hubbard model. Phys. Rev. Lett., 1999, 83: 4610-4613.

[146] Ma T, Zhang L, Chang C C, et al. Localization of interacting Dirac

Fermions. Phys. Rev. Lett., 2018, 120: 116601.
[147] Mondaini R, Bouadim K, Paiva T, et al. Finite-size effects in transport data from quantum Monte Carlo simulations. Phys. Rev. B, 2012, 85: 125127.
[148] Chiesa S, Chakraborty P B, Pickett W E, et al. Disorder-induced stabilization of the pseudogap in strongly correlated systems. Phys. Rev. Lett., 2008, 101: 086401.
[149] Henseler P, Kroha J, Shapiro B. Static screening and delocalization effects in the Hubbard-Anderson model. Phys. Rev. B, 2008, 77: 075101.
[150] Kravchenko S V, Simonian D, Sarachik M P, et al. Electric field scaling at a $B = 0$ metal-insulator transition in two dimensions. Phys. Rev. Lett., 1996, 77: 4938-4941.
[151] Koepsell J, Bourgund D, Sompet P, et al. Microscopic evolution of doped Mott insulators from polaronic metal to Fermi liquid. Science, 2021, 374: 82-86.
[152] Gross C, Bloch I. Quantum simulations with ultracold atoms in optical lattices. Science, 2017, 357: 995-1001.
[153] Ulmke M, Scalettar R T. Magnetic correlations in the two-dimensional Anderson-Hubbard model. Phys. Rev. B, 1997, 55: 4149-4156.
[154] Trivedi N, Randeria M. Deviations from Fermi-liquid behavior above T_c in 2d short coherence length superconductors. Phys. Rev. Lett., 1995, 75: 312-315.
[155] Denteneer P J H, Scalettar R T, Trivedi N. Particle-hole symmetry and the effect of disorder on the Mott-Hubbard insulator. Phys. Rev. Lett., 2001, 87: 146401.
[156] Iglovikov V I, Khatami E, Scalettar R T. Geometry dependence of the sign problem in quantum Monte Carlo simulations. Phys. Rev. B, 2015, 92: 045110.
[157] Paris N, Bouadim K, Hebert F, et al. Quantum Monte Carlo study of an interaction-driven band-insulator–to–metal transition. Phys. Rev. Lett., 2007, 98: 046403.
[158] Schäfer T, Wentzell N, Šimkovic F, et al. Tracking the footprints of spin fluctuations: A multimethod, multimessenger study of the two-dimensional Hubbard model. Phys. Rev. X, 2021, 11: 011058.
[159] Anissimova S, Kravchenko S V, Punnoose A, et al. Flow diagram of the

metal–insulator transition in two dimensions. Nature Physics, 2007, 3: 707-710.

[160] Punnoose A, Finkel'stein A M. Metal-insulator transition in disordered two-dimensional electron systems. Science, 2005, 310: 289-291.

[161] Ostrovsky P M, Gornyi I V, Mirlin A D. Quantum criticality and minimal conductivity in graphene with long-range disorder. Phys. Rev. Lett., 2007, 98: 256801.

[162] Schweitzer L, Markoš P. Universal conductance and conductivity at critical points in integer quantum hall systems. Phys. Rev. Lett., 2005, 95: 256805.

[163] Liang S D, Wang Z D, Wang Q, et al. Ferrimagnetism in the organic polymeric Hubbard model: Quantum Monte Carlo simulation. Phys. Rev. B, 1999, 59: 3321-3324.

[164] Chakraborty P B, Byczuk K, Vollhardt D. Interacting lattice electrons with disorder in two dimensions: Numerical evidence for a metal-insulator transition with a universal critical conductivity. Phys. Rev. B, 2011, 84: 035121.

[165] Anderson P W. Absence of diffusion in certain random lattices. Phys. Rev., 1958, 109: 1492-1505.

[166] Byczuk K, Hofstetter W, Vollhardt D. Anderson localization vs. Mott-Hubbard metal-insulator transition in disordered, interacting lattice fermion systems. International Journal of Modern Physics B, 2010, 24: 1727-1755.

[167] Nandkishore R, Huse D A. Many-body localization and thermalization in quantum statistical mechanics. Annual Review of Condensed Matter Physics, 2015, 6: 15-38.

[168] Hasan M Z, Kane C L. Colloquium : Topological insulators. Rev. Mod. Phys., 2010, 82: 3045-3067.

[169] Qi X L, Zhang S C. Topological insulators and superconductors. Rev. Mod. Phys., 2011, 83: 1057-1110.

[170] Nandkishore R, Maciejko J, Huse D A, et al. Superconductivity of disordered Dirac Fermions. Phys. Rev. B, 2013, 87: 174511.

[171] Giamarchi T, Schulz H J. Anderson localization and interactions in one-dimensional metals. Phys. Rev. B, 1988, 37: 325-340.

[172] Herbut I F. Dual superfluid-Bose-glass critical point in two dimensions and the universal conductivity. Phys. Rev. Lett., 1997, 79: 3502-3505.

[173] Scalettar R T, Batrouni G G, Zimanyi G T. Localization in interacting, disordered, Bose systems. Phys. Rev. Lett., 1991, 66: 3144-3147.

[174] Wang Y, Guo W, Sandvik A W. Anomalous quantum glass of bosons in a random potential in two dimensions. Phys. Rev. Lett., 2015, 114: 105303.

[175] Sorella S, Otsuka Y, Yunoki S. Absence of a spin liquid phase in the Hubbard model on the honeycomb lattice. Sci. Rep., 2012, 2: 992.

[176] Otsuka Y, Yunoki S, Sorella S. Universal quantum criticality in the metal-insulator transition of two-dimensional interacting Dirac electrons. Phys. Rev. X, 2016, 6: 011029.

[177] Aleiner I L, Efetov K B. Effect of disorder on transport in graphene. Phys. Rev. Lett., 2006, 97: 236801.

[178] Paiva T, Khatami E, Yang S, et al. Cooling atomic gases with disorder. Phys. Rev. Lett., 2015, 115: 240402.

[179] Lee K W, Kuneš J, Scalettar R T, et al. Correlation effects in the triangular lattice single-band system Li_xNbO_2. Phys. Rev. B, 2007, 76: 144513.

[180] Enjalran M, Hébert F, Batrouni G G, et al. Constrained-path quantum Monte Carlo simulations of the zero-temperature disordered two-dimensional Hubbard model. Phys. Rev. B, 2001, 64: 184402.

[181] Trivedi N, Scalettar R T, Randeria M. Superconductor-insulator transition in a disordered electronic system. Phys. Rev. B, 1996, 54: R3756-R3759.

[182] Pathria R K. Statistical mechanics. 2nd ed. Oxford, UK: Butterworth-Heinemann, 1996: 32.

[183] Potirniche I D, Maciejko J, Nandkishore R, et al. Superconductivity of disordered Dirac fermions in graphene. Phys. Rev. B, 2014, 90: 094516.

[184] Ulmke M, Janiš V, Vollhardt D. Anderson-Hubbard model in infinite dimensions. Phys. Rev. B, 1995, 51: 10411-10426.

[185] Lucas A, Crossno J, Fong K C, et al. Transport in inhomogeneous quantum critical fluids and in the Dirac fluid in graphene. Phys. Rev. B, 2016, 93: 075426.

[186] Kondov S S, McGehee W R, Xu W, et al. Disorder-induced localization in a strongly correlated atomic Hubbard gas. Phys. Rev. Lett., 2015, 114: 083002.

[187] Gallagher P, Yang C S, Lyu T, et al. Quantum-critical conductivity of the Dirac fluid in graphene. Science, 2019, 364: 158-162.

[188] Cao Y, Fatemi V, Demir A, et al. Correlated insulator behaviour at half-filling in magic-angle graphene superlattices. Nature, 2018, 556: 43.
[189] Cao Y, Fatemi V, Fang S, et al. Unconventional superconductivity in magic-angle graphene superlattices. Nature, 2018, 556: 80.
[190] Yankowitz M, Chen S, Polshyn H, et al. Tuning superconductivity in twisted bilayer graphene. Science, 2019, 363: 1059-1064.
[191] Xu D, Ivan S, Fabian D, et al. Fractional quantum hall effect and insulating phase of Dirac electrons in graphene. Nature, 2009, 462: 192-195.
[192] Hubbard J, Torrance J B. Model of the neutral-ionic phase transformation. Phys. Rev. Lett., 1981, 47: 1750-1754.
[193] Jiang Y, Lai X, Watanabe K, et al. Charge-order and broken rotational symmetry in magic angle twisted bilayer graphene. Nature, 2019, 573: 91.
[194] Garg A, Krishnamurthy H R, Randeria M. Can correlations drive a band insulator metallic? Phys. Rev. Lett., 2006, 97: 046403.
[195] Kancharla S S, Dagotto E. Correlated insulated phase suggests bond order between band and Mott insulators in two dimensions. Phys. Rev. Lett., 2007, 98: 016402.
[196] Niyaz P, Scalettar R T, Fong C Y, et al. Ground-state phase diagram of an interacting bose model with near-neighbor repulsion. Phys. Rev. B, 1991, 44: 7143-7146.
[197] Ebrahimkhas M, Drezhegrighash Z, Soltani E. Effects of correlations on honeycomb lattice in ionic-Hubbard model. Physics Letters A, 2015, 379: 1053-1056.
[198] Bag S, Garg A, Krishnamurthy H R. Phase diagram of the half-filled ionic Hubbard model. Phys. Rev. B, 2015, 91: 235108.
[199] Loida K, Bernier J S, Citro R, et al. Probing the bond order wave phase transitions of the ionic Hubbard model by superlattice modulation spectroscopy. Phys. Rev. Lett., 2017, 119: 230403.
[200] Balog R, Jørgensen B, Nilsson L, et al. Bandgap opening in graphene induced by patterned hydrogen adsorption. Nature Materials, 2010, 9: 315.
[201] Yamanaka S, ichi Hotehama K, Kawaji H. Superconductivity at 25.5K in electron-doped layered hafnium nitride. Nature, 1998, 392: 580.
[202] Vanhala T I, Siro T, Liang L, et al. Topological phase transitions in the repulsively interacting haldane-Hubbard model. Phys. Rev. Lett., 2016,

116: 225305.

[203] Euverte A, Chiesa S, Scalettar R T, et al. Magnetic transition in a correlated band insulator. Phys. Rev. B, 2013, 87: 125141.

[204] Sentef M, Kuneš J, Werner P, et al. Correlations in a band insulator. Phys. Rev. B, 2009, 80: 155116.

[205] Bouadim K, Paris N, Hébert F, et al. Metallic phase in the two-dimensional ionic Hubbard model. Phys. Rev. B, 2007, 76: 085112.

[206] Kamihara Y, Watanabe T, Hirano M, et al. Iron-based layered superconductor La[$O_{1-x}F_x$]FeAs (x = 0.05—0.12) with T_c = 26 K. Journal of the American Chemical Society, 2008, 130: 3296-3297.

[207] Jerome D, Mazaud A, Ribault M, et al. Superconductivity in a synthetic organic conductor (tmtsf)2pf 6. J. Phys. Lett. (Paris), 1980, 41: 95-98.

[208] Paiva T, Scalettar R T, Zheng W, et al. Ground-state and finite-temperature signatures of quantum phase transitions in the half-filled Hubbard model on a honeycomb lattice. Phys. Rev. B, 2005, 72: 085123.

[209] Du X, Skachko I, Andrei E Y. Josephson current and multiple andreev reflections in graphene SNS junctions. Phys. Rev. B, 2008, 77: 184507.

[210] Ma T, Huang Z, Hu F, et al. Pairing in graphene: A quantum Monte Carlo study. Phys. Rev. B, 2011, 84: 121410.

[211] Uchoa B, Castro Neto A H. Superconducting states of pure and doped graphene. Phys. Rev. Lett., 2007, 98: 146801.

[212] Honerkamp C. Density waves and cooper pairing on the honeycomb lattice. Phys. Rev. Lett., 2008, 100: 146404.

[213] Zhou S, Wang Z. Nodal d+id pairing and topological phases on the triangular lattice of $Na_xCoO_2 \cdot yH_2O$: Evidence for an unconventional superconducting state. Phys. Rev. Lett., 2008, 100: 217002.

[214] Baskaran G. Resonating-valence-bond contribution to superconductivity in MgB_2. Phys. Rev. B, 2002, 65: 212505.

[215] Pathak S, Shenoy V B, Baskaran G. Possible high-temperature superconducting state with a d+id pairing symmetry in doped graphene. Phys. Rev. B, 2010, 81: 085431.

[216] Jiang Y, Yao D X, Carlson E W, et al. Andreev conductance in the d+id′-wave superconducting states of graphene. Phys. Rev. B, 2008, 77: 235420.

[217] Kumar B, Shastry B S. Superconductivity in CoO_2 layers and the res-

onating valence bond mean-field theory of the triangular lattice t-J model. Phys. Rev. B, 2003, 68: 104508.

[218] Raghu S, Kivelson S A, Scalapino D J. Superconductivity in the repulsive Hubbard model: An asymptotically exact weak-coupling solution. Phys. Rev. B, 2010, 81: 224505.

[219] Martin I, Batista C D. Itinerant electron-driven chiral magnetic ordering and spontaneous quantum Hall effect in triangular lattice models. Phys. Rev. Lett., 2008, 101: 156402.

[220] Yao H, Yang F. Topological odd-parity superconductivity at type-ii two-dimensional van hove singularities. Phys. Rev. B, 2015, 92: 035132.

[221] Deacon R S, Chuang K C, Nicholas R J, et al. Cyclotron resonance study of the electron and hole velocity in graphene monolayers. Phys. Rev. B, 2007, 76: 081406.

[222] Ye J T, Inoue S, Kobayashi K, et al. Liquid-gated interface superconductivity on an atomically flat film. Nat Mater, 2010, 9: 125.

[223] Ma T, Hu F, Huang Z, et al. Controllability of ferromagnetism in graphene. Applied Physics Letters, 2010, 97: 112504.

[224] Jung J, MacDonald A H. Tight-binding model for graphene π-bands from maximally localized wannier functions. Phys. Rev. B, 2013, 87: 195450.

[225] Kretinin A, Yu G L, Jalil R, et al. Quantum capacitance measurements of electron-hole asymmetry and next-nearest-neighbor hopping in graphene. Phys. Rev. B, 2013, 88: 165427.

[226] Bickers N E, Scalapino D J, White S R. Conserving approximations for strongly correlated electron systems: Bethe-salpeter equation and dynamics for the two-dimensional Hubbard model. Phys. Rev. Lett., 1989, 62: 961-964.

[227] Scalapino D J. A common thread: The pairing interaction for unconventional superconductors. Rev. Mod. Phys., 2012, 84: 1383-1417.

[228] Lalmi B, Oughaddou H, Enriquez H, et al. Epitaxial growth of a silicene sheet. Applied Physics Letters, 2010, 97: 223109.

[229] Davila M E, Xian L, Cahangirov S, et al. Germanene: A novel two-dimensional germanium allotrope akin to graphene and silicene. New Journal of Physics, 2014, 16: 095002.

[230] Nandkishore R, Levitov L S, Chubukov A V. Chiral superconductivity from

repulsive interactions in doped graphene. Nat. Phys., 2012, 8: 158.
[231] Cao Y, Fatemi V, Demir A, et al. Correlated insulator behaviour at half-filling in magic-angle graphene superlattices. Nature, 2018, 556: 80-84.
[232] Cao Y, Fatemi V, Fang S, et al. Unconventional superconductivity in magic-angle graphene superlattices. Nature, 2018, 556: 43-50.
[233] Kamihara Y, Watanabe T, Hirano M, et al. Iron-based layered superconductor $La[O_{1-x}F_x]FeAs$ ($x = 0.05$—0.12) with $T_c = 26$ K. Journal of the American Chemical Society, 2008, 130: 3296-3297.
[234] Xu C, Balents L. Topological superconductivity in twisted multilayer graphene. Phys. Rev. Lett., 2018, 121: 087001.
[235] Roy B, Juričić V. Unconventional superconductivity in nearly flat bands in twisted bilayer graphene. Phys. Rev. B, 2019, 99: 121407.
[236] Ramires A, Lado J L. Electrically tunable gauge fields in tiny-angle twisted bilayer graphene. Phys. Rev. Lett., 2018, 121: 146801.
[237] Uchida K, Furuya S, Iwata J I, et al. Atomic corrugation and electron localization due to moiré patterns in twisted bilayer graphenes. Phys. Rev. B, 2014, 90: 155451.
[238] Ma T, Yang F, Yao H, et al. Possible triplet p+ip superconductivity in graphene at low filling. Phys. Rev. B, 2014, 90: 245114.
[239] Lopes dos Santos J M B, Peres N M R, Castro Neto A H. Graphene bilayer with a twist: Electronic structure. Phys. Rev. Lett., 2007, 99: 256802.
[240] Li S Y, Liu K Q, Yin L J, et al. Splitting of Van Hove singularities in slightly twisted bilayer graphene. Phys. Rev. B, 2017, 96: 155416.
[241] Suárez Morell E, Correa J D, Vargas P, et al. Flat bands in slightly twisted bilayer graphene: Tight-binding calculations. Phys. Rev. B, 2010, 82: 121407.
[242] Yang G, Xu S, Zhang W, et al. Room-temperature magnetism on the zigzag edges of phosphorene nanoribbons. Phys. Rev. B, 2016, 94: 075106.
[243] Ma T, Lin H Q, Gubernatis J E. Triplet p + ip pairing correlations in the doped kane-mele-Hubbard model: A quantum Monte Carlo study. Europhysics Letters, 2015, 111: 47003.
[244] Yankowitz M, Chen S, Polshyn H, et al. Tuning superconductivity in twisted bilayer graphene. Science, 2019, 363: 1059-1064.
[245] Yuan N F Q, Fu L. Model for the metal-insulator transition in graphene

superlattices and beyond. Phys. Rev. B, 2018, 98: 045103.
[246] Yuan N F Q, Fu L. Erratum: Model for the metal-insulator transition in graphene superlattices and beyond. Phys. Rev. B, 2018, 98: 079901.
[247] Koshino M, Yuan N F Q, Koretsune T, et al. Maximally localized wannier orbitals and the extended Hubbard model for twisted bilayer graphene. Phys. Rev. X, 2018, 8: 031087.
[248] Kang J, Vafek O. Symmetry, maximally localized wannier states, and a low-energy model for twisted bilayer graphene narrow bands. Phys. Rev. X, 2018, 8: 031088.
[249] Nam N N T, Koshino M. Lattice relaxation and energy band modulation in twisted bilayer graphene. Phys. Rev. B, 2017, 96: 075311.
[250] Huang T, Zhang L, Ma T. Antiferromagnetically ordered Mott insulator and d+id superconductivity in twisted bilayer graphene: A quantum Monte Carlo study. Science Bulletin, 2019, 64: 310-314.
[251] Chen X H, Wu T, Wu G, et al. Superconductivity at 43 K in $SmFeAsO_{1-x}F_x$. Nature, 2008, 453: 761-762.
[252] Wang X P, Qian T, Richard P, et al. Strong nodeless pairing on separate electron Fermi surface sheets in (Tl, K)$Fe_{1.78}$ Se_2 probed by ARPES. Europhysics Letters, 2011, 93: 57001.
[253] Mazin I I, Singh D J, Johannes M D, et al. Unconventional superconductivity with a sign reversal in the order parameter of $LaFeAsO_{1-x}F_x$. Phys. Rev. Lett., 2008, 101: 057003.
[254] Maiti S, Korshunov M M, Maier T A, et al. Evolution of symmetry and structure of the gap in iron-based superconductors with doping and interactions. Phys. Rev. B, 2011, 84: 224505.
[255] Hu J, Hao N. S_4 symmetric microscopic model for iron-based superconductors. Phys. Rev. X, 2012, 2: 021009.
[256] Seo K, Bernevig B A, Hu J. Pairing symmetry in a two-orbital exchange coupling model of oxypnictides. Phys. Rev. Lett., 2008, 101: 206404.
[257] Si Q, Abrahams E. Strong correlations and magnetic frustration in the high T_c iron pnictides. Phys. Rev. Lett., 2008, 101: 076401.
[258] Arita R, Ikeda H. Is Fermi-surface nesting the origin of superconductivity in iron pnictides? a fluctuation-exchange-approximation study. Journal of the Physical Society of Japan, 2009, 78: 113707.

[259] Kuroki K, Onari S, Arita R, et al. Unconventional pairing originating from the disconnected Fermi surfaces of superconducting $LaFeAsO_{1-x}F_x$. Phys. Rev. Lett., 2008, 101: 087004.

[260] Ding H, Richard P, Nakayama K, et al. Observation of Fermi-surface-dependent nodeless superconducting gaps in $Ba_{0.6}K_{0.4}Fe_2As_2$. Europhysics Letters, 2008, 83: 47001.

[261] Richard P, Sato T, Nakayama K, et al. Fe-based superconductors: an angle-resolved photoemission spectroscopy perspective. Reports on Progress in Physics, 2011, 74: 124512.

[262] Yang L X, Xie B P, Zhang Y, et al. Surface and bulk electronic structures of LaFeAsO studied by angle-resolved photoemission spectroscopy. Phys.Rev.B, 2010, 82: 104519.

[263] Lu D, Yi M, Mo S K, et al. ARPES studies of the electronic structure of LaOFe(P, As). Physica C: Superconductivity, 2009, 469: 452 - 458.

[264] Chen F, Zhou B, Zhang Y, et al. Electronic structure of $Fe_{1.04}Te_{0.66}Se_{0.34}$. Phys.Rev.B, 2010, 81: 014526.

[265] Zhang Y, Yang L X, Xu M, et al. Nodeless superconducting gap in $A_xFe_2Se_2$(A=K,Cs) revealed by angle-resolved photoemission spectroscopy. Nature Materials, 2011, 10: 273.

[266] Mou D, Liu S, Jia X, et al. Distinct Fermi surface topology and nodeless superconducting gap in a $(Tl_{0.58}Rb_{0.42})Fe_{1.72}Se_2$ superconductor. Phys. Rev. Lett., 2011, 106: 107001.

[267] de la Cruz, Huang C, Lynn Q, et al. Magnetic order close to superconductivity in the iron-based layered $LaO_{1-x}F_xFeAs$ systems. Nature, 2008, 453: 899-902.

[268] Zhao J, Adroja D T, Yao D X, et al. Spin waves and magnetic exchange interactions in $CaFe_2As_2$. Nature Physics, 2009, 5: 555-560.

[269] Zhao J, Cao H, Bourret-Courchesne E, et al. Neutron-diffraction measurements of an antiferromagnetic semiconducting phase in the vicinity of the high-temperature superconducting state of $K_xFe_{2-y}Se_2$. Phys. Rev. Lett., 2012, 109: 267003.

[270] Lipscombe O J, Chen G F, Fang C, et al. Spin waves in the $(\pi, 0)$ magnetically ordered iron chalcogenide $Fe_{1.05}Te$. Phys. Rev. Lett., 2011, 106: 057004.

[271] Wang M, Fang C, Yao D X, et al. Spin waves and magnetic exchange interactions in insulating $Rb_{0.89}Fe_{1.58}Se_2$. Nat. Commun., 2011, 2: 580.

[272] Wang M, Li C, Abernathy D L, et al. Neutron scattering studies of spin excitations in superconducting $Rb_{0.82}Fe_{1.68}Se_2$. Phys. Rev. B, 2012, 86: 024502.

[273] Hu J, Xu B, Liu W, et al. Unified minimum effective model of magnetic properties of iron-based superconductors. Phys. Rev. B, 2012, 85: 144403.

[274] Wu Y, Liu G, Ma T. Ground state pairing correlations in the s_4 symmetric microscopic model for iron-based superconductors. Europhysics Letters, 2013, 104: 27013-27017.

[275] Wang X P, Richard P, Shi X, et al. Observation of an isotropic superconducting gap at the brillouin zone centre of $Tl_{0.63}K_{0.37}Fe_{1.78}Se_2$. Europhysics Letters, 2012, 99: 67001.

[276] Xu M, Ge Q Q, Peng R, et al. Evidence for an s-wave superconducting gap in $K_xFe_{2-y}Se_2$ from angle-resolved photoemission. Phys. Rev. B, 2012, 85: 220504.

[277] Ma T, Lin H Q, Hu J. Quantum Monte Carlo study of a dominant s-wave pairing symmetry in iron-based superconductors. Phys. Rev. Lett., 2013, 110: 107002.

[278] Ma T, Hu F M, Huang Z B, et al. Controllability of ferromagnetism in graphene-based samples. Horizons in World Physics., 2011, 276: Chapter 8.

[279] Stewart G R. Heavy-fermion systems. Rev. Mod. Phys., 1984, 56: 755-787.

[280] Andrei N, Furuya K, Lowenstein J H. Solution of the Kondo problem. Rev. Mod. Phys., 1983, 55: 331-402.

[281] Ruderman M A, Kittel C. Indirect exchange coupling of nuclear magnetic moments by conduction electrons. Phys. Rev., 1954, 96: 99-102.

[282] Xavier J C, Miranda E, Dagotto E. Phase diagram of the two-leg Kondo ladder. Phys. Rev. B, 2004, 70: 172415.

[283] Vidhyadhiraja N S, Logan D E. Dynamics and scaling in the periodic Anderson model. Eur. Phys. J. B, 2004, 39: 313-334.

[284] Vekić M, Cannon J W, Scalapino D J, et al. Competition between antiferromagnetic order and spin-liquid behavior in the two-dimensional periodic Anderson model at half filling. Phys. Rev. Lett., 1995, 74: 2367-2370.

[285] Hu W, Scalettar R T, Huang E W, et al. Effects of an additional conduction

band on the singlet-antiferromagnet competition in the periodic Anderson model. Phys. Rev. B, 2017, 95: 235122.

[286] Meyer D, Nolting W. Kondo screening and exhaustion in the periodic Anderson model. Phys. Rev. B, 2000, 61: 13465-13472.

[287] Vidhyadhiraja N S, Tahvildar-Zadeh A N, Jarrell M, et al. Exhaustion physics in the periodic Anderson model from iterated perturbation theory. EPL, 2000, 49: 459.

[288] Nakatsuji S, Pines D, Fisk Z. Two fluid description of the Kondo lattice. Phys. Rev. Lett., 2004, 92: 016401.

[289] Hubbard J. Electron correlations in narrow energy bands. iii. an improved solution. Proceedings of the Royal Society of London A: Mathematical, Physical and Engineering Sciences, 1964, 281: 401-419.

[290] Kaul R K, Vojta M. Strongly inhomogeneous phases and non-Fermi-liquid behavior in randomly depleted Kondo lattices. Phys. Rev. B, 2007, 75: 132407.

[291] Held K, Huscroft C, Scalettar R T, et al. Similarities between the Hubbard and periodic Anderson models yat finite temperatures. Phys. Rev. Lett., 2000, 85: 373-376.

[292] Titvinidze I, Schwabe A, Potthoff M. Ferromagnetism of magnetic impurities coupled indirectly via conduction electrons: Insights from various theoretical approaches. Phys. Rev. B, 2014, 90: 045112.

[293] Mermin N D, Wagner H. Absence of ferromagnetism or antiferromagnetism in one- or two-dimensional isotropic heisenberg models. Phys. Rev. Lett., 1966, 17: 1133-1136.

[294] Huse D A. Ground-state staggered magnetization of two-dimensional quantum heisenberg antiferromagnets. Phys. Rev. B, 1988, 37: 2380-2382.

[295] Scalettar R T, Noack R M, Singh R R P. Ergodicity at large couplings with the determinant Monte Carlo algorithm. Phys. Rev. B, 1991, 44: 10502-10507.

[296] Huscroft C, McMahan A K, Scalettar R T. Magnetic and thermodynamic properties of the three-dimensional periodic Anderson hamiltonian. Phys. Rev. Lett., 1999, 82: 2342-2345.

[297] Batista C D, Bonča J, Gubernatis J E. Itinerant ferromagnetism in the periodic Anderson model. Phys. Rev. B, 2003, 68: 214430.

《21 世纪理论物理及其交叉学科前沿丛书》

已出版书目

(按出版时间排序)

1. 真空结构、引力起源与暗能量问题	王顺金	2016 年 4 月
2. 宇宙学基本原理（第二版）	龚云贵	2016 年 8 月
3. 相对论与引力理论导论	赵　柳	2016 年 12 月
4. 纳米材料热传导	段文晖，张　刚	2017 年 1 月
5. 有机固体物理（第二版）	解士杰	2017 年 6 月
6. 黑洞系统的吸积与喷流	汪定雄	2018 年 1 月
7. 固体等离子体理论及应用	夏建白，宗易昕	2018 年 6 月
8. 量子色动力学专题	黄　涛，王　伟 等	2018 年 6 月
9. 可积模型方法及其应用	杨文力　等	2019 年 4 月
10. 椭圆函数相关凝聚态物理模型与图表示	石康杰，杨文力，李广良	2019 年 5 月
11. 等离子体物理学基础	陈　耀	2019 年 6 月
12. 量子轨迹的功和热	柳　飞	2019 年 10 月
13. 微纳磁电子学	夏建白，文宏玉	2020 年 3 月
14. 广义相对论与引力规范理论	段一士	2020 年 6 月
15. 二维半导体物理	夏建白 等	2022 年 9 月
16. 中子星物理导论	俞云伟	2022 年 11 月
17. 宇宙大尺度结构简明讲义	胡　彬	2022 年 12 月
18. 宇宙学的物理基础	维亚切斯拉夫・穆哈诺夫，皮　石	2023 年 9 月
19. 非线性局域波及其应用	杨战营，赵立臣，刘　冲，杨文力	2024 年 1 月

20. 引力波物理学与天文学 理论、实验和数据分析的介绍	约利恩·D. E. 克赖顿， 沃伦·G. 安德森， 王　炎	2024 年 3 月
21. 冷原子物理与低维量子气体	姚和朋，郭彦良	2024 年 3 月
22. 引力波物理——理论物理前沿讲座	蔡荣根，荆继良，王安忠， 王　斌，朱　涛	2024 年 6 月
23. 软物质生物分子物理基础	赵蕴杰	2025 年 2 月
24. 几何相位与量子几何初步	郭　昊	2025 年 6 月
25. 量子蒙特卡罗方法在电子关联体系的应用	**马天星**	**2025 年 6 月**